뇌의식의 증명

뇌의식의 증명

유안 스콰이어스 지음 | 장현우 옮김

한ㄴ

옮긴이의 말

2022년 현재 의식과학은 각종 이론이 치열하게 맞붙는 전쟁터와 같다. 바스의 전역 작업공간 이론, 토노니의 통합 정보 이론, 프리스턴의 자유 에너지 모델, 다마지오의 느낌-감정 이론 등 수많은 뇌생리 이론이 각자의 영역에서 우월을 과시하고 있다. 이 전쟁이 어느 한쪽으로 쉬이 기울지 않는 것은 어쩌면 당연하다. 뇌생리 이론들의 표면적 대립은 결국 각 이론(심신 동일론, 기능주의, 물리주의, 수반 이론 등)을 뒷받침하는 여러 철학적 입장의 대리전이기 때문이다.

우리는 전선에서 한 발짝 물러나 다음 질문을 천천히 곱씹어 볼 필요가 있다. "물리적 세계 속에서 의식의 위치는 어디인가?" 이는 아주 중요한 질문이며 (본문에서 여러 차례 언급되듯) '물리학'을 어떻게 정의하느냐에 달린 문제다.

물리학은 크게 고전물리학과 현대물리학(양자론 등)으로 나뉜다. 고전물리학은 어디까지나 의식에 의해 관찰된 사물들에 관한 객관적 묘사이므로, 관찰의 주체인 의식은 그 정의상 고전물리학의 일부가 될 수 없다. 그러나 양자론의 등장으로 상황이 달라졌다. 미시세계에서는 관찰의 주체(의식)가 측정 결과에 막대한 영향을 미칠 수 있다. 그렇다면 질문을 고쳐 보자. "양자론과 의식은 무슨 관계인가?"

이에 대한 사람들의 반응은 극과 극으로 갈린다. 일각에서는 이것이 두 가지 미스터리를 하나로 '퉁치려는' 어리석고 케케묵은 처사라 말하고, 또 일각에서는 "소망하면 이루어진다"는 소위 관찰자 효과를 예로 들며 그 둘이 당연히 나뉠 수 없는 관계라고 주장한다. 좀 더 온건(?)하게 의식의 실재를 인정하고 더 나아가 모든 의식이 하나임을 주장한 사람도 있었다. 그 사람은 바로 양자론의 창시자인 슈뢰딩거다. 과연 누구의 답이 맞을까? '썰'만이 난무한 상황에서, 진짜 양자물리학자의 견해가 궁금해진다.

저자 유안 스콰이어스는 양자물리학자이지만 의식이라는 조금은 독특한 관심사를 가지고 있다는 점에서 우리의 질문에 답을 주기에 적합한 인물이다. 저자는 양자론의 여러 문제가 암시하는 의식과의 연관성을 객관적이고 전문적인 시선에서 소개한다. 그의 '물리학자'스러움은 불확실한 것에 대해서 '모르겠다'고 솔직하게 말하는 그의 화법(역자인 나는 다소 고충을 겪었지만)에서도 잘 드러난다. 하지만 그는 때때로 '비물리적' 혹은 '물리학 바깥의' 존재를 상정하기를 주저하지 않는다. 저자의 과감한 사유 전개를 통해 우리는 의식 문제 해결의 실마리를 조금이나마 엿볼 수 있다.

양질의 번역을 위해 역자가 전공하지 않은 분야에 대해서 많은 이에게 조언을 구하였다. 원고 전반에 걸쳐서 양자론 및 우주론 관련 해석에 도움 주신 미시간대학교 물리학과 박사과정 이시열 님, 5장에서 과정철학 관련 해석 및 각주에 도움 주신 최승일 님, 9장에서 논리학 및 괴델의 정리 관련 해석에 도움 주신 이도현 님, 기독교 관련 해석에 도움 주신 신선유 님께 깊이 감사드린다.

최근 뇌의식에 관한 양서들이 지속적으로 출간 및 번역되면서 의식의 본질을 궁금해하는 많은 이들의 해갈을 돕고 있다. 그 한가운데서 흐름을 선도하고 있는 한언출판사에 감사드린다. 의식에 관한 학술적 탐구의 일환으로, 역자는 2021년 6월 '한국 의식과학 학술회'(http://kacs.me/)를 결성하여 운영 중이다. 관심 있는 이들의 많은 참여를 소망한다.

역자 장현우

CONTENTS

지은이의 말

르네 데카르트Rene Descartes는 의식 문제를 진지하게 사유한 첫 '근대' 사상가였다. 다행인지 불행인지 모르겠지만, 그의 사후 300년이 더 지난 지금에도 의식 연구는 아직 데카르트의 그늘에서 벗어나지 못했다. 데카르트는 미인과 좋은 책, 완벽한 성직자가 세상에서 가장 드문 것들이라고 말했다. 그랬던 그가 이 책을 좋은 책이라 여길 리는 만무하다. 그에게는 허점투성이 잔소리로 느껴질 이야기들까지도 나는 구태여 이 책에 싣고 말았기 때문이다. 하지만 그가 이 책의 내용을 보면 무척 놀라리라. 또한 내가 이 책을 쓴 목적만큼은 동감하리라 믿는다. 이 책을 에일린Eileen에게 바친다.

책의 초안에 많은 조언과 비평을 해 준

애덤 힐거Adam Hilger 출판사에 감사합니다.

양자론 문제에 관한 논의에 도움을 준 존 벨John Bell,

요아브 벤-도브Yoav Ben-Dov, 피터 콜린스Peter Collins,

루시엔 하디Lucien Hardy, 이안 로리Ian Lawrie,

닉 맥스웰Nick Maxwell, 토니 서드버리Tony Sudbery

등에게도 감사를 표합니다.

1장
들어가며

이 책에 관하여

이 책은 우리 일상과 가장 밀접하면서도 가장 난해한, 그렇기에 가장 흥미로운 현상인 '의식적 정신'에 관한 책이다. 여기서 핵심은 '의식적'이라는 형용사에 있다. 이 책은 뇌가 정보를 수용·저장·처리하는 원리, 또는 그 작용을 컴퓨터로 모델링하는 방법이 아닌 (물론 이 주제들도 매우 흥미로울뿐더러, 물리학과도 깊이 관련되어 있다) 의식 그 자체에 관한 책이다. 망막에 상이 맺히고 전기 신호가 뇌에 전달되는 과정이 아니라, 내가 무언가를 보고 알아차리는 현상 그 자체를 다룬다.

또한 이 책은 물리학, 그중에서도 이론물리학의 맥락과 방법론을 따르고 있다. 실제로 나는 현대물리학에 관한 소개에 지면의 상당 부분을 할애하였다. 다음 절인「저자에 관하여」를 보면 알겠지만, 이는 불가피한 선택이기도 했다. 여기서 두 가지 질문이 떠오른다. 첫째, 의식은 물리학의 일부일까? 물리학자들이 의식이라는 주제에 관심을 기울일 필요가 있을까? 둘째, 물리학이 의식 연구에 기여할 수 있을까? 그 답은 2장에서 소개된다.

의식은 깊고도 난해한 주제이지만, 의식과 관련된 기본적인 물음들을 쉽게 해설하는 것은 그다지 어려운 일이 아니다. 진정으로 어려운 것은 그 질문들을 엄밀하게 재정의하고 그에 대한 답을 구하는 작업이다. 그래서 나는 모든 내용을 최대한 간단하고 알기 쉽게 설명하려 애썼다. 본문 중간중간에 수식이 등장하기는 하지만, 그냥 넘어가도 무방하다. '철학' 이론을 다루는 5장에서는 전문 용어를 거의 사용하지 않았다(사실 나도 그 용어들을 잘 이해하지 못한다). 일부 독자들은 문제가 너무 단순화되었다고 느낄 수도 있을 것 같다. 무수한 학자들이 수백 수천 권의 저술을 통해 논한 개념들을 고작 몇 단어로 함축했으니 무리도 아니다. 사실 이 책의 모든 장은 적어도 각각 책 한 권어치는 된다. 굳이 변명하자면, 집필 당시에 일부 철학적 논의들이 그 뜻에 비해 너무 길다고 느껴서 일부러 분량을 줄였다. 내가 물리학자 출신인 만큼 단순한 소개 수준을 넘기 힘들었던 것도 사실이다.

각 장은 논리적 순서에 따라 배열되어 있다. 하지만 나는 같은 내용을 반복하는 한이 있더라도 각 장이 나름의 완결성을 갖도록 구성하려 노력하였다. 따라서 원하는 순서대로 읽어도 어느 정도는 무방하다.

이 책에만 있는 내용은 사실상 없다고 봐도 된다. 이 책의 모든 내용은 이미 다른 책이나 논문에 실린 것들이다. 의식에 관한 논의는 인류가 탄생한 이래로 수없이 다양한 형태로 이어지고 있지만, 그 논의의 맥락은 옛날과 많이 달라졌다. 이 책의 또 다른 목적은 물질 세계에 관한 현대적인 지식을 바탕으로 의식에 관한 질문들에 답하는 것이다. 많은 과학자와 철학자들이 간과하고 있지만, 양자 현상의 발견은 물질 세계에 대한 우리의 시각을 송두리째 바꾸어 놓았다. 이 양자 혁명을 빼놓고서는 의식을 논할 수 없다. 이 책은 양자론의 해석에 관한 최신 연구들을 소개하고 있다. 또한, 이른바 다세계many-worlds 해석과 연관된 한 가지 모형을 활용해 '단순 철학적인' 수준을 훨씬 넘어선 여러 주제에 대한 나름의 유의미한 답을 모색하고자 한다. 마지막 13장에서는 몇 가지 맺음말과 함께 나의 개인 의견도 밝힐 것이다.

이 책의 예상 독자는?

이 질문은 (당연하게도) 출판사 편집자들이 작가들에게 늘 던지지만, 작가들이 애써 무시하곤 하는 질문이다(쓰고 싶은 책을 쓰는 게 읽고 싶은 책을 쓰기보다 쉬우니까!). 나는 총 세 부류의 독자층을 염두에 두었다. 첫째는 인간 정신에 전문적인 관심이 있는 심리학자·뇌과학자·철학자들이다. 나는 이들이 물리학을 반드시 알아야 한다고 생각한다. 이 책을 쓰면서 근처 도서관에서 심리학 관련 책을 쭉 들춰 보았는데, 물리학에 대한 소개는 거의 없었다. 그레고리Gregory의 명저 『과학 속의 정신Mind in Science』[1]에서도 양자론은 537쪽에 가서야 지나가듯 잠깐 언급된다. 양자론은 『"심리적인 것"과 "물리적인 것"The "mental" and the "physical"」[2]이나 『심리철학The philosophy of mind』[3]에도 등장하지 않으며, 『물질과 의식Matter and Consciousness』[4]에서는 아예 색인에도 보이지 않는다. 『물질과 의식』에서는 "(의식) 현상은 오늘날 철학, 심리학, 인공지능, 뇌과학, 동물행동학, 진화론 등 다양한 학문 분야들의 공통 관심사"라고 말한다. 그런데 이 목록에도 물리학은 등장하지 않는다. 위 책들이 나쁜 책이라는 뜻은 결코 아니다. 철학 개념에 관해서는 위 책들이 이 책보다 훨씬 더 자세히 다루고 있다. 그렇지만 물리학에 대한 저자들의 무관심은 쉽게 이해하기 어렵다. 어떻게 '물질'의 정체가 무엇인지 언급하지 않고 유물론을 논할 수 있으며, '물리학'을 정의하지 않고 물리주의를 말할 수 있다는 말인가? 이들은 생각만큼 단순한 문제가 아니다.

이 책의 상당 부분은 의식과 관련된 물리학 분야, 특히 양자물리학에 관한 설명으로 채워져 있다. 대다수 물리학 교과서는 응용물리학 등 의식과 무관한 내용도 포함하고 있으므로 의식 탐구의 지침서로 부적절하다. 그래서 사람들은 어느새 물리학을 기피하게 되었고, 급기야 검증되지 않은 지식이 퍼지는 지경에 이르고 말았다. 포퍼Popper 등 과학철학자들이 양자론 간섭 현상의 의미를 간과하는 것, 불확정성 원리가 공식 유도 중에 나오는 시시한 결과물로 취급되는 것, 인과성의 붕괴가 양자론의 가장 큰 발견이라고 오해받는 것, 물리학을 통째로 왜곡하고 있는 『물리 법칙은 어떻게 당신을 속이는가How the Laws of Physics Lie』[5] 같은 책들이 팔리는 것이 그 예다.

두 번째로, 물리학자들이 이 책에 주목하기를 바란다. 이 책에서 새로운 물리학 지식을 얻지는 못하겠지만, 양자론의 적용 영역이 강의에서 배운 것보다 훨씬 광범위하다는 것을 깨달을 것이다. 철학자들의 몫으로만 남겨 놓기에는 너무도 중요한 이 의식이라는 주제에 대해, 물리학자들이 조금이라도 관심을 두기를 소망한다.

마지막 예상 독자층은 위 학문을 전공하지는 않았지만, 의식의 정체가 무엇인지 알고 싶은 일반 독자들이다. 이 책에서 우리는 의식이 물질 세계의 일부인지, 아니면 물리학을 초월한 무언가인지 계속 고찰할 것이다.

저자에 관하여

우리가 직접 경험할 수 있는 의식은 오직 하나, 나 자신의 의식
뿐이다. 그러므로 여기서는 나의 약력을 짧게나마 소개하고자 한
다. 독자들의 양해를 바란다.

나는 맨체스터 대학교에서 이론물리학을 공부했다. 당시 학과장
레온 로젠펠드Leon Rosenfeld 교수는 과학철학에 심취한 나머지 강의
를 열기도 했다. 물론 그 당시 내가 알아들을 수 있는 내용은 거의
없었다. 지금 기억나는 내용은 그 교수가 존경하는 철학자가 기원
전 341년 그리스의 사모스Samos에서 태어난 에피쿠로스Epicurus라는
것, 그리고 닐스 보어Niels Bohr가 양자론 문제를 해결했다는 것(지금
보면 틀린 주장이다)뿐이다. 나를 포함한 수강생 모두는 보어의 풀이
를 이해하지 못했지만, 잠자코 있어야만 했다!

1964년에는 더럼 대학교 응용수학 교수로 부임하였다. 이곳에
서 강의뿐만 아니라 기본 입자 이론 연구에 매진했다. 기본 입자를

연구하려면 동료 연구자들의 성과를 이해하는 데 많은 시간을 쏟아야 한다. 다행스럽게도 나는 학문의 폭발적 성장기와 더불어 청춘을 보내는 행운을 누렸다.

위에서 소개된 약력만 보면 의식에 관한 책을 쓰기에는 부적격해 보일지도 모르겠다. 하지만 의식에 관해서는 알려진 바가 너무 없어서 누구든 논할 자격이 있다고 생각한다. 의식은 최소 두 세기 동안 서양철학의 중심 주제였고 수많은 위대한 사상가들이 달려들었지만, 그들의 저작 중에 영양가 있는 내용은 별로 없다. 양자론의 경우도 마찬가지다. 과학철학자들이 수많은 저술을 내놓았지만 유의미한 진전은 거의 없었다. 철학자들이 물리학의 영역에서 별다른 성과를 내지 못했다면, 반대로 물리학자인 내가 철학을 다루더라도 마찬가지가 아닐까!

게다가 "의식에 관해서 알려진 바가 너무 없다"는 나의 주장은 최근 뇌과학자들의 눈부신 성과로 인해 점점 무색해져 가고 있다. 이들의 연구에 관해서는 6장에서 다룬다. 그런데 문제는 이들의 연구 결과가 의식의 본질과 정말 관련이 있느냐는 것이다. 그렇든 그렇지 않든, 나는 노벨상 수상자 존 에클스(John Eccles)가 한 말을 위안으로 삼는다. 그는 "심신 문제에 달려드는 양자물리학자가 적다는 것은 짐짓 안타까운 일이다."[6]라고 말했다. 이것을 일종의 도전장으로 받아들이고, 그의 초대에 기꺼이 응하려 한다.

철학자, 뇌과학자뿐만 아니라 심리학자들도 의식에 학문적 관심을 두고 있다. 하지만 진정한 과학자로 취급받고 싶은 마음 때문인지 몰라도 많은 심리학자가 의식이라는 용어의 사용을 꺼리며, 오로지 행동의 관찰과 기술에만 몰두하고는 한다(5장 4절 「유물론」 참조).

이 책에 대한 구상은 4년 전 양자론에 대한 책[7]을 집필하면서 처음 떠올랐다. 10장에서 언급하겠지만, 양자론을 설명하다 보면 의식을 다루지 않을 수가 없다. 그래서 스스로 의식에 관해 공부하기 시작한 것이다. 하지만 살펴보면 볼수록 놀라움과 불만이 동시에 커져 갔다. 불만은 내가 읽은 자료들이 이론물리학자가 쓴 것이 아닌 탓이 크다. 지난 30여 년간 이론물리학자가 쓴 글만을 읽어 왔다. 이론물리학자들이 생각하고 글 쓰는 방식은 일반인, 심지어 다른 과학자들과도 매우 다르다. 현대물리학의 성과를 놓고 보면, 우리 이론물리학자들의 방식이 나름대로 가치 있음을 부정하기는 어렵다. 하지만 대다수는 이론물리학적 사고방식이 의식 탐구에 적합하지 않다고 여길 것이다. 어느 정도는 동감한다.

이 책으로 나는 자그마한 다리를 놓고 싶다. 이론물리학자들의 과학적 사고방식과 비과학자 및 '퇴근 이후의 과학자'들의 사고방식 사이에는 거대한 문화적 거리가 있다. 그 둘은 기본 전제와 '패러다임'(이 단어는 다시는 쓰지 않을 것이다)이 너무도 달라서 각자의 방식이 서로에게는 아무 의미 없어 보일 정도다. 이 책을 읽고 그 두 집단이 '상대편'의 모습을 조금이라도 엿볼 수 있기를 기대한다.

이 책을 쓴 또 다른 동기는 우리가 모두 가진 욕망, "나는 누구인가?"라는 질문에 답하고 싶은 마음이었다. 물론 나는 그 답을 모른다. 만일 알았다면 이 책의 내용은 지금과 전혀 달랐을 것이다. 그저 몇몇 문제들을 조금 더 엄밀히 표현하고자 했을 뿐이다. 어쩌면 이것이 물리학자와 철학자의 차이일지도 모르겠다. 나는 특정 주장이나 '주의ism'를 퍼뜨리려는 마음이 없다. 현재 사람들이 강하게 믿고 있는 각종 주장은 사실 생각만큼 서로 그리 동떨어져 있지 않다.

지금으로부터 40여 년 전 양자론의 창시자 에르빈 슈뢰딩거Erwin Schrödinger는 저서 『생명이란 무엇인가?』[8]의 서문에 다음과 같이 적었다.

… 우리는 지금까지 알려진 모든 지식을 하나의 총체로 합치기 위해 필요한 신뢰할 만한 자료들을 이제 막 모으기 시작했다. 그러나 한편으로는 한 사람이 작은 전문 분야 이상 온전히 이해하기가 불가능해졌다. 이 딜레마의 유일한 해결책은 비록 간접적이고 불완전한 지식일지라도, 때로는 바보 같아 보일지라도, 누군가가 과감히 나서 사실과 이론을 종합하는 일에 착수하는 것뿐이다.

이 책의 취지는 바로 이것이다.

2장
물리학과 의식

물리학: 모든 것의 이론

2장에서 우리는 의식이 물리학의 범주에 속하는지 살펴볼 것이다. '물리적인' 것을 다루는 학문이 물리학이고, 의식이 '비물리적인' 것이라면, 당연히 의식은 물리학에 속하지 않을 것이다. 이러한 시각은 실제 세계를 두 가지로 나눌 수 있고 그중 하나만이 물리학에 속한다는, 이른바 이원론적 입장에 해당한다(5장 6절 「이원론」참조).

하지만 우선은 이원론이 참인지, 또는 물리학의 정의가 무엇인지 속단하지 말고 최대한 긍정적인 입장을 취하여 의식도 물리학에 속한다고 가정해 보자. 보통 물리학자들은 물리학이 (유일한) 기초과학이라고 말한다. 물리학의 제1과제는 관찰 가능한 모든 현상의 목적과 법칙 등을 이해하는 것이다.

이러한 기본적인 경향에 근거를 두고 기초물리학은 지난 20세기 동안 참으로 괄목할 만한 발전을 이루었다. 심지어 물리학자들은 '모든 것의 이론theory of everything', 즉 TOE라는 용어까지도 감히 쓰기 시작했다. TOE를 발견하려면 아직 갈 길이 먼 것 같지만(사실 TOE가 도대체 무엇일지도 잘 모르겠다), 그래도 그것을 논의할 수준은 되었다는 거다. 현대물리학자들에게 '말이 안 되는 질문'이란 없다. 왜 공간은 3차원이고 시간은 1차원인지, 전자는 왜 이만큼의 전하량을 가졌는지, 쿼크의 종류는 왜 그만큼인지, 은하들은 왜 은하군을 이루는지, 우리는 얼마든지 질문을 던질 수 있다. 물론 질문 중에 답하기가 아예 불가능한 것들이 있을 수도 있고, 아직 인류가 생각조차 하지 못한 질문도 있겠지만, 그래도 물리학이 모든 질문에 대해 어떠한 답이라도 제공할 수 있겠다는 느낌은 든다.

하지만 모든 현상을 설명하는 이론이 있다 하더라도, 그 이론은 현상을 관찰하는 과정 자체에 대해서는 아무것도 말해 주지 못한다. 우리는 모든 지식을 의식을 통해 습득한다. TOE는 나트륨 원자가 들뜨면 왜 589나노미터 파장의 빛이 방출되는지 설명할 수 있을 것이다. 하지만 그 빛을 왜 '노랗다'고 느끼는지, 현재의 물리학은 아무것도 말해 주지 못한다. 현재의 물리학에는 그런 개념 자체가 없다.

이 사실로부터 무엇을 알 수 있을까? 물리학의 역사에서 새로운 현상의 갑작스러운 등장은 드문 일이 아니었다. 4장 1절 「고전 시대」에서 소개될 전자기파가 좋은 예시다. 보통의 경우, 새로운 현상은 얼마 지나지 않아 더 확장된 형태의 물리학 속에 포함된다. 의식의 경우는 어떨까? 의식의 속성이 물리학 교재에 실릴 날이 올까? 많은 이들은 "아니요"라고 답할 것이다. 하지만 그 이유는 무엇일까?

여기서 우리는 섣불리 지름길을 택해서는 안 된다. 다른 말로 표현하자면 이렇다. 어떤 이들은 물리학이 지금껏 실제 세계의 속성들을 아주 잘 설명해 왔는데 의식은 전혀 설명하지 못하므로, 의식이 다른 물리적 대상들보다 덜 '진짜'라고 여긴다. 하지만 이 논증은 아주 비논리적이며, 과학의 성취를 과대평가하는 교만함도 담겨 있다. "내가 이해하지 못하겠으니 그건 가짜야"라고 말하는 것은 "내가 모르는 것은 지식이 아니야"라고 말하는 것과 다르지 않다(이 농담의 출처는 옥스퍼드 발리올 대학의 학장 헨리 비칭Beeching이다). 물론 아무도 대놓고 이렇게 주장하지는 않지만, 이 논리를 분명히 반박하고 넘어갈 필요가 있다.

예컨대 나는 이론물리학자로서 쿼크의 존재를 믿는다. 하지만 그 믿음의 근거는 어디까지나 간접적이다. 관련 실험을 수행했거나, 그 결과를 해석한 학자들이 쓴 논문을 읽었거나, 아니면 그 논문을 읽은 사람들이 했던 말을 들은 게 전부다. 나 스스로 쿼크의 존재를 증명하는 과정을 재현하기란 불가능하다. 그래서 다른 학자들이 제대로 실험했으리라 믿고 그저 받아들인다. 다시 말해 이것은 1차나 2차 정보가 아닌 'n차' 정보인 것이다(그 n의 값 역시 꽤 크다). 그러나 의식적 경험의 증거는 완전히 개인적이다. 누군가가 자신이 빨간색이나 공포, 사랑이나 행복의 느낌을 안다고 주장할 때, 나는 그 사람이 제대로 된 방법으로 경험했는지, 그 경험의 신뢰도

나 진실성을 의심하지 않는다. '진짜'가 무엇인지, '존재'가 무엇인지 엄밀히 정의하기는 매우 어렵지만, 일반적인 용례를 생각해 볼 때 나의 경험이 나의 추론보다 '덜 진짜'이거나 '존재할 개연성이 낮다'고 말할 아무런 이유가 없다. 따라서 TOE를 찾고자 한다면 반드시 의식에도 관심을 기울여야 한다.

물론 의식은 결코 물리학의 일부가 될 수 없을지도 모른다. 의식과 물리학이 질적으로 너무나 달라서 서로 영영 섞일 수 없다고 결론 날 수도 있다. 그렇다면 그 자체가 아주 흥미로운 발견일 것이다. 하지만 "왜?"라는 질문은 여전히 남는다. 물리학의 정의 중 어느 부분 때문에 의식이 물리학에 포함될 수 없을까? 이런 재밌는 주제를 학자들이 가만히 내버려 둘 리 없다. 물리학자 피파드[Pippard][1]는 물리적 대상과 의식적 대상의 결정적 차이를 다음과 같이 설명했다. 전자는 '공적公的'이므로 논의의 대상이 될 수 있지만, 후자는 전적으로 '사적私的'이기 때문에 물리학에 속할 수 없다는 것이다. 이는 매우 흥미로운 지적이지만, 만일 의식에 관한 물리학을 수립한다면 의식 역시 얼마든지 공적 영역에 들어올 수 있다. 따라서 피파드의 답만으로는 충분치 않다.

이 절을 끝내기 전에 "물리학자들이 의식에 관심을 가져야 하는가"라는 질문에 대해 두 가지만 더 지적하고자 한다. 19세기 최고의 물리학자 제임스 맥스웰[James Maxwell]은 원자는 신의 창조물이므로 물리학으로 원자의 속성을 이해하기는 불가능하다고 예상했다. 4장에서 살펴보겠지만, 그의 견해는 틀려도 아주 단단히 틀렸다.

우리는 맥스웰의 실수를 반복해서는 안 된다. 19세기 말 그 누구도 20세기 물리학의 주제가 원자와 그 구성 성분이 되리라 예견하지 못했다. 우리 역시 21세기 동안 물리학의 역사가 무엇으로 채워질지 함부로 예단할 수 없지만, 어쩌면 의식과 관련이 있지 않을까 하는 것이 내 생각이다.

두 번째는 다소 개인적인데, 의식에 관심 있는 물리학자가 세상에 적어도 한 명은 있다는 사실을 지적하고 싶다. 바로 이 책의 저자 본인이다. 동료 중에는 내가 의식에 관한 책을 쓰는 게 TOE 연구가 너무 어려워져서라고 여기는 사람들이 있다. 어쩌면 그들의 생각이 맞을지도 모르겠다.

물리학과 경험의 위기

2장 1절 「물리학: 모든 것의 이론」에서는 물리학자들이 의식에 관심을 기울여야 하는 까닭을 살펴보았다. 그렇다면 나머지 사람들은 어떨까? 많은 사람이 의식에 물리학을 접목하는 것을 상당히 싫어한다. '출입금지' 팻말이라도 세워서 물리학으로부터 의식을 사수하고 싶어 한다. 물리학적 지식과 방법론에 대한 거부감은 여러 군데서 나타난다. 물리 이론이 관측된 현상들을 조금도 설명하지 못한다고 주장하는(관련 논의는 5장 2절 「유심론」 참조) 반^反실재론 철학자들이 대표적이다. 대중 분야에서는 과학, 특히 물리학의 아성을 무너뜨리고 싶어 하는 신비주의, 유사 과학, 컬트 서적들이(얼핏 그럴싸한 이야기부터 말도 안 되는 헛소리에 이르기까지) 지금도 높은 판매량을 기록하고 있다. 여러 신문 사설에서도, 1875년 판 브리태니커^{Britannica} 대백과가 이미 "오류를 논박할 가치도 없는 낡은 개념"이라고 못 박았던 점성술 및 운세 산업의 쏠쏠한 성장세에서도, 기술 최선진국인 미국에서조차 UFO를 믿는 사람이 다윈의 진화론을 믿는 사람보다 많다는 통계 조사에서도, 생각만으로 숟가락을 구부리는 유리 겔라Uri Geller가 물리학자들을 바보로 만들어 버리기를 바라는 사람들의 은근한 기대에서도 물리학에 대한 불신은 발견된다. 극단주의자들은 물리학적 방법론에 기초한 현대 과학이 악의 뿌리라 주장하기도 한다. 그들은 "과학적 사고방식이 현대 사회의 악의 근원"이라고까지 말한다(P Sherard의 저서 『인간과 자연의 유린The Rape of Man and Nature』에 대한 어느 서평[2]에서 발췌).

반물리학적 풍조는 개인과 사회에 이로울 것이 없다. 하지만 많은 이들이 동조하는 데는 나름의 이유가 있다. 그중 하나는 질투심이다. 물리학자들은 학문적으로 승승장구하고 있을 뿐만 아니라, 무엇보다도 정부 예산을 타내는 데 아주 능하다! 게다가 일부 물리학자들은 다른 모든 학문이 물리학보다 덜 근본적이므로 덜 흥미롭다(?)며 오만하게 굴기도 했다. 2장 1절 「물리학: 모든 것의 이론」에서도 말했듯, 현대물리학은 이미 일반인이 이해하기 거의 불가능할 정도로 복잡해져 버렸다. 그래서인지 물리학이 틀린 것으로 결론 나서 지식을 뽐내던 과학자들의 콧대가 꺾이기를 바라는 묘한 심리도 있는 듯하다.

사람들이 물리학을 적대시하는 또 다른 이유는 환경 파괴다. 지구 환경에 대한 우려는 지극히 합리적이며, 오히려 장려되어야 한다. 그러나 환경 파괴를 물리학, 더 나아가 과학의 탓만으로 돌리는 것은 온당치 못하다. 과학이 환경의 오남용에 일정 부분 기여한 것

은 사실이지만, 환경을 보호하는 것 역시 과학을 통해서만 이루어
질 수 있다. 과학의 무기화 문제 역시 마찬가지다. 과학 기술이 발
전하면서 점점 더 강력한 살상 무기가 개발되고 있다. 그러나 과학
은 전 인류가 하나의 세상에 속해 있음을, 이 지구를 효율적으로 활
용한다면 모든 사람의 필요를 충족할 수 있음을 보여줌으로써 무
력 사용의 의미를 퇴색시키기도 했다. 그렇지만 많은 정치인이 이
사실을 제대로 인정하지 않는다. 그러나 희망이 아예 없는 것은 아
니다. 1982년 10만 명에 달하는 전 세계 과학자들이 서명한 「에리
체 선언Erice Statement」 중에는 다음과 같은 문장이 있다. "평화와 전
쟁을 선택하는 것은 과학이 아닌 문화다. 사랑의 문화는 평화의 기
술을 만들고, 혐오의 문화는 전쟁의 도구를 만든다."[3]

사람들은 의식을 탐구하고자 하는 물리학자들에게 일종의 '공
포'를 느끼기도 한다. 존 키츠John Keats의 시 『라미아Lamia』에서는 분
석적인 철학자 아폴로니오스Apollonius가 앳된 연인들의 달콤한 죄악
의 보랏빛 궁전에 들어서는 장면에서 이 공포를 다음과 같이 묘사
하고 있다.

… 모든 마법은
차가운 철학의 손길이 닿자마자 날아가지 않겠는가?
한때 천상에는 무시무시한 무지개가 있었지만
그것의 짜임새와 질감을 이해하고 나자
평범한 사물들의 진부한 목록 중 하나가 되었다.

철학은 천사의 날개를 묶고

규칙과 직선으로 모든 신비를 정복하고

유령의 하늘과 요정의 땅굴을 비워내고

무지개마저 풀어헤칠 것이다

그것이 연약한 라미아를 한낱 그림자로 녹여 버렸듯.

여기서 '철학'이라 함은 당연히 '물리학'을 뜻한다! 사람들이 물리학에 두려움을 느끼는 이유는, 간단히 말해 물리학이 세상 만물을 기본 입자들의 역학 법칙에 따른 움직임으로 만들어 버리고, **그것 외에는 아무것도 없다**고 말하기 때문이다. 물리학적 세계에는 사랑, 아름다움, 진실, 명예, 자유, 책임, 재미, 희망 등 우리에게 중요한 각종 가치들(혹은 그 반대의 것들)이 설 자리가 없다. 물리학의 시선에서 그것들은 모두 공허하고 무의미한 환상일 뿐이다. 현대물리학의 '표준모형(4장 4절 「표준모형」 참조)'을 발견한 스티븐 와인버그 Steven Weinberg도 이 음울한 결론에서 벗어나지 못했다. 빅뱅 직후 초기 우주에 관한 저서 『첫 3분 The First Three Minutes』[4]에서 와인버그는 "우주는 알면 알수록 더 무의미하게 느껴진다"고 말했다. 하지만 그의 말은 그 자체로 이미 모순적이다. 의미의 유무를 따지는 누군가가 있다는 사실만으로도 세상은 유의미하기 때문이다. 이 문제를 두고 콜러리지 Coleridge는 다음과 같은 시를 썼다.

그대 머물 곳 없어 공허하다 느낀다면,

가서 그대의 꿈, 희망, 공포의 무게를 달아 보라

균형추! - 그대의 웃음과 눈물은

그 자체일 뿐이요, 서로가 서로를 만들고

또 되갚는다네! 왜 공허한 낙으로

그대의 심장을 헛되이 채우는가?

왜 조문객의 모자 아래 얼굴을 묻고,

한숨과 애도의 목소리를 낭비하고,

허상의 허상, 유령의 유령에 불과한

그대가 따뜻함이나 차가움을 느끼는가?

하지만 그대 자아의 값싼 그늘진 그늘을 숨긴다 한들

그대가 얻는 것이 무엇인가?

슬퍼하라! 기뻐하라! 아무것도 느끼지 말라! 찾거나, 숨으라!

이유는 있지도, 필요치도 않다!

그대 존재의 존재가 역설이므로.

이처럼 물리학은 '나로서의 느낌'을 부정하고 '나'라는 존재의 본질을 위협하는 듯 보인다. 의식적 경험이라는 성역聖域을 물리학의 이러한 비정한 공세로부터 지켜낼 방도가 필요하다. 가장 쉬운 방법은 물리학자들의 말을 묵살해 버리는 것이다. 일부 철학자들은 '단계 자립성level-autonomy'이라는 개념을 만들어(2장 3절 「물리학과 환원주의」 참조) 물리학이 미시 수준 이상의 현상을 설명할 수 없다고 주장하기도 했다. 철학자 알프레드 화이트헤드Alfred Whitehead는 자신만의 완전한 철학 이론(5장 8절 「범심론」 참조)을 구축하여, "물리학의 형이상학적 우월성에 대한 믿음의 폭력성"으로부터 인간을 보호하고자 했다.[5] 그렇지만 단계 자립성과 같은 구호를 외치는 것은 문제 회피에 가깝다. 깊이 알지는 못하지만, 화이트헤드의 철학 역시 마찬가지라고 생각한다. 이 문제에 당당히 직면하는 것이 이 책을 쓴 또 하나의 이유다. 우리는 구태여 도망칠 필요가 없다. 의식의 성역은 여전히 건재하기 때문이다. 앞서 보았듯 의식 속 대상들은 실재한다. 언젠가 물리학이 이들을 포함하거나 설명한다면 그것은 그 자체로 물리학의 경이일 것이고, 그것이 불가능하다면 물리학의 세계 너머에 다른 무언가가 있다고 보아야 할 것이다.

물리학과 환원주의

물리학의 핵심 방법론 중 하나는 사물을 분해해서 구성 요소를 찾아내는 것이다. 이 접근법이 20세기 물리학을 통째로 견인했다고 말해도 과언이 아니다. 거대한 사물의 복잡한 속성은 그것을 이루는 요소들의 (단순한) 속성들의 산물이다. 예컨대 원자의 속성은 전자의 속성으로 설명할 수 있다. 지금 내 앞에 놓인 컴퓨터가 정상 작동하는 것 역시 구성 부품들의 속성 때문이다.

그러므로 물리학자는 의식을 탐구하기에 앞서 다음 질문들을 던질 것이다. 의식은 무엇으로 만들어졌는가? 의식에 필요한 핵심 성분은 무엇인가? 만약 이 물음들이 무의미하다면 그 이유는 무엇인가?

구성 성분의 속성을 통해 무언가를 이해하는 것을 우리는 **환원주의**reductionism라 부른다. 서드버리가 지적하였듯, 환원주의라는 말은 그 용어가 풍기는 강한 인상만큼 자주 오용된다. "… 우리는 사회학이 심리학으로, 심리학이 생리학으로, 생리학이 생물학으로, 생물학이 화학으로, 화학이 물리학으로 분해되는 연쇄 관계를 떠올릴 수 있다(과학을 싫어하는 이들은 이를 '환원주의'라 부르고, 반대로 과학을 좋아하는 이들은 '과학의 통일성'이라 부른다)."[6] 때때로 사람들은 누군가의 주장을 별 근거 없이 묵살하고 싶을 때 그 사람에게 '환원주의자'라는 낙인을 찍기도 한다! 여기서 우리는 2장 2절 「물리학과 경험의 위기」에서 언급했던 공포를 다시 엿볼 수 있다. 모든 것을 물리학으로 '환원'하고 나면 우리가 소중히 여기던 것을 잃을 거라는 두려움이다. 환원주의는 다양한 방면에서 많은 공격을 받았지만, 논리적인 비판보다는 감정적인 반응이 더 많았다.

17세기 초, 가톨릭 종파 중 일부는 교리에 어긋난다는 이유로 '원자론atomism'을 공개적으로 거부했다. 원자론은 물질이 특정 원자들로(당시에는 원자와 분자의 구분이 없었다) 구성되어 있다는 관점이므로, 그 자체로 환원주의적이다. 기록에 의하면 예수는 십자가형에 처하기 전 제자들과의 최후의 만찬에서 부서진 빵 한 조각을 들고 "이것은 내 몸이다"라고 말했다고 한다. 그 말은 당연히 비유적인 수사였을 것이다. 하지만 대부분의 기독교 교회에서는 이를 문자 그대로 받아들였고, 최후의 만찬을 기념하는 성찬식聖餐式에서 먹은 빵이 체내에 들어가면 실제로 예수의 육신이 된다고 믿고 있다. 이러한 '실체 변화transubstantiation'의 정확한 정체를 둘러싸고 수없는 갈등과 전쟁이 거듭되어 왔다. 이 교리를 잘못 이해한 사람들(특히 학식이 있는 계층이 이러한 '어리석음'을 많이 저질렀다)은 산 채로 화형을 당해야 했다. 당시 교회의 입장에서 실체 변화를 설명하기에는 '실체substance'의 의미를 비교적 폭넓게 정의하는 아리스토텔레스의 세계관이 원자론보다 더 적합했다. 빵이 밀가루 원자로 되어 있다면 그건 어디까지나 빵일 뿐이니까! 갈릴레오가 탄압받은 것도 코페르니쿠스를 지지한 것보다는 원자론을 지지한 탓이 더 컸다. 그때는 태양과 지구의 움직임보다 성체가 더 중대한 문제였다.[7]

현재 세대의 문화에서 환원주의를 바라보는 관점은 또 다르다. 마르크스주의적 시각에서 보자면 "환원주의는 지배층의 사회 풍토에서 생물학적 결정론을 도구 삼아 사회의 현상 유지를 수호하도록 왜곡된 저속한 단순화에 의존한다. 생물학적 결정론은 현재의 사회 체제, 즉 개인·계급·성·인종 간의 지위·부·권력의 모든 불평등이 유전자에 의해 결정된 이상 불가피한 현상이라고 말한다. 이처럼 제한된 과학의 시야는 서양 백인 남성을 선호하는 폐쇄적 선발 과정으로 인해 더욱 편협해졌다."[8]

이 책에서 환원주의는 신념이 아닌 방법론을 가리킨다(과학자는 어디까지나 믿음이 아닌 증거만을 다루어야 한다). 환원주의 방법론이란, 사물을 구성하는 더 작고 단순한 요소의 알려진 속성을 활용하여 사물의 속성을 설명하는 것을 말한다. 만약 이 방법론으로 의식을 이해하는 데 실패한다면 두 가지 이유 중 하나일 것이다.

(1) 아직 파악하지 못한 구성 요소가 더 있다.

(2) 구성 요소들의 속성을 잘못 이해했다.

제3의 이유도 있을까? 언뜻 보면 위 두 가지가 전부인 것 같지만, 양자물리학을 이해하면 이 문제가 보기만큼 단순하지 않다는 것을 알 수 있다. 하지만 단순히 그것만으로 환원주의 논증을 기각하기는 부족하다. 환원주의에 대한 가장 단순하고도 본능적인 반론은, 인간이 물질의 조합에 불과하다면 감정을 설명할 수 없다는 것이다. 하지만 물리학자로서 감정이 설명 불가능한 이유를 모르는 이상 환원주의를 기각할 수 없다고 느낀다.

환원주의는 개방적이다. 질문을 던지기 때문이다. 그렇기 때문에 교리나 신조를 가진 사람들이 환원주의를 싫어하는 것일 수도 있다.

구성 요소의 속성이 복잡한 사물의 속성을 만들어 낸다는 것이 정확히 무슨 뜻일까? 환원주의에서도 '조직성', 즉 사물이 어떻게 조합되었는지가 중요하다. 아주 미세한 수준에서 보자면 컴퓨터, 자동차, 책, 설탕은 모두 같은 성분으로 이루어져 있다. 마치 레고 LEGO 블록처럼 다르게 조립되었을 뿐이다. 레고 조형물의 모든 속성은 전적으로 블록이 어떻게 조립되었느냐에 의해 결정된다. 컴퓨터를 포함한 다른 모든 사물도 마찬가지다. 사물의 속성은 그것을 구성하는 쿼크와 렙톤(4장 4절 「표준모형」 참조)이 지닌 속성의 결과물이다. 컴퓨터 성능만 충분하다면 우리는 쿼크와 렙톤에 대한 지식을 토대로 각종 사물의 행동을 얼마든지 정밀하게 계산할 수 있다.

그런데 양자론의 관점에서 보면 사물의 행동을 계산하기란 그리 간단한 일이 아니다. '행동을 계산한다'는 것의 의미 자체가 모호하다. 그렇지만 환원주의 접근법이 지금껏 물리학자들에게 얼마나 큰 성공을 가져다주었는지 생각하면, 합당한 근거가 아닌 단순 편견만으로 환원주의 방법론을 포기할 수는 없다.

'컴퓨터의 성능이 충분하다면'이라는 제한 조건도 환원주의를 기각할 이유가 못 된다. "내가 계산할 수 있는 것과 계산할 수 없는 것은 근본적으로 다르다"고 말하는 것만큼이나 오만한 선언은 없을 것이다. 근본적 차이는 이론상 계산 가능한 것과 이론상 계산 불가능한 것 사이에만 존재한다. 예를 들어 모든 원자의 선 스펙트럼은 (이론상으로는) 아주 간단한 방정식 하나로 계산 가능하다. 그런데 그 방정식을 실제로 풀기는 불가능에 가깝다. 가장 작은 원자인 수소의 경우조차 매우 조악한 근사법을 적용해야 이를 겨우 계산할 수 있다. 반면, 이렇게 해서 얻은 값에 대한 '방사 보정radiative correction(광자와 전자의 양자 상호 작용으로 인한 오차를 보정하는 것 – 옮긴이)'을 계산하는 것은 (상대론적 장 이론relativistic field theory의 부가적 효과를 고려하지 않는 한) 이론적으로 아예 불가능하다.

또 하나 중요한 점은, 여러 요소가 결합한 사물에서는 각 요소에 없는 새로운 속성이 나타날 수도 있다는 것이다. 구성 요소에게는 그 속성이 아무 의미도 갖지 않는다. 이러한 현상은 환원주의적 방법론을 위배하지 않는다. 예컨대 같은 종류의 분자들을 많이 모으면 고체나 액체, 기체 등 특정한 상相이 될 것이다. 물질의 상은 개별 분자에게는 아무런 의미가 없으며 여러 분자가 모였을 때만 의미를 갖는 '창발적' 속성이다. 하지만 우리는 분자들의 속성으로부터 그 물질의 상을 계산할 수 있다. 그러한 점에서 상은 그 물질을 이해하기 위해 부가적으로 알아내야 하는 속성은 아니다.

창발에 관해서는 사람들이 오해하고 있는 것이 많다. 예를 들어, 포퍼는 자신의 저서[9]에서 "원자가 새롭게 배열되면 그 배열에 대한 기술記述과 원자 이론만으로 설명할 수 없는 새로운 물리 · 화학적 속성이 생겨날 수 있다."라고 썼다. 이 주장은 당연히 틀렸다. 만약 특정한 원자 배열을 가진 물질에서 이론으로 유추할 수 없는 속성이 발견된다면 과학자들은 첫 번째로 매우 놀랄 것이고, 그다음에는 그 물질 속에 다른 무언가가 더 들어 있다고 결론 내릴 것이다(실제로 과학사에는 이와 비슷한 일들이 많이 있었다. 다시 한번 강조하지만, 여기서 핵심은 그 속성을 실제로 유추했느냐가 아니라 유추하는 것이 가능하느냐다. 실험 과학에서는 유추할 수 있었지만 미처 유추하지 못한 여러 효과가 일어나 과학자들을 놀라게 하는 일이 비일비재하다). 같은 논문에서 포퍼는 여러 원자핵의 붕괴 반감기를 예시로 제시한다. 반감기를 정확히 계산하기가 힘든 경우가 많기는 하다. 하지만 핵의 반감기가 핵의 구조에 의해 직접적으로 결정되지 않을 이유는 없다. 포퍼는 핵의 반감기가 엄청나게 다양한 것이 환원주의의 반례라고 주장했지만, 사실 정성적으로는 그게 왜 그런지 어렵지 않게 설명할 수 있다.

앞서 우리는 단계 자립성이라는 개념을 살펴본 바 있다. 단계 자립성은 존재의 각 단계(소립자, 핵, 원자, 무기물, 유기물 등)가 하위 단계에 의해서는 오직 부분적으로만 설명이 가능하며, 단계마다 '새로운 무언가'가 등장한다는 것이다. 그런데 이것이 새로운 부가 요소가 추가된다는 뜻이라면 환원주의와도 어긋나지 않는다. 어떤 물체 D가 A, B, C로 이루어져 있다면 A와 B의 속성만으로는 D를 완전히 설명할 수 없다. 하지만 실제로 단계 자립성이라는 용어를 쓰는 학자들이 이러한 상황을 가리키고자 했는지는 잘 모르겠다. 그들은 그 '새로운 것'이 무엇인지 좀처럼 얘기하지 않는다. 때로는 논증이 아닌 구호로써 그 용어를 사용하는 것 같기도 하다. 단지 자기 마음에 들지 않는다는 이유만으로 환원주의를 비난하면서!

이 밖에도 사람들이 자주 간과하는 중요한 사실이 하나 있다. 구성 성분을 통해 사물을 이해하는 것과 그 사물이 실제로 존재하는 이유를 이해하는 것이 다르다는 점이다. 예컨대 자전거의 작동 원리를 바퀴, 체인, 핸들을 보고 이해한다고 해서 이 세상에 자전거가 왜 존재하는지를 설명할 수는 없다.

이제 환원주의 방법론의 기본 개념으로 다시 돌아오자. 환원주의는 소금이나 설탕, 자전거, 비행기 등에 대해서는 잘 작동한다. 식물은 물론이고 심장, 콩팥 등 신체 일부에 대해서도 마찬가지다. 하지만 동물이나 인간의 경우를 생각하다 보면 우리의 머릿속은 온갖 의구심과 질문들로 가득해진다. 인간을 구성 입자만으로 완전히 설명할 수 있을까, 아니면 다른 무언가가 더 있을까? 특히 의식은 과연 쿼크와 렙톤의 특수한 배열에 의해 나타나는 속성일까?(만약 그렇다면, 그 배열 구조의 핵심 특징은?) 이 질문들에 대한 사람들의 반응은 크게 "당연히 그렇다"와 "절대로 아니다"의 두 가지 상반된 답으로 갈라진다. 두 집단의 공통점이 있다면, 상대 의견이 일고一考의 가치도 없는 허튼소리라 여긴다는 점이다!

위 논의에서 우리는 확실한 '기계'들(무생물)에서 의식(인간)으로 곧장 건너뛰었다. 그런데 음악 작품이나 노을 따위도 그 구성 성분의 산물이 아닌 무언가, 이른바 '아름다움'을 지니고 있다는 주장이 있다. 하지만 아름다움은 사물 자체의 내재적 속성이 아니라 의식이 있어야만 존재할 수 있는 속성이다. 물리학자 폴 데이비스Paul Davies[10]는 "베토벤 교향곡이 음표의 집합에 불과하다는 주장은 우스꽝스럽다"고 말했다. 하지만 데이비스 역시 교향악단의 연주 소리가 주파수들의 집합으로 정확히 분석될 수 있음을 부정하지는 않을 것이다. 거기에 무언가가 더 있다면 그것은 감상자의 의식이 그것을 어떻게 느끼는가로 인한 것이다. 의식이 없다면 교향곡은 분명 음표의 집합 그 이상도 이하도 아니다(이 책의 검토자 중 한 명은 나의 주장이 너무 급진적이라고, 또 다른 한 명은 너무 온건하다고 평했다! 음악은 음파의 형태로 분석될 수 있고, 음파는 수학적으로 기록하는 것이 가능하다. 실제로 공연 녹음 과정에서 연주자의 연주는 디지털 형태로 환원된다. 음악의 수학적 기술에서 특정한 구조가 나타날 수는 있겠지만, 그것이 음표 이외의 부가적인 무언가는 아니다. 음의 특정한 순서가 음악으로서 의미를 갖는 것은 전적으로 의식 때문이다).

　이 장을 마치며 물리학에서 단순한 환원주의가 통하지 않는 두 가지 사례를 소개하고자 한다. 첫째는 양자론의 배타 원리이다. 배타 원리란, 예컨대 둘 이상의 전자가 같은 양자 상태를 가질 수 없음을 뜻한다. 이 원리는 전자 하나만으로는 발견할 수 없으며 두 개 이상의 전자로 실험을 해야 비로소 유추할 수 있다. 단, 이 전자들을 기술하는 양자 장 이론quantum field theory이 존재한다면 실험 결과를 유추하는 게 가능할 수도 있다. 또 다른 예는 열역학 제2법칙이다. 8장에서 다시 다루겠지만, 이 법칙은 놀랍게도 다른 물리 법칙으로부터 유도되지 않는다. 이 법칙이 유효한 것은 우주가 특정한 '초기 조건'에서 출발했기 때문이거나, 현생 인류가 우주의 나이 가운데 그 법칙이 유효한 특정 시기에 살고 있기 때문인 것으로 보인다.

물리학에서 의식으로

2장 2절 「물리학과 경험의 위기」와 2장 3절 「물리학과 환원주의」에서 우리는 정신의 중요성(또는 우월함)을 옹호하는 이들이 물리학과 대립각을 세우는 모습을 살펴보았다. 그런데 실상은 그 반대이다. 물리학과 의식과학은 서로 협력 관계에 있다.

논의에 앞서 의식 문제에 제대로 달려들려면 현대 이론물리학을 어느 정도 알아야 한다고 강조하고 싶다. 이론물리학이 가져다줄 수 있는 지혜를 활용하지 않는 것은 한쪽 팔만으로 싸움에 임하는 것과 다르지 않다. 그 정체가 무엇이 되었든 간에 의식은 물질 세계 속에 존재하며 또한 물질 세계와 상호 작용한다. 이것은 자명한 하나의 '팩트'다.

물리학의 여러 분야 중에 의식과의 연관성이 가장 크다고 추측되는 분야는 양자론이다. 10장과 11장에서 다루겠지만, 양자론의 핵심은 물리 법칙이 무언가의 존재가 아니라 우리가 관찰할 때 무슨 일이 일어날지만 알려 준다는 것이다. 즉, 물리 법칙은 특정 관찰 결과가 나올 확률만을 알려 준다. 그런데 양자론에서는 '관찰을 한다'는 말의 의미가 엄밀하게 정의되어 있지 않다. 유일하게 확실한 것은 양자론에 의해 기술되는 대상이 스스로 관찰할 수는 없으며, 관찰이 일어나려면 다른 무언가가 필요하다는 것이다. 많은 이들이 그 무언가가 바로 의식이라고 추측한다(지금 당장 내 책상에도 버클리 로렌스 연구소에서 보내온 「양자 의식 이론A Quantum Theory of Consciousness」[11]이라는 논문 원고가 놓여 있다).

나중에 훨씬 자세히 다루겠지만, 우선 지금은 다음 두 가지 사항만을 짚고 넘어가자. 첫째, 양자론은 결정론(모든 사건의 발생이 이미 정해져 있다는 믿음 – 옮긴이)을 부정하지 않는다. 단지 우리가 사는 세계가 아주 독특한 특성을 지녔다는 사실만을 말해 줄 뿐이다. 둘째, 양자론은 현대물리학이 19세기 물리학에 비해, 또한 분자생물학, 신경생리학 등 '덜 환원주의적인' 과학 분야들에 비해서도 의식이나 전체론holism(부분만으로 전체를 설명할 수 없다는 믿음. 환원주의의 반대 개념 – 옮긴이) 등 흔히 '비과학적'이라 불리는 개념들에 대해 훨씬 더 개방되어 있음을 보여 준다. 앞서 지적하였듯 고전물리학(양자론 이전의 물리학) 법칙들은 의식적 경험의 풍부함을 담아내기에 너무 '단순해' 보이는 것이 사실이다. 하지만 역설적으로, 환원주의 방법론으로 물질을 쪼개어 미세 성분을 연구하다 보니 양자 세계의 존재가 발견되었다. 양자 세계는 일상 세계의 그 어떤 것보다도 훨씬 더 신비로우며, 상상은커녕 설명하기조차 불가능한 것들이 많다. 우리는 물리 법칙이 어떻게 의식이라는 현상을 일으킬 수 있는 지 늘 궁금해하지만, 그것보다는 우리의 의식적 경험이 왜 이리도 이른바 '기본 입자'들의 행동을 잘 이해하지 못하는지 묻는 것이 먼 저일지도 모른다. 환원주의 지지자들은 "뇌는 어디까지나 단순 법 칙들을 따르는 기계"라 말하지만,[12] 그러한 '단순 법칙'은 존재하지 않는다.

그렇다면 환원주의를 좇는다고 해서 반드시 무의미함과 허무함 으로 귀결되는 것은 아닐지도 모른다. 어쩌면 '과학'의 범위가 확장 될 수도 있는 것이다. 양자 세계의 신비를 살짝이라도 맛보고 나면 무언가를 이해한다고 주장하기가 조심스러워질 수밖에 없다. 또한 이 세상에 아직 발견되지 않은 수많은 경이가 남아 있다는 것도 알 게 된다.

무엇이 양자역학적 '관찰'을 일으키는가 하는 문제와 무엇이 의 식을 일으키는가 하는 문제 사이에는 놀라운 유사성이 있다. 따라 서 두 문제가 관련되어 있으리라 보는 것이 자연스러운 추측이다. 일부 학자들은 우리가 양자론을 이해하지 못한 이상 의식을 이해 하지 못하는 것이 당연하다고 말한다. 하지만 두 문제의 해답이 하 나일 거라는 보장은 없다. 그러므로 최소한 도전할 가치는 있는 것 이다.

양자론의 근본 문제는 이론과 경험 사이의 간극이다. 비슷한 간 극이 물리학에 또 하나 있는데, 그것은 바로 시간이다. 모든 기본 물리 법칙들은 시간의 방향을 t에서 −t로 뒤집어도 그대로 작동한다(8장 참조). 하지만 우리의 경험은 시간에 대하여 비대칭적이다. 우리는 과거만을 기억할 뿐 미래를 기억하지는 않는다! 세상을 기술하는 법칙들이 과거와 미래를 구별하지 않는다면 과거와 미래는 왜 그리도 다르게 느껴지는 것일까? 과연 이것도 의식과 관련이 있을까?

물리학이 의식 연구에 긍정적으로 기여할 수 있는 부분은 또 있다. 물리학은 철학과 달리 과거 지식에 권위를 부여하지 않는다. 물리학은 실험 증거를 중시하여 새로운 증거에 의해 과거의 믿음이 뒤집히는 일이 지금도 벌어진다. 물리 법칙의 타당성은 누가 그 법칙을 믿느냐에 따라 조금도 달라지지 않는다. 반복된 실험 검증의 결과, 법칙에 위배되었다면 그 법칙은 틀린 것이다! 그러한 점에서 물리학은 고전에 너무 큰 권위를 부여하는 풍조에 대한 '해독제'로 기능할 수 있다. 한 예로, 열역학 제2법칙과 자신의 주장이 합치하는지 불필요하게 집착하는 듯한 논문을 읽은 적이 있다. 8장에서 논의할 시간 역전 문제와 별개로 열역학 제2법칙은 경험칙일 뿐이다. 위배되는 상황을 발견한다면 얼마든지 폐기할 수 있다. 이는 에너지 보존 법칙, 로렌츠 불변성(특수상대성이론), 공간이 3차원이라는 것 등도 마찬가지다. 과학에서 신성시되는 것은 진리, 즉 실험을 통해 얻은 감각 증거들뿐이다. 신경과학자 존 에클스John Eccles는 한 논문[13]에서 "뇌와 마음의 상호 작용을 이원론적으로 설명하려 든다면 물리학의 각종 보존 법칙을 위배한다는 강한 비판에 직면하게 된다"고 말했다. 하지만 물리학자들은 (내 희망이지만) 그러한 비판을 하지 않는다. 철학자 존 설John Searle[14] 역시 물리학자들이 "분자를 경로에서 이탈하게 할 수 있는 존재"를 받아들이고 싶어 하지 않을 거라 말했다. 하지만 그러한 존재들은 지금도 몇 가지가 알려져 있다(우리는 그들을 '힘'이라 부른다). 물론 설은 지금까지 알려진 것 이외에 무언가가 더 추가되기를 원치 않을 거라 말하고 싶었던 것 같다. 하지만 물리학자들이 새로운 힘의 발견을 왜 거부하겠는가? 물리학, 더 나아가 과학의 역사는 언제나 새로운 현상을 발견하는 과정의 연속이었다.

마지막으로, 물리학이 아닌 수학과 관련된 사실을 하나 짚고 넘어가자. 수리논리학의 중요한 정리 중에 괴델Gödel의 정리가 있다. 괴델의 정리에 의하면 잘 정의된 일련의 절차들로 증명 가능한 것들을 초월한 진리의 개념이 존재한다. 어쩌면 진리도 의식이 있어야 존재할 수 있는 것일지도 모른다. 이 주제에 관해서는 9장에서 자세히 살펴본다.

지금까지 우리는 물리학이 의식 연구에 기여할 수 있는 바를 중점적으로 살펴보았다. 하지만 반대로 의식 연구가 물리학의 발전에 기여할 수 있는 부분도 많이 있다. 의식을 이해한다면 양자론의 측정 문제를 풀 수 있을 뿐만 아니라, 우주에 과연 인과와 '목적'이 존재하는지도 알 수 있다. 또한 이론의 '간명함'이란 무엇인가, 물리학 이론이 어디까지 답할 수 있는가 등 각종 미학적 질문도 해결할 수 있다.

3장
의식

의식이란 무엇인가?

이 책은 의식적 정신, 또는 의식에 관한 책이다. 눈치 빠른 독자는 알아챘겠지만, 우리는 지금껏 의식이라는 단어를 여러 차례 언급하면서도 아직 의식이 무엇인지 정의하지 않았다. 우리는 모두 의식이 있다. 그래서 나는 여러분이 의식의 정의를 알고 있다고 암묵적으로 가정하였다. 이는 다행한 일이다. 왜냐면 의식은 유의미하게 정의하거나 다른 것들로 나타내기가 불가능하기 때문이다. 실제로 『옥스퍼드 마음 안내서Oxford Companion to the Mind』[1]에서도 의식을 "우리 마음의 가장 명확하고도 신비로운 특징"이라고만 정의하고 있다. 의식을 형식적으로 정의하려는 시도에 대한 비평은 혼더리치[2]를 참조하라.

의식은 지각의 한 형태로, 외부 세계가 아니라 자기 내부의 심적 상태에 대한 개체의 지각이다. 의식은 우리 자신만의 우주다. 우리는 의식을 통제하고, 그 속에서 온갖 상상의 나래를 펼치며, 매우 다양한 이미지를 떠올린다. 의식은 모든 경험과 느낌의 근원이자 보금자리이다. 또한 나와 다른 존재를 구별 짓는, 나를 나이게끔 하는, **내가 존재한다**는 증거이다. **나는 자각하고 의식한다. 고로 나는 존재한다**(데카르트는 생각하기 때문에 존재한다고 말했다 – 옮긴이).

나는 내 의식에 온전히 접근할 수 있다. 하지만 다른 사람들은 내가 '물리적' 방법으로 노출하기로 선택한 영역에만 접근할 수 있다. 학교에 가기 싫은 아이는 의식의 사적私的 속성을 금방 깨닫고서 몸이 안 좋다는 꾀병을 부린다. 몸이 안 좋다는 주장은 정당한 반박이 불가능하다. 물론 증상이나 원인을 살펴볼 수는 있겠지만, 그 느낌 자체를 확인하거나 부인하기란 지금으로서는 (어쩌면 앞으로도) 불가능하다.

의식이 없다면 이 세상의 많은 것들 역시 존재하지 않을 것이다. 예를 들어 '빨간색'은 의식이 없이는 아무 의미도 없다. 특정 파장의 빛이 빨간색을 야기할 수는 있지만, 빨간색 자체가 빛의 파장은 아니다. 빨간색을 보는 느낌은 측정할 수 없다. 심지어 내 눈에 보이는 빨간색이 다른 사람이 보는 것과 동일한지도 알 수 없다. 색깔은 "감각적 신체에 의존해서만 존재하는"(이 표현은 갈릴레오가 처음 사용했으며, 보고시안Boghossian과 벨레만Velleman[3]에도 인용되었다) 다양한 것 중 하나에 불과하다. 사랑과 증오, 고통과 쾌락, 시기와 연민 등 모든 감정이나 느낌도 이에 속한다. 이러한 의식의 여러 속성은 우리 삶에서 가장 중요한 필수 요소들이다.

그뿐만 아니라 자유의지, 시간의 흐름, 진리 개념, 심지어 우주

그 자체도 의식의 속성일 가능성이 있다. 이 주제들에 관해서는 추후 하나씩 살펴볼 것이다.

이 절의 제목인 "의식이란 무엇인가?"라는 질문을 다시 검토해 보자. 지금까지 우리는 '의식'이라는 단어의 의미에 집중했다. 누군가 당신에게 의자가 무엇인지를 묻는다면 "앉을 수 있는 무언가"라고 답하거나 구체적인 사례를 들 것이다. 하지만 질문을 다르게 해석할 수도 있다. '의자'라는 단어의 뜻이 아니라, 그것이 본질적으로 무엇인지를 생각해 보는 것이다. 의자는 나무 조각들이 특정한 방식으로 조립된 것이고, 궁극적으로는 쿼크와 렙톤의 특정한 배열이다. 그렇다면 의식은 본질적으로 무엇일까? 이 질문이 말이 되기는 할까? 뇌는 기본 입자들로 만들어진 것으로 추정된다. 그렇다면 의식은? 의식은 무언가가 모여 만들어진 것일까? 기본 입자에 대해서는 "그것이 무엇인가?"라는 질문이 무의미한데, 어쩌면 의식도 이와 비슷할지도 모른다. 진정한 기본 입자는 그것 자체 이상도 이하도 아니다. 예를 들어 쿼크는 (우리가 아는 한) 다른 것으로 이루어져 있지 않다. 쿼크는 그냥 쿼크다. 하지만 이러한 비유를 사용할 때는 주의가 필요하다. 쿼크는 종류가 같다면 모두 똑같지만(4장 4절 「표준모형」 참조), 의식은 그렇지 않다. 나의 의식과 여러분의 의식은 확연히 다르다. 만약 개개인의 의식이 서로 다른 기본 입자라면, 이름 없는 무수히 많은 의식이 떠돌아다니다가 아기가 태어날 때마다 하나씩 이름이 붙는 매우 이상한 그림이 상상된다! 이와 정반대로 이 세상에 의식은 단 하나뿐이며 '내' 의식은 그것의 일부분이라는 관점도 있다.

하지만 위 설명들 모두 썩 만족스럽지 않다. 혹시 다른 관점도 있을까? 아니면 질문 자체가 잘못된 것일까? 그렇다면 그 이유는 무엇일까?

무엇이 의식을 갖고 있는가?

30여 년 전, 옥스퍼드 근교 디드콧Didcot에서 열린 낚시의 잔혹성에 관한 회의에 참여한 적이 있었다. 주요 화두는 어류가 고통을 느끼는지, 더 일반적으로는 어류가 무언가를 느낄 수 있는지, 즉 어류에게 의식이 있는지였다. 당시 젊은 과학자였던 나는 사람들의 불확실한 의견들만으로 결론 낼 것이 아니라 적절한 과학적 탐구를 통해 그 문제를 해결해야 한다고 생각했다. 하지만 얼마 지나지 않아 지금까지도 내 마음을 괴롭히고 있는 유명하고도 중요한 난제에 빠지고 말았다. 그것은 바로 무언가에게 의식이 있는지 검증하기가 불가능하다는 것이다. 이유는 간단하다. 의식이 무엇인지도 모르는데 그 유무를 어떻게 검증하겠는가?

누군가, 혹은 무언가에게 의식이 있는지를 어떻게 판단할 수 있을까? 우선 내가 의식이 있다는 사실부터 출발해 보자. 나는 내가 의식이 있음을 안다. 어떻게 보면 그것이 내가 아는 전부다. 따라서 타인에게도 의식이 있을 거라고 (사례 하나만으로!) 추정하는 것이 합당할 수도 있다. 이 책을 여기까지 읽었다는 것은 당신이 이 책이 말하고자 하는 바를 어느 정도 이해했다는 뜻이고, 그러려면 여러분은 의식이 있을 수밖에 없다. 하지만 이것은 일종의 순환 논법이다. 마치 컴퓨터가 의미와 상관없이 주어진 입력을 읽어 들이듯, 당신도 내용을 전혀 이해하지 못한 채로 이 책을 읽었을 수 있다. 만약 이 책의 내용이 당신에게 아무 의미도 없었다면 당신이 이 책을 여기까지 읽었을 리가 없다. 이렇게 주장할 수 있는 것은 당신이 의식적 존재라고 믿기 때문이다. 이 믿음은 어디까지나 나 자신과의 비교로부터 온 것이다. 당신의 외양, 습관, 행동이 나와 매우 닮았기 때문에 당신에게 의식이 있다고 간주하는 것이다.

인간 의식의 보편성을 반박하는, 내가 본 유일한 문헌은 미국 프린스턴의 심리학자 제인스Jaynes가 쓴 『의식의 기원』[4]이다. 이 책에서 제인스는 지금으로부터 2~3천 년 전 심각한 사회 격변으로 인해 의식이 처음으로 발생했다고 주장한다. 제인스에 의하면 그 전의 인류는 자신의 마음속 '목소리'에 반응하여 행동할 뿐이었으며, 자신의 행동에 대한 책임감을 전혀 자각하지 못했다. 이 마음속 목소리는 오늘날 조현병 환자의 사례에서 그 흔적이 발견된다. 제인스는 그가 선의식 시대preconscious age라 부르는 시기의 예술 및 문학을 토대로, 자신의 주장을 상세하고도 매력적으로 풀어냈다.

하지만 이 책에서는 보통의 인간에게 의식이 있다는 보편적인 견해를 따르고자 한다. 물론 타인은 나와 동일하지 않다. 따라서 우리는 타인과 내가 '대략' 비슷하다는 가정하에, 나의 의식으로부터 타인의 의식을 추정한다. 하지만 타인과 나 사이에 얼마만큼의 오차를 허용해야 할까? 동물에게도 의식이 있음을 인정해야 할까? 많은 상황에서, 동물들은 인간과 매우 비슷한 방식으로 행동한다. 무의식적 행위는 물론이고, 우리가 일반적으로 의식적 결정이라 부르는 행동도 그러하다. 하지만 그러한 행동이 반드시 의식의 존재를 담보하지는 않는다. 다음의 사례를 보자.

만약 방이 너무 덥다면 나는 곧바로 난방을 끌 것이다. 하지만 고양이는 불쾌감을 드러낼 수는 있겠지만 난방을 끄지는 못할 것이다. 이는 고양이가 난방기 스위치의 위치나 조작법을 몰랐기 때문일 것이다. 혹은 더 극단적으로는, 고양이가 겉으로만 불쾌해 보였을 뿐 실제로는 아무것도 '느끼지' 못했고, 때문에 불쾌감을 해소하고자 하는 동기도 없었다고 해석할 수도 있다. 그렇다면 고양이와 온도 조절기를 비교해 보자. 방의 온도가 오르면 온도 조절기는 인간과 마찬가지로 난방을 끌 것이다. 하지만 이를 두고 고양이가 의식이 있을 개연성이 온도 조절기에 비해 낮다고 보기는 어렵다.

물론 이 예시가 너무 단편적이라는 지적이 있을 수 있다. 대다수 상황에서 고양이는 온도 조절기보다 훨씬 더 인간에 가깝게 행동할 것이기 때문이다. 하지만 이는 온도 조절기의 입장에서는 다소 불공평한 처사다. 온도 조절기는 행동의 자유도가 단 하나뿐이기 때문이다. 그 한 가지 행동에 관해서만은, 온도 조절기는 완전히 인간처럼 행동할 수 있다.

그렇다면 온도 조절기가 의식이 있다고 말할 수 있을까? 그렇다고 여길 사람은 거의 없을 것이다. 온도 조절기는 그런 방식으로 행동하게끔 명시적으로 '설계'되었으므로, 그 행동은 조절기 자체의 의식이 아니라 그것을 설계한 사람의 의식으로 인한 것이다.

하지만 다른 의견도 있다. 인공지능AI이라는 용어를 만든 존 매카시John McCarthy는 "온도 조절기처럼 단순한 기계도 믿음을 가질 수 있다"고 주장했다.[5] 온도 조절기에게도 의식이 있다는 것이다! 그렇다면 우리는 온도 조절기가 난방을 끈 이유를 다음과 같이 추측해 볼 수 있다.

(1) 너무 덥다고 느껴서

(2) 인간을 기쁘게 하고 싶어서

(3) 난방을 끄지 않으면 다른 장비로 교체되어 버려질까 봐 두려워서

이 이유들은 좀처럼 납득하기 어렵다.

하지만 이것 말고도 온도 조절기의 행동을 의식이 존재한다는 전제하에 설명할 또 다른 방법이 있다. 모든 것에 의식이 있고, 단지 각자 의식 수준이 다르다고 가정하는 것이다. 즉 어떤 것이 다른 것에 비해 '덜 의식적'일 수 있다는 것이다. 그렇다면 전자가 전기장 속에서 움직이는 것은 전자가 양전하(또는 그 전기장을 일으킨 것)에 가까워지길 원해서라고 해석할 수 있다. 즉 모든 물리 법칙은 사물들의 의식이 무엇을 선호하는지를 나타낸 것이라 말할 수 있다.

그렇다면 온도 조절기는 난방을 끄기로 결정한 것이 아니라, 물리학 법칙을 따르기로 결정한 것에 가깝다. 결과적으로 조절기가 난방을 끈 것은 설계의 산물이다. 궁극적으로는 제작자의 의식이 반영된 것이다.

5장 8절 「범심론」에서 더 자세히 살펴보겠지만, 모든 것에 의식이 있다는 주장에 대해서는 한 가지 반례를 들 수 있다. 그것은 잠 또는 전신마취 상태다. 몇 년 전 나는 무릎 연골 제거 수술을 받았는데, 수술 중에 숨을 쉬며 살아 있었지만 살을 파고드는 메스를 느끼지 못했다. 같은 이유로 우리는 돌을 부수어도 돌이 아파할 거라고는 생각지 않는다. 또한 폐차를 하거나 꽃을 꺾는 일이 자동차나 꽃의 행복을 해치지는 않을 거라 여긴다. 하지만 이 논리가 어디까지 확장될 수 있을까? '우리와 닮은' 대상일수록 모호함은 점점 커진다. 의식이 있는 종과 없는 종 간에 명확한 경계가 있어야 할 이유도 찾기 어렵다. 결국 이는 의식에 수준이 있다는 개념으로 귀결된다.

무엇이 의식을 갖고 있느냐는 질문은 동물이나 사물에 대한 우리의 태도를 바꿀 수 있다는 점에서 상당히 중요하다. 그러나 아직 우리는 한 발짝도 나아가지 못했다. 6장에서는 문제 해결에 실마리가 될 수 있는 몇 가지 실험을 살펴본다. 차후에도 또한 이 문제는 여러 차례 다시 언급될 것이다.

기계가 의식을 가질 수 있는가?

이 절에서는 어떤 사물이 의식이 있는지가 아니라, 의식이 있는 사물을 제작할 수 있는지를 논의해 보자. 우리가 설계하고 제작할 수 있는 것이 기계의 정의라면, 과연 기계는 의식을 가질 수 있을까?

물론 이 질문이 성립하려면 모든 사물에 의식이 있지는 않다는 가정이 필요하다. 모든 사물에 의식이 있다면 질문 자체가 무의미할 것이기 때문이다. 내게 묻는다면 당연히 "만들 수 없다"고 답할 것이다. 이유는 간단하다. 우리는 의식이 무엇인지 모르므로 어떻게 의식적인 기계를 만드는지도 알지 못한다. 만들 대상이 무엇인지 모르고, 잘 만들어졌는지 확인할 방법도 없는데 어떻게 그것을 만들 수 있다는 말인가?

여기에는 두 가지 단서가 붙는다. 첫째, 의식적인 기계가 '우연히' 만들어질 수 있다는 점이다. 이유나 방법을 모르는데도 성분 배

합과 제조 방법이 정확히 맞아떨어져서 의식을 가진 존재가 만들어지는 것이 불가능하지는 않다. 아기라는 의식적 존재가 어머니에 의해 탄생하는 것이 그 예다. 하지만 이러한 과정은 의식적 사물을 설계하고 제작하는 것과는 전혀 다르다. 둘째, 나는 의식적인 기계를 만들기가 이론상으로 아예 불가능하다고는 생각지 않는다. 언젠가 의식의 정체가 밝혀진다면 의식적인 기계를 만드는 것이 가능해질지도 모른다. 하지만 지금은 의식이 무엇인지, 의식을 만들기 위해 무엇이 필요한지 모르기 때문에 의식적인 기계를 만들 수 없다.

이해를 돕기 위해 문자를 사용해 본 적이 없는, 따라서 글이라는 개념을 전혀 접해 보지 못한 사람이 책을 만들어야 한다고 상상해 보자. 우리는 그를 도서관에 데려가 책이라는 것이 어떻게 생겼는지 예시를 잔뜩 보여 줄 수 있다. 하지만 그는 글을 읽을 수 없으므로 책이 어떤 물건인지 전혀 이해하지 못할 것이다. 그는 책처럼 보이는, 책의 느낌이 나는 물건을 만들 수는 있어도 언어라는 핵심 성분이 빠져 있는 이상 진짜 책을 만들지는 못할 것이다. 종이가 제본된 형태를 아무리 정교하게 흉내 내더라도 책이 무엇인지, 즉 언어의 의미를 알지 못한다면 책을 만드는 건 불가능하다.

따라서 우리는 의식적인 기계를 만드는 것과 의식적인 것처럼 보이는 기계를 만드는 것을 잘 구별해야 한다. 둘은 언뜻 비슷해 보이지만 실제로는 전혀 다르다. 의식적인 것처럼 보이는 기계를 만들기는 사실 아주 쉽다(이론상 쉽다는 것이다. 그런데 최근 컴퓨터가 발전하면서 실제로도 어느 정도 쉬워지긴 했다).

　더 정확하게 말하자면 이렇다. 기계에 의식이 있는지 검증할 테스트가 사전에 정해져 있다면, 즉 의식의 정의가 미리 주어져 있다면 그 테스트를 통과할 기계를 만드는 것은 얼마든지 가능하다. 거친 말을 들으면 '울고', '배고프면'(배터리가 떨어지면) '음식'(전기 콘센트)을 찾고, 다른 로봇이 요령을 피우거나 더 많이 칭찬받으면 불평하는 기능을 구현해서 사람들이 로봇에 의식이 있다고 믿게 할 수 있다. 사람들을 속일 수 있는 가장 간단한 방법은 로봇이 "나는 의식이 있어요"라고 외치게 하는 것이다. 그렇게만 해도 실제로 많은 사람을 속여넘길 수 있다. 하지만 기계의 작동 원리를 아는 사람들은 그 말에 절대로 속지 않는다. 그 기계가 "나는 의식이 없어요"라고도 말할 수 있다는 것을 알기 때문이다. 기계가 어떠한 말을 내뱉든 의식의 유무와는 관계가 없다. 마찬가지로 우리의 테스트도 의식과 무관하므로 믿을 수 없다! 이 논증은 로봇에게 실제로 의식이 있더라도 마찬가지다.

　존 설은 위 논증을 자신의 저술에서 여러 차례 강조했다. 그의 표현을 빌리자면 이 기계들은 의식의 효과를 '시뮬레이션하는' 로봇에 불과하며, 의식의 효과를 흉내 낸다고 해서 의식이 만들어질 타당한 근거는 없다. 그의 말을 직접 들어 보자.

"내가 어느 방에 갇혀 있다고 가정하자. 이 방에는 중국어 문장 카드로 가득한 바구니 두 개와 영어로 된 책이 한 권 있다. 그 책에는 '1번 바구니에서 삐뚤삐뚤 카드를 찾아서 2번 바구니의 삐뚤삐뚤 카드 옆에 놓으시오'와 같은 두 바구니 속 카드 간의 대응 규칙들이 적혀 있다. 이러한 규칙은 '형식 요소만으로 정의된 계산 규칙'에 해당한다. 이때 방 바깥에서 바구니 하나와 책 한 권을 더 제공한다. 이번 책에는 어떤 카드를 방 바깥으로 내보내라는 규칙이 적혀 있다. 방 바깥에서 이 상황을 설계한 사람들은 첫 번째 바구니가 '식당 목록', 두 번째 바구니가 '식당에 관한 이야기', 세 번째 바구니가 '이야기에 관한 질문'이라는 것을 알고 있지만, 나는 그 사실을 모른다. 그들은 자신을 '프로그래머'라 부르고, 책을 '프로그램'이라고 부르며, 나를 '컴퓨터'라 부른다. 시간이 흘러 내가 질문에 답하는 일에 아주 능숙해져서 나의 대답과 중국어 화자의 대답을 구별하기가 불가능해졌다고 가정해 보자. 주목해야 할 점은, 그렇다 한들 나는 여전히 중국어를 한 글자도 이해하지 못한다는 사실이다. 이러한 방식대로 작동하는 컴퓨터 프로그램으로는 중국어를 이해하는 것이 불가능하다. 이 이야기의 핵심은 다음과 같다. 내가 그 상황에서 중국어를 이해할 수 없다면, 그 어떤 컴퓨터 프로그램도 마찬가지다. 내가 갖지 못한 것을 디지털 컴퓨터가 가졌을 리가 없기 때문이다. 디지털 컴퓨터는 그 정의상 형식적 프로그램을 실행할 수 있을 뿐이다. 하지만 프로그램이 입출력을 올바르게 처리했음에도 내가 중국어를 이해하지 못했다면, 디지털 컴퓨터가 프로그램을 실행하는 것만으로 중국어를 이해할 방법은 없다."[6]

"이것이 이 논증의 핵심이다. 그런데 이후 이를 둘러싼 여러 저술이 발표되는 바람에 그 핵심이 가려진 것 같다. 그래서 다시 한번 강조하고자 한다. 내 요지는 그 상황에서 내가 중국어를 이해하지 못한다는 '직감'이 든다거나, 실제로는 이해했으면서도 이해하지 못했다고 말하는 경향이 있다는 것이 아니다. 이 이야기의 요점은, 우리가 이미 알고 있는 개념적 진리 한 가지를 다시금 환기시킨다는 것이다. 그것은 언어의 구문론적 요소를 조작하는 것과 그 언어를 의미론적 수준에서 이해하는 것이 전혀 다르다는 사실이다. 인지 행동에 관한 AI 시뮬레이션에는 구문론과 의미론의 구분이 없다."[6]

설은 특정 입력에 대해 기존에 프로그래밍된 대로 반응하는 것과 그 입력을 실제로 이해하는 것의 차이를 지적하고 있다. 언뜻 타당한 지적처럼 보이지만, 문제는 무언가를 이해한다는 의미가 불분명하다는 것이다. 만약 이해가 의식의 고유한 속성이라면? 형식적 절차에 따라서만 반응할 수 있는 로봇은 어느 수준 이상 복잡한 질문에 대해서는 적절히 답을 하지 못한다. 반면 사람은 무언가를 이해하면 훨씬 더 '개방적으로' 답할 수 있는 것 같다. 나는 이것이 합리적인 설명이라 생각한다. 단, 어쩌면 뇌가 그러한 개방성까지 지닌 엄청나게 똑똑한 컴퓨터일지도 모른다.

어쨌거나 의식을 모방하는 기계를 만들기가 의식이 있는 기계를 만들기보다 쉽다는 것은 분명하다. 앞서 말했듯 무엇을 만들지도 모르는 채로 무언가를 만들기는 (우연을 제외하면) 불가능하기 때문이다.

반대로 어떤 대상이 무엇인지 안다면 그것을 만들 수도 있으리라 예상할 수 있다. 만드는 방법은 여러 가지가 될 수 있다. 예를 들어 특정한 (매우 복잡한!) 전기 회로가 의식의 필요충분조건이라고 가정해 보자. 물론 자연에서는 뇌 조직에서만 그 회로가 나타나지만, 이론적으로는 그 회로를 전선 조각이나 오래된 깡통 따위로 만들지 못할 이유가 없다. 물론 현실적인 난점이 있을 수는 있겠지만, 절대적인 장애물은 되지 않을 것이다. 내가 이것을 언급한 이유는 위 인용문의 후반부에서 설이 생명체가 고유한 특성이 있다고 주장하려는 인상을 주기 때문이다.

마지막으로 계산 능력, 즉 형식적 절차를 빠르게 수행하는 능력은 의식과 전혀 무관하다. 세상에는 내가 체스로 이길 수 없는 기계들이 얼마든지 있다(좀 더 성능 좋은 기계들은 인류 전체를 능가한다). 그 기계들은 다양한 수의 결과를 아주 빠르게 검토하여 게임을 승리로 이끌 좋은 수들을 선택할 수 있다. 하지만 나와는 달리 기계들은 이기든 지든 아무런 회열도 좌절도 느끼지 못한다. 통념과는 달리, 승패에 연연하지 않는 것은 사실 '스포츠 정신'에 매우 어긋나는 일이다. 그러한 점에서 컴퓨터는 완전히 실패작인 셈이다!

의식의 기능은 무엇인가?

앞서 우리는 의식을 정의하고자 했지만 실패하였다. 이번에는 전략을 바꾸어 의식이 무엇을 하는지, 다시 말해 의식이 나머지 (무의식적) 세계에 무슨 영향을 주는지 살펴보자. 가능한 답은 천차만별이다. 의식은 아무것도 영향을 주지 않아서 설령 우리의 의식이 사라지더라도 모든 게 그대로일 수 있다. 반대로, 의식이 모든 것에 영향을 미치고 있어서 이 세계 전체가 의식의 산물일지도 모른다.

여러분이 떠올린 답은 이 두 극단 사이 어딘가일 것이다. 우리는 우리가 의식의 영향을 받는다고, (적어도 특정 상황에서는) 의식이 우리의 행동을 통제한다고 느낀다. 이것이 참일 수도 있지만 성급하게 결론 내리지 않도록 조심해야 한다. 다음 세 가지 이유 때문이다.

첫째, 우리 행동의 대부분은 의식의 개입 없이 무의식적으로 일어난다. 뇌가 제어하는 행동들도 마찬가지다. 호흡, 눈의 깜박임, 소화, 체온 조절 등이 대표적이며, 운전, 스키, 글쓰기 등도 그렇다. 어떤 기술을 처음 학습할 때는 의식이 관여하지만, 이후에는 무의식적으로 수행할 수 있다. 뜨거운 것을 잡으면 손을 떼는 것과 같은 반사 행위도 마찬가지다. 우리는 화상을 입고 싶지 않아서 손을 뗐다고 해석할 수 있겠지만, 실제로 그 행동은 '생각할' 틈도 없이 무의식적으로 일어난다. 사실 의식은 효과적 행동을 저해하는 경우가 많다. 의식이 없으면 우리는 오히려 동작을 더 잘 수행할 수 있다. 간단한 예로, 지금 나는 각 자판의 위치를 의식적으로 생각하지 않으면서 이 글을 쓰고 있다. 나는 자판의 배열을 자각하지 못하지만, 내 손가락은 무의식적으로 올바른 글쇠를 찾아간다. 이처럼 일반적인 상황에서 의식은 별다른 역할을 수행하지 않는 것처럼 보인다. 우리가 의식을 사용하는 것은 무언가 잘못되었거나 새로운 상황이 펼쳐졌을 때다.

둘째, 나의 행위를 제어하는 뇌 부위나 어떤 메커니즘이 있다고 치자. 그런데 왜 그것이 의식적이어야 하는가? 의식의 어떠한 측면이 나의 행동에 영향을 줄 수 있는가? 내가 엄청나게 똑똑한 컴퓨터의 일종이라는 점과는 별개로, 내가 의식적이라는 사실이 도대체 어떠한 차이를 일으키는 것인가? 물론 내가 의식이 있다는 사실은 나 자신, 즉 나의 의식과 지각에는 엄청난 영향을 준다. 의식 없이는 아무것도 느낄 수 없다. 아름다움이나 지식 따위는 사라질 것이고, 이 세상은 극히 무미건조한 곳이 되어 버릴 것이다. 하지만 이러한 의식적 대상의 존재가 외부 물질 세계에 실제로 영향을 줄까? 만약 그것들이 생존에 유익하다면 진화를 통해 탄생했을 수도 있다.

셋째, 앞서 지적하였듯 비인간 동물과 인간의 행동은 많은 측면에서 놀라우리만치 비슷하다. 만약 데카르트의 주장(5장 6절 「이원론」 참조)대로 동물에게 의식이 없다면, 인간의 행동 가운데 동물의 행동과 비슷한 것들은 의식과 무관하다고 보아야 한다. 그렇다면 의식의 역할은 인간과 동물의 행동학적 차이를 설명하는 데만 국한된다. 물론 이는 어디까지나 동물이 의식이 없다고 가정했을 때의 얘기다.

위 사항들은 의식이 우리 행동을 통제한다는 시각을 무심코 받아들여서는 안 된다는 것을 보여 준다. 우리의 행위 중 대부분은 의식과 무관하다. 또한 우리는 인간과 행동 패턴이 매우 비슷하지만 의식이 없는 존재를 상상할 수 있다. 그러나 물리 세계가 의식의 존재로부터 영향을 받는다는 것만은 분명한 사실이다. 만약 의식이 없었다면 세상은 지금과 완전히 달랐을 것이다. 내가 의식이 없었다면 지금 이 책을 쓸 생각조차 못 했을 거라는 사실이 그것을 '증명'한다(물론 수학적으로는 이걸 증명이라 보기는 힘들겠지만). 인간에게 의식이 없었다면 의식이라는 단어 자체가 사전에 실리지도 않았을 것이다. 하지만 실제로는 의식이라는 단어가 사전에 수록되었고 사전은 물리적 대상이므로, 우리는 의식의 존재가 물질 세계에 변화를 일으키는 게 가능하다는 결론을 내릴 수 있다. 물질 세계를 연구하다 보면 대단히 믿기 힘들지만 받아들여야만 하는 것들이 있는

데, 이것 역시 그중 하나다. 의식이 어떻게 영향력을 행사할 수 있는지, 그 영향력이 얼마나 강한지는 책의 후반부에서 다시 살펴보겠다.

만약 이 세상에 의식이 없는 것들이 있다면, 또한 진화론이 맞다면, 우리는 의식이 생존적 이점을 지녔을 거라고 추측할 수 있다. 그런데 이는 의식의 존재가 물리적 효과를 일으킬 수 있을 때만 가능한 일이다(생존도 어디까지나 물리적인 사건이므로). 이것이 참이라고 가정하면 의식의 이점은 그리 어렵지 않게 찾을 수 있다. 3장 3절 「기계가 의식을 가질 수 있는가?」에서 살펴보았듯, 우리는 로봇이 배터리가 떨어지면 스스로 전원을 찾아가고, 비가 내리면 비를 피하는 등 다양한 방법으로 '자신을 돌보도록' 프로그래밍할 수 있다. 그런데 그러한 프로그램을 짜려면 여러 위험 요인을 전부 예측해야 한다는 문제가 있다. 더욱 간단하고 확실한 방법은 로봇 스스로 생존하기를 원하도록 설계하는 것이다. 그렇게 하면 로봇은 자신의 계산 능력을 총동원하여 살아남기 위한 최적의 전략을 찾을 것이다. 하지만 컴퓨터가 '원한다'는 개념을 이해하지 못한다면 그러한 프로그램을 짜는 것은 불가능하다. '원함'을 이해하려면 의식이 있어야 한다. 그런데 흥미롭게도 생물학자들의 주장에 의하면 아주 원시적인 생명체조차 일종의 생존 의지를 가진 것처럼 행동할 수 있다고 한다. 단지 '그래 보이는' 것이 아니라 실제로 의식이 있다면 이는 실로 놀라운 발견일 것이다. 그걸 검증할 수단이 전무하다는 것이 문제지만 말이다.

내가 본 의식의 이점에 관한 유일한 논의는 의식이 타인의 입장에서 타인의 생각을 추측하는 것을 가능케 하여 사회적 관계를 돕는다는 것이었다.[7] 그런데 내가 볼 때는 '생존하기 원하는' 것이 그보다 훨씬 더 큰 이점일 것 같다. 실제로 바이스크란츠Weiskrantz[8]는 사회적 갈등을 겪는 동물은 인간뿐임을 지적하며, 타인의 생각에 너무 많은 신경을 쓰는 것은 생존적 이점이 아니라고 주장했다.

의식의 고유성

우리 일상에서 의식의 또 다른 중요한 역할은, 경험에 일종의 연속성과 통일성을 부여하는 것이다. 경험의 시간적 연속성은 음악을 감상할 때 잘 나타난다. 우리는 별개의 음을 하나로 합쳐 멜로디를 만든다. 또한 우리의 정신은 수면으로 인한 무의식의 간극을 곧장 건너뛰고 하나로 쭉 이어진다. 내일의 '나'는 오늘의 나와 같다. 그래서 나는 다음 주에 예약된 치과 검진을 오늘 당장 걱정한다. 나로서는 이와 반대되는 주장을 하는 파핏Parfit[9]의 논증을 납득할 수 없다.

내가 내일 고통을 받을 거라는 사실을 안다고 가정해 보자. 그런데 내가 죽고 난 뒤 내 복사본이 고통을 느낄 거라는 사실은 그다지 두렵지 않다. 지금의 나와 내일의 나의 관계도 내 복사본과의 관계와 별반 다르지 않다.

이 주장은 우리의 일상 경험과 부합하지 않는다. 그렇다고 우리의 직관이 틀렸다고 보기도 어렵다! 의식이 신체의 일부라면 오늘의 나와 내일의 나 사이에 연속성이 있는 게 당연하다. 실제로 원자의 대부분이 그대로 있을 것이기 때문이다.

공간적으로도 이러한 효과가 발생한다. 어떠한 그림을 쳐다볼 때 그림의 각 부분은 서로 다른 뇌 부위에 물리적 사건을 야기한다. 하지만 우리는 그 그림을 하나의 사물로 인지한다. 혹자는 이것을 그저 뇌가 얼마나 똑똑하게 정보를 해석하는지 보여 주는 하나의 사례로만 받아들일 수 있다. 하지만 그 이상의 무언가가 있는 듯하다. 우리는 뇌의 각 부분을 경험하지 않으며, 의식은 하나로만 존재하려고 한다. 우리는 의식이 각 뇌 부위가 서로 소통하여 만들어진다는 것을 조금도 느끼지 못한다. 의식이 매우 복잡한 물질에서 나타나는 속성이라면, 의식의 각 부분도 각자 의식이 있어야 할 것이다. 하지만 우리는 그런 식으로 의식을 경험하지 않는다. 나의 의식은 고유한 '무언가'이다. 그렇다고 해서 의식이 다양한 '부분'들로 만들어졌을 가능성이 완전히 배제되는 것은 아니다. 그 연결이 너무 긴밀해서 별개의 부분임을 자각하지 못할 수도 있기 때문이다.

무의식

뇌에서는 우리가 전혀 자각하지 못하는 신경 활동이 수없이 일어나고 있다. 이러한 무의식적 뇌 활동은 비의식적non-conscious 기계, 즉 성능 좋은 컴퓨터의 작동과도 같다. 물론 성능이 어마어마하게 높기는 해도 현상 자체는 별달리 신비로울 것이 없다. 신비로움은 의식에 있지, 의식의 부재에 있지 않다. 심리학자들이 '잠재의식'이나 '무의식적 욕망' 따위를 의식보다 더 심오하고 미스터리한 것으로 표현하는 것은 짐짓 안타까운 일이다.

잠재의식은 뇌가 다른 비의식적 기계들처럼 동작한 것에 불과하다. 의식이 검열을 통해 무의식적 욕망을 억압하고 있다는 프로이트의 주장은 분명 기발한 발상이지만 무의식을 이해하는 데 꼭 필요하지는 않다. 무의식의 작동을 설명하는 데는 물리학의 인과 법칙 이외의 것들이 필요치 않다.[10] 남성의 성욕을 예로 들자면 젊은 여성의 모습을 보았을 때 뇌의 뉴런에서 특정 신경 과정이 일어나고 그로 인해 신체의 다른 곳에서 반응이 촉발된다. 이는 그다지 놀라운 일이 아니며 생존과 번식을 위해 수백만 년의 진화 과정이 낳은 결과물로 해석할 수 있다. 진정 이해하기 어려운 문제는 남자가 그 욕망을 자각하고, 여자가 가져다줄 수 있는 쾌락을 상상하고, 관련된 행동의 도덕성까지도 판단할 수 있다는 사실이다. 이해가 가장 시급한 것은 의식적 정신이다.

단, 여기에는 한 가지 단서가 있다. 프로이트의 경우, 잠재의식에 관한 설명에서 인간을 뇌를 포함한 물리적 신체와 '정신'이라는 두 가지 다른 대상의 합으로 간주했던 것으로 보인다. 그렇다면 정신은 의식과 잠재의식의 두 가지 수준에서 작동한다고 생각할 수 있다(그림 3.1). 물론 이것이 사실일 수도 있다. 여기에 마음과 뇌가

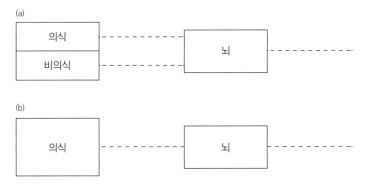

그림 3.1 (a) 비물리적 존재인 마음은 의식적 방식과 비의식적 방식 중 하나로 작동할 수 있다. (b) 모든 비의식적 정신 과정이 뇌에서 발생하는 물리 과정으로 간주된다. 하지만 이것이 사실인지는 확실치 않다.

별개의 실체라는 이원론적 관점을 덧붙이면(5장 6절 「이원론」 참조) 비물리적 대상인 마음이 특정한 구조로 되어 있어 의식적 수준과 무의식적 수준에서 동시에 작동한다고 해석할 수 있다. 이러한 마음의 구조에 관한 자세한 설명은 스윈번Swinburne[11]을 참조하라. 하지만 나는 이것이 문제를 일부러 복잡하게 만든다고 생각한다. 마음의 모든 비의식적 기능은 물리적 기계의 작동으로도 완벽히 설명할 수 있다. 물리적으로 설명할 수 없는 것은 의식 현상뿐이다. 앞으로 우리는 이러한 관점에서 논의를 전개할 것이다.

의식의 여러 상태

여러 문화권에 명상과 수련을 통해 '높은' 수준의 의식 상태, 심지어 '순수' 의식에 도달하는 법을 습득할 수 있다는 오랜 전통이 있다. 이 개념은 특히 신비주의나 동양 종교와 자주 연관된다. 단순하게 생각하면 외부 영향을 끊어내고 자신의 마음에 집중함으로써 감각 입력에 대한 자각을 줄이고 자신의 생각에 대한 자각을 높일 수 있다는 것은 자명한 사실이다. 이것이 순수 의식 상태가 뜻하는 것일까? 조지프슨 효과(초전도체 사이에 부도체가 있어도 전류가 흐르는 현상 - 옮긴이)를 발견하여 노벨상을 수상한 케임브리지 캐번디시 Cavendish 연구소 물리학 교수 브라이언 조지프슨Brian Josephson[12]은 다음과 같이 말한다.

일부 물리계는 (특정 관점에서) 단순한 방식으로 완벽히 서술할 수 있다. 이는 우리에게 이미 익숙한 물리계의 특징이다. 액체 헬륨의 바닥 상태, 특정 온도에서 만들어지는 염화나트륨의 완전 결정 등이 그 예다. 이 상태는 화학적 혼합물이나 무질서계無秩序系와 대조된다. 이는 의식적 경험도 마찬가지일 것이다. 즉, 단순한 형태의 의식 상태들이 존재할 것이다. 일반적으로, 이 상태들은 소위 '순수한' 생각이나 감정들로 이루어져 있다. 그중 가장 기본적인 상태는 순수 의식 또는 삼매三昧로, 의식이 있다는 것 외에는 아무런 내용도 찾아볼 수 없는 상태다. 이론적으로 표현하자면 이렇다. 순수 의식은 다른 어떤 대상의 방해도 받지 않은, 제한된 의식 상태다. 다시 말해, 의식이 자기 자신과 상호 작용하는 현상으로만 이루어진 의식 상태다.

어쩌면 이러한 방향으로의 의식 연구가 의식의 진정한 본질을 탐구하는 데 도움이 될지도 모른다. 하지만 물리적 영향을 의도적으로 배제함으로 인해 의식과 물리 세계의 관계를 이해하기가 더욱 어려워질 수도 있다. 나는 이 주제가 너무 미스터리하고 난해하다고 생각한다. 그래서 이 책에서는 다루지 않을 것이다. 어쩌면 크나큰 패착일 수도 있겠지만 말이다.

우리에게 익숙한 '순수' 의식 상태의 일종이 하나 있기는 하다. 바로 꿈이다. 꿈을 꿀 때 자각하는 것들은 (보편적으로) 오직 우리 마음속에만 존재한다. 물론 꿈에 나타나 사람이나 사물들이 '실제 세계'에도 존재할 수 있지만, 적어도 꿈에서 일어나는 행동은 실제가 아니다. 그렇다면 꿈은 단순한 상상과 어떻게 다를까?

의식의 과학이 정립된다면 명상과 꿈이 실험 기법의 중요한 축을 담당할 것임은 의심의 여지가 없다. 그렇다면 이 상태들에 대한 이해도 지금보다 훨씬 진전될 것이다.

이 장의 내용은 상당히 모호하다. 질문은 많이 던졌지만 속 시원히 답한 적은 거의 없다. 다행스럽게도, 4장에서는 그보다 훨씬 더 명확하고 분명한, 물리학의 역사에 관해 살펴볼 것이다.

4장
고전물리학에서
표준모형까지

이 장에서는 20세기 현대물리학의 눈부신 성취를 빠르게 훑어 보고, 이를 통해 물리학에서 무언가를 '설명'한다는 것이 무엇을 뜻하는지 알아본다. 이 장은 새로운 지식이 때로는 사고의 급진적인 전환을 요한다는 것, 또한 관찰 가능한 현상은 이해될 수도 있다는 확신을 심어 줄 것이다. 이 장의 내용이 책의 목적과 무관해 보일 수도 있겠지만, 양자론을 올바른 맥락에서 이해하기 위해서는 반드시 짚고 넘어가야 할 것들이다.

이 장은 나의 다른 저서인 『경이를 받아들이기To Acknowledge the Wonder』[1]의 요약문이다. 양자론에 관한 다른 대중서로는 클로즈Close[2]와 페이걸스Pagels[3]의 책을, 우주론에 관한 추가 자료로는 배로우Barrow와 실크Silk,[4] 호킹Hawking,[5] 와인버그[6]를 권한다.

고전 시대

양자론이 일으킨 혁신과 최근의 학문적 진보를 온전히 이해하려면, 19세기 후반의 물리학이 어떤 상황이었는지 살펴볼 필요가 있다. 그 당시 물리학자들은 이미 상당한 학문적 진보를 맛본 상태였다. 그들은 실험과 수학적 분석을 통해 많은 자연 현상을 설명하는 데 성공했다. 그들은 자신만만했고, 이해 가능한 것들은 거의 다 이해했다고 확신하고 있었다. 하지만 오늘날 우리의 관점에서 보면 그들의 지식과 야망은 참으로 보잘것없다.

19세기 과학자들은 입자, 힘, 파동이라는 세 가지 종류의 '대상 object'을 알고 있었다(이들은 서로 별개의 존재가 아니지만 여기서는 편의를 위해 이렇게 구분한다). 이제 이들을 차례로 살펴보자.

입자

입자는 물질을 구성하는 원자와 분자를 가리킨다. 당시에는 수소, 헬륨, 산소, 철, 납, 우라늄 등 총 92가지의 원자 종류, 즉 원소가 알려져 있었다(원자 번호 93번부터는 모두 인공 합성을 통해 발견되었다 – 옮긴이). 원소들은 아름답고도 신비로운 '주기율표'를 이루었다. 주기율표라는 이름이 붙은 이유는, 원소들을 질량순으로 배열했을 때 일정한 '주기'로 비슷한 특성이 나타났기 때문이다. 그러나 원자 자체의 속성은 전적으로 미지의 영역에 남아 있었다. 원자는 그저 우주에서 '주어진' 것이었다. 그 유명한 제임스 맥스웰조차 원자의 속성의 어디서 온 것인지 물리학이 영원히 이해하지 못할 거라 했으니 말이다!

물질은 대부분 원소가 아닌 화합물이다. 즉, 원자가 아닌 분자로 되어 있다. 각각의 분자는 정확한 개수의 서로 다른 원자들로 이루어져 있다. 일반적으로 분자의 성질은 구성 원자의 성질과 전혀 다르다. 수소와 산소는 기체이지만, 그 둘이 결합한 물은 액체이다. 염소는 유독성 기체이고 나트륨은 공기 중에서 자연 발화하는 금속이지만, 그 둘이 결합하면 소금이 된다. 19세기 과학자들은 원자가 결합하여 분자를 구성하는 이유나 그 분자가 특정 속성을 가진 이유를 조금도 이해하지 못했다.

원자와 분자들의 행동은 기체 분자 운동론(통계역학)으로 설명되었다. 통계역학은 일부 과학자들의 편견에도 불구하고(5장 2절 「유심론」 참조) 기체의 부피가 압력에 반비례한다는 보일Boyle의 법칙을 비롯한 여러 열역학 법칙을 설명해 냈다.

원자가 아닌 다른 입자도 하나 알려져 있었다. 바로 음전하를 띤

'전자'다. 원자와 분자에 강한 전기력을 가하면 전자가 튀어나온다는 사실은 알려져 있었다. 원자는 전기적으로 중성이므로 과학자들은 양전하를 띤 '덩어리'에 전자가 알알이 박혀 있는 원자의 모습을 상상했다.

힘

아이작 뉴턴(1642-1727) 이래로, 힘은 물체의 정지 상태나 등속 운동 상태를 바꾸는 '존재'로 간주되었다. 당시 알려진 힘은 두 가지였다. 첫 번째는 뉴턴이 발견한 만유인력, 즉 중력이다. 중력은 항상 끌어당기는 방향으로만 작동하며, 그 크기는 두 물체의 질량의 곱에 비례하고(그래서 모든 낙하물은 같은 속도로 낙하한다), 물체 간 거리의 제곱에 반비례한다(거리에 따라 힘의 크기가 비교적 천천히 감소하기 때문에 중력의 범위는 무한대로 취급된다). 1680년 뉴턴은 바로 이 만유인력의 법칙을 사용하여 지구와 다른 행성의 움직임을 설명하였다. '천상계'가 비로소 물리학의 발아래로 들어오기 시작한 것이다.

두 번째 힘은 전자기력이다. 전자기력의 가장 간단한 예시는 전하를 띤 두 물체 사이의 전기력이다. 이 힘 역시 거리의 제곱에 반비례하지만, 힘의 크기가 질량이 아닌 전하의 곱에 비례한다. 자기력 역시 알려져 있었다. 패러데이Faraday 등의 뛰어난 실험적 발견에 힘입어, 1864년 맥스웰은 모든 전자기 현상을 통합한 전자기학을 창시하였다. 맥스웰의 이론은 기존에 없던 새로운 효과들을 다수 예측하는 데 성공했다.

접촉하고 있는 물체 사이의 힘이나 용수철의 장력 등 다른 힘들은 사실 별개의 힘이 아니라 전기력의 복잡한 형태이다. 이는 뉴턴이 중력을 발견하기 이전 시대의 통념과는 매우 대조적이다. 당시 사람들은 모든 힘이 물체가 서로 '밀고 당기는' 효과라고 믿어 왔다. 실제로 뉴턴은 그의 만유인력 법칙이 원격 작용action at a distance (어떤 곳의 물체가 아주 멀리 떨어진 다른 물체의 행동에 거리와 상관없이 영향을 줄 수 있다는 것)의 존재를 시사한다는 점을 부끄러워했다. 이러한 가장 좁은 의미에서의 '유물론'은 17세기에 이미 사장되었다.

파동

파동은 고전물리학의 세 번째 주인공이지만, 사실 파동은 입자나 힘과 별개의 존재가 아니다. 파동에는 두 가지 종류가 있는데, 이들을 확실히 구별할 필요가 있다. 첫 번째는 물체를 타고 흐르는 파동으로, 늘어난 고무줄이나 팽팽한 막의 파동, 수면의 물결, 음파 등이 그 예다. 공기나 다른 물질의 내부 압력 변화로 인해 발생한다. 후크Hooke의 법칙(탄성체의 복원력은 평형 위치로부터의 변위에 비례한다)과 같은 파동과 관련된 법칙들은 어디까지나 뉴턴의 운동 법칙과 물질의 몇 가지 기본 성질로부터 곧바로 유도할 수 있다. 이러한 파동은 새로운 존재가 아니며, 여러 가지 힘에 의한 입자들의 움직임으로 환원될 수 있다. 파동의 두 번째 종류인 전자기파는 이와 전혀 다르다. 전자기파의 가장 대표적인 예시는 빛이다. 가시광선이 파동이라는 사실은 19세기 초에 영Young의 간섭 실험에 의해 이미 밝혀져 있었다. 간섭 현상은 우리의 논의에 아주 중요하므로 4장 2절 「간섭」에서 다시 살펴볼 것이다.

가시광선에 해당하는 파동의 정체는 오랫동안 미지로 남아 있다가 맥스웰이 전자기 법칙에 간단한 수학적 아이디어를 적용하여 파동의 존재를 예측함으로써 밝혀졌다. 전자기파가 공간 속을 이동하는 속도는 전기력과 자기력의 세기로부터 계산 가능한데, 그 속도는 당시 빛의 속도의 측정값인 초당 30만 킬로미터로 밝혀졌다. 빛이라는 파동 역시 자연에 존재하는 힘의 산물이었던 것이다. 오늘날 우리는 수많은 자연 현상이 서로 다른 파장(λ) 또는 주파수(ν)를 가진 전자기파에 해당한다는 사실을 알고 있다(표 4.1). 파장과 주파수는 서로 연관된 값이다(주파수는 주기의 역수이다 – 옮긴이). 그림 4.1에 나타나 있듯, 둘을 곱하면 항상 빛의 속도가 되기 때문이다.

$$\lambda \times \nu = c \qquad\qquad \text{수식 4.1}$$

빛의 속도 c가 주파수와 관계없이 일정하다는 점에 유의하라.

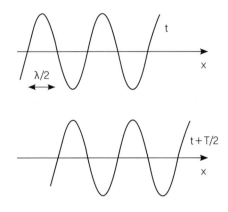

그림 4.1 시간 t와 t + T/2 에서 단순 사인파의 모습. x축이 고정되어 있을 때, T/2의 시간 동안 파동은 절반만큼 진동한다. 따라서 T/2는 주기의 절반, 즉 파동이 한 번 진동하는 데 걸리는 시간의 절반이다. 그림에서 파동이 λ/2만큼 이동했으므로, 파동의 속도는 λ/T = λν이다(수식 4.1 참조).

표 4.1 전자기파의 종류와 각각의 파장대

이름	라디오파	초단파	마이크로파	적외선	가시광선	X선	감마선
파장 (미터)	10^3	10	10^{-2}	10^{-4}	5×10^{-7}	10^{-10}	10^{-17}

전자기파는 이른바 고전 전자기학(양자 버전의 전자기학은 양자 전기역학 또는 QED라 불린다)의 산물이지만, 전자기파의 발견은 19세기 물리학과의 결별을 예고하는 사건이었다. 19세기 물리학의 핵심은 모든 것을 기계적으로, 즉 입자의 움직임으로 환원하여 설명하는 것이었다. 고무줄의 파동은 별달리 새로운 현상이 아니므로 그런

식의 설명이 가능했다. 하지만 전자기파의 경우 무엇이 떨리는지가 확실치 않았다. 간단한 예를 들어 이 상황을 이해해 보자.

그림 4.2처럼 유리병 안에 종을 매달고 흔들면 우리는 종을 보고 들을 수 있다. 빛의 파동(전자기파)과 소리의 파동이 종에서 우리에게로 전달되기 때문이다. 병에 진공 펌프를 달아 공기를 빼면 신기하게도 병 속의 기압이 내려가면서 종소리가 점차 사라진다. 하지만 종의 모습은 그대로 보인다. 종소리가 없어지는 이유는 쉽게 이해할 수 있다. 공기가 빠져나가면서 음파를 운반할 매질의 양이 줄어들기 때문이다. 만약 병 속을 완전한 진공으로 만들었다면 종소리는 완전히 사라질 것이다(단, 종이 매달린 줄을 타고 일부 음파가 전달될 수는 있다). 하지만 빛을 운반하는 존재는 분명 사라지지 않는다. 진공을 만들어도 남아 있는 이것의 정체는 과연 무엇일까?

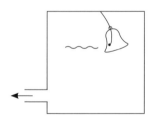

그림 4.2 유리병 속의 종. 병 속을 진공 상태로 만들면 종소리는 들리지 않지만 종의 모습은 여전히 보인다. 빛은 무엇에 의해 운반되는 것일까?

맥스웰의 이론에는 파동을 운반하는 매질이 등장하지 않기 때문에 이 질문에 대한 답을 주지 못한다. 그의 이론에서 파동은 아무 매질 없이 움직인다(방정식을 수정하면 매질을 타고 흐르는 빛을 기술할 수도 있다. 이때는 파동의 속도가 달라진다). 그러나 19세기 말의 기계론적 관점에서는 매질 없는 파동이란 상상조차 불가능했다. 그래서 학자들은 식equations의 메시지를 거부했고, 기존의 매질로는 설명할 수 없었으므로 '에테르'라는 가상의 매질을 만들어 냈다. 에테르는 진공을 포함한 모든 공간을 채우고 있어야 했다. 그래서 학자들은 이 조건을 만족시키는 물질을 설명하기 위해 기상천외한 이야기들을 갖다 붙였다. 이곳 더럼 대학교 학과 도서관에는 윌리엄 톰슨William Thomson 경이 1884년 미국 볼티모어의 존스 홉킨스 대학교에서 진행한 강의의 노트가 남아 있다. 강의의 주제는 빛의 파동 이론이었는데, 강의의 제목은 분자 동역학Molecular Dynamics이었다. 이처럼 당시에는 모든 것이 기계적 설명이 가능하리라고 누구도 의심치 않았다.

… 에테르를 도입해야 한다는 주장에는 일고의 가치도 없습니다. 별과 우리 사이에는 실제 물질이 존재합니다. 또한 빛은 그 물질의 실제 움직임이라는 것이 제 생각입니다.

톰슨 경은 심지어 스코틀랜드 제화점에서 쓰이는 밀랍을 빛의 매질로 적합한 물질에 대한 예로 들기까지 했다!

이 책에서 나는 물리학자들의 성과와 물리학적 방법론을 예찬해왔고 또 앞으로도 그러할 것이다. 하지만 이 사례는 학자들이 기존의 편견에 대한 집착으로 인해 심각한 오류를 저지른 모습을 잘 보여 준다. 19세기 말 과학자들은 톰슨 경의 '분자 동역학', 소위 기계론적 유물론을 암묵적으로 인정하고 있었다. 분자 동역학이 열역학을 성공적으로 설명했으므로 전자기학도 설명할 수 있으리라 믿었다. 그들은 이 세상에 분자 동역학 이외의 것이 존재할 거라 상상도 하지 못했다. 그러나 그들은 틀렸다. 우리는 이 사례를 교훈 삼을 필요가 있다.

오늘날 에테르 가설은 폐기되었다. 그러나 그 개념이 절대로 부활하지 않으리라 단정 짓기는 이르다. 이제 우리는 무엇이 떨리느냐는 질문을 던지지 않는다. 고무줄이 진동할 때 변화하는 물리량은 평형 상태로부터의 줄의 변위이다. 전자기파, 즉 전기장과 자기장의 경우 변화하는 물리량은 다른 무언가의 변위가 아닌 장 그 자체이다. 우리는 시공간의 모든 지점에 전기장과 자기장이 실제로 존재한다는 것을 믿는다.

파동이 빈 공간을 통해 전파된다는 주장이 제기되자 파동의 속도에 관한 논란이 일어났다. 예를 들어, 우리는 줄을 통해 전파되는 파동의 속도를 계산할 수 있다(이 속도는 줄의 물성에 따라 달라진다). 이 속도는 줄에 대하여 측정된 값이다. 따라서 달리는 기차 위에서 파동의 속도를 재면 땅에서와 다른 값이 나올 것이다. 전자기파의 경우는 어떠할까? 파동을 운반하는 매질이 없다면 계산된 속도는 무엇을 의미할까? 속도는 무언가와의 상댓값이어야 한다. 즉, 정지한 대상이 필요하다. 이번에도 해답은 맥스웰의 방정식 속에 있었다. 모든 관찰자가 전자기파의 속도를 같게 느낀다는 것이었다. 이는 우리의 직관과 어긋난다. 그것은 일상에서 우리가 그렇게 빠른 속도로 움직일 일이 없기 때문이다. 이 사실은 그림 4.3의 마이컬슨–몰리Michelson-Morley 실험에서도 다시 한번 입증되었으며, 이후에도 수많은 실험에 의해 검증되었다. 아인슈타인Einstein이 특수상대성이론을 구축하는 단초端初가 되었으며, 현재는 물리학의 주요한 일부가 되었다.

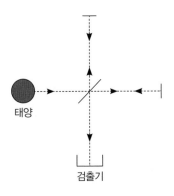

그림 4.3 마이컬슨–몰리 실험. 중앙의 거울은 전체 빛의 절반을 반사하고 절반은 통과시킨다. 두 빛은 검출기에서 다시 만난다. 만약 지구의 속도가 더해져 두 빛의 속도가 달라진다면, 장치를 회전하였을 때 검출기에서 관찰되는 간섭 무늬가 달라져야 한다. 하지만 실제로는 그러한 현상이 관찰되지 않았다.

여기서 아인슈타인의 이론을 전부 다룰 순 없겠지만, 한 가지 사실은 짚고 넘어갈 필요가 있다. 그것은 바로 시간을 공간 차원과 거의 비슷하게 취급한다는 점이다. 우리는 공간상의 좌푯값을 기술하기 위해 아무 축이나 사용할 수 있다. 즉, 좌표의 축을 자유롭게 회전할 수 있다. 특수상대성이론에서는 이를 시간에까지 확장하여, 4차원 시공간에 대해 자유롭게 축을 회전할 수 있다. 즉, 절대적인 '시간축'이란 존재하지 않는다(더 자세한 내용은 내 이전 책[1]이나 특수상대성에 관한 다른 책을 참조하라).

원소를 가열하면 방출되는 전자기 복사에 관해서도 많은 연구가 이루어졌다. 이 빛은 여러 개의 단색광(단일한 주파수로 이루어진 빛)으로 이루어져 있어서 분광기(프리즘)로 굴절시키면 무지개가 아닌 가느다란 선들이 나타나는데, 이를 선 스펙트럼이라 부른다. 원소마다 고유한 선 스펙트럼을 갖고 있다(독자 여러분도 화학 시간에 소금을 태우면 노란빛이 나오는 것을 본 적이 있을 것이다. 이는 나트륨이 존재한다는 증거다). 과학자들은 이러한 분광학 기법을 사용하여 다양한 선 스펙트럼의 주파수를 정확하게 측정해 냈고, 이는 양자론이 발전하는 중요한 계기가 되었다.

간섭

잠시 주제에서 벗어나 간섭이라는 매우 중요한 현상을 간단히 살펴보자. 간섭이 무엇인지 이해하지 않고서는 양자론의 중요성이나 문제점을 파악할 수 없기 때문이다.

간섭의 개념은 매우 간단하다. 간섭은 여러 개의 '원인source'이 하나의 결과를 만들어 내는 모든 상황에서 일어날 수 있다. 예를 들어, 과일 여러 개를 저울에 단다고 상상해 보자. 자두가 100그램이고 사과가 500그램이라면 합은 당연히 600그램일 것이다. 이제 이것을 수학적 기호로 표현해 보자. i번째 과일의 무게가 w_i이고(자두가 '1'번이라면, w_1=100그램이다) i가 1에서 N까지 있다면(과일이 총 N개라면), 과일의 총 무게는 다음과 같다.

$$W = w_1 + w_2 + w_3 + \cdots + w_N \qquad \text{수식 4.2}$$

(아무리 수식에 익숙하지 않은 독자라도 위 식에서 어떻게 600그램이 나오는지는 쉽게 이해할 수 있을 것이다.) 위 식에서 각 과일의 무게는 다른 과일의 무게와 무관하다. 물리학자들은 이것을 선형 중첩linear superposition 원리라 부른다. 아닌 게 아니라 아주 단순한 개념에 멋들어진 이름을 붙였을 뿐이다. 무게는 항상 양수이므로, 저울에 과일을 더 올릴수록 총 무게는 증가할 수밖에 없다.

두 번째 예로, 은행 계좌에 입출금하는 상황을 생각해 보자. 초기 잔고는 0원이고, 매번 c_i원을 입금 또는 출금한다면, 계좌 잔액은 다음과 같다.

$$T = c_1 + c_2 + c_3 + \cdots \qquad \text{수식 } 4.3$$

c_i는 양수(월급여 지급이나 수표 입금 등)가 될 수도 있고, 음수(출금, 자동 이체 등)가 될 수도 있다. 즉, 거래 내역이 한 건 더 추가된다고 해서 반드시 잔고가 증가하지는 않는다. 심지어 전액을 출금하면 잔액이 0원이 되어 지금까지의 결과를 모두 지워버릴 수도 있다. 이 때문에 우리는 이러한 현상을 '간섭'이라 부른다. 일부 요소가 음수가 될 수 있는 선형 중첩 상황에서 간섭은 반드시 일어난다. 사실 간섭이라는 말이 썩 좋은 표현은 아니다. 선형 중첩 원리가 유효하므로 각각의 거래액이 다른 거래의 존재 여부에 따라 바뀌지 않기 때문이다. 간섭은 각 요소가 서로를 '간섭'한다는 뜻이 아니다 (물론 그러한 효과를 도입해서 상황을 더 복잡하게 만들 수도 있다. 가령 직전

의 잔고가 기대한 것보다 많다면 더 많은 양을 출금할 확률을 포함하는 것이다. 그러면 선형 중첩 원리는 깨진다. c_i가 다른 항에 의해 달라지기 때문이다).

이번에는 한 점에서 무작위 방향으로 발사체가 뿜어져 나오는 상황을 상상해 보자(그림 4.4). 물론 여기서 발사체는 테니스공과 같은 고전적인 사물이다. 일부 발사체는 곧바로, 또는 모서리에 튕긴 뒤에 장벽의 구멍을 통과할 것이다. 장벽 뒤에는 탐지 스크린이 있어 몇 개의 발사체가 통과했는지 측정한다. 우선 두 구멍 중 하나만을 열어 둔 채로 실험을 실시하고, 시간 T가 지난 후 스크린의 각 부분에 포착된 발사체의 개수를 $n_1(x)$라 부르자. 여기서 x는 스크린 상의 특정 지점의 위치를 가리킨다. 아래첨자 1은 1번 구멍에 해당한다는 뜻이다. 이번에는 1번 구멍을 닫고 2번 구멍을 연 채로 똑같은 시간 동안 실험을 반복하여 $n_2(x)$를 구한다. 마지막으로 두 구멍을 다 연 채로 실험을 반복한다. 발사체를 쏘는 빈도가 충분히 낮아서 발사체들끼리 충돌하거나 서로 방해하지 않고(선형 중첩), 시간 T가 충분히 길어서 통계적 요동(시행의 무작위성으로 인한 결괏값의 변화. 시행을 많이 반복할수록 작아진다 – 옮긴이)을 무시할 수 있다면, 두 구멍 다 열었을 때 스크린에 도달하는 발사체의 개수는 한 구멍씩 열었을 때의 결과를 합친 것과 같을 것이다.

$$N(x) = n_1(x) + n_2(x) \qquad 수식\ 4.4$$

스크린 위의 모든 지점(모든 x)에 대해, $N(x)$은 당연히 $n_1(x)$나

$n_2(x)$보다 같거나 크다(이는 굳이 실험하지 않아도 '알 수 있는' 자명한 사실이다. 왜 이런 주장이 가능한지, 만약 실험을 했는데 그렇지 않은 것으로 드러났다면 어떨지 생각해 보자).

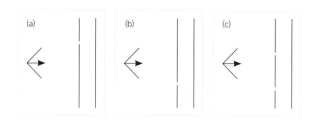

그림 4.4 (c)의 실험 결과를 구하려면 (a)와 (b)의 결과를 합하면 된다.

이번에는 고전적 입자가 아니라 파동이 뿜어져 나오는 상황을 상상해 보자. 예를 들어, 수조에 칸막이를 설치해 두고 수면에 2차원 물결파를 일으키는 것이다. 이때 칸막이에 난 구멍은 새로운 파동원이 되어 칸막이 너머로 파동을 전달한다. 첫 번째 구멍을 통과한 파동을 $h_1(x,t)$로, 두 번째 구멍을 통과한 파동을 $h_2(x,t)$라 하자. 괄호 속에 위치 x와 시간 t가 들어 있는 것은 함수 h의 값이 x와 t의 값에 따라 달라짐을 뜻한다. 파동을 h로 나타낸 것은 평형 상태의 물 표면 높이^{height}에서 얼마나 달라졌는가에 해당하는 변위량으로 물결파를 나타낼 수 있기 때문이다. 하지만 물결파가 아닌 다른 파동에도 같은 원리를 적용할 수 있다. 그렇다면 위치 x와 시간 t에서 두 파동의 합은 선형 중첩에 의해 다음과 같이 적을 수 있다.

$$H(x,t) = h_1(x,t) + h_2(x,t) \qquad \text{수식 4.5}$$

위 식은 수식 4.4와 비슷하지만, 그 결과는 전혀 다르다. h_1가 음수가 될 수 있기 때문이다. 즉 구멍 두 개를 통과한 파동이 구멍 한 개를 통과한 파동보다 더 작아질 수 있다. 이것이 바로 파동의 간섭 현상이다. 고전적 입자에서는 이러한 일이 일어날 수 없다. 따라서 간섭은 파동이 존재한다는 명확한 증거이다. 이중 슬릿two-slit 간섭에 대한 조금 더 자세한 수학적 설명은 그림 4.5의 캡션을 참조하라.

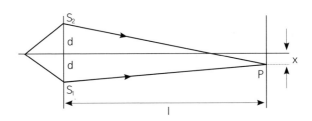

그림 4.5 이중 슬릿 간섭. 두 파동의 경로차 $S_2P-S_1P = \sqrt{(d+x)^2+l^2} - \sqrt{(d-x)^2+l^2}$ 가 반파장의 홀수 배 $(n+1/2)\lambda$일 경우 완전 상쇄 간섭이 일어나 진폭이 0이 된다. n은 임의의 정수, λ는 파장이다.

18세기 말 물리학자들은 빛이 간섭 현상을 나타내는 것을 보고 빛이 파동이라고 확신했다. 뉴턴이 빛의 입자설을 주장했기 때문에 학자들의 생각이 바뀌기까지 꽤 시간이 걸렸지만, 간섭이 관찰된 이상 빛이 파동임을 누구도 부정할 수 없었다.

물론 일상에서 이중 슬릿 간섭 무늬를 볼 일은 거의 없다. 하지만 여러분도 빛이 물에 뜬 기름막과 같은 얇은 막에 반사되면 생기는 무지갯빛 무늬를 본 적이 있을 것이다. 이 현상은 간섭으로 인한 것이다. 빛이 기름의 위쪽 표면과 아래쪽 표면에서 반사되면 각도에 따라 특정 파장(색깔)의 빛이 상쇄 간섭을 일으키면서 무지갯빛이 나타나는 것이다.

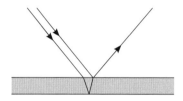

그림 4.6 광선이 얇은 막의 위아래 표면에서 반사되면 경로 차가 발생한다. 이로 인해 각도와 파장에 따라 간섭 무늬가 발생한다.

양자 혁명

20세기 초, 고전물리학의 두 축이 서로 근본적으로 충돌한다는 것이 알려지면서 양자 혁명이 시작되었다. 이 충돌을 이해하기 위해서는 계系의 자유도degree of freedom라는 개념을 알아야 한다. 자유도란 계의 서로 독립적인 여러 가지 운동을 말한다. 기체의 경우, 서로 직교하는 세 축에 대한 분자의 속도(다른 방향에 대한 속도는 세 축의 합으로 표현할 수 있기 때문에 독립적이지 않다), 분자의 회전, 이원자 분자의 진동(두 원자가 마치 용수철로 연결된 것처럼 가까워졌다 멀어지는 것을 말함-옮긴이) 등이 이에 해당한다. 많은 자유도를 가진 물리계에 역학 법칙을 적용한 결과가 고전 통계역학이며, 이는 열역학 법칙의 기초가 되었다. 고전 통계역학에 의하면, 계의 에너지는 모든 자유도에 저절로 균등하게 분배되어야 한다. 그런데 전자기 복사의 경우에는 각각의 주파수가 모두 독립적인 자유도에 해당한다. 바로 여기서 문제가 발생한다. 주파수의 가짓수는 무한하므로 이론적으로는 계의 에너지가 전체 주파수 범위에 대해 무한히 잘게 쪼개져 분배되어야 한다. 유한한 에너지가 무한히 많은 자유도에 분배된다면 특정 주파수의 에너지는 0이 될 것이다. 하지만 실제로 그런 일은 벌어지지 않는다. 특정 온도의 물체가 거의 완전히 닫힌 공간 속에서 뿜어내는 복사광(이른바 '흑체' 복사)의 주파수를 정확히 계산하는 데 성공하면서 이 문제가 본격적으로 제기되기 시작했다. 낮은 주파수에서는 예측한 값이 잘 맞았지만, 높은 주파수에서는 완전히 어긋났던 것이다.

1901년 막스 플랑크Max Planck는 에너지의 전달이 주파수에 비례하는 특정한 양만큼만 일어난다고 가정하면 문제를 풀 수 있다고 주장했다. 이 양이 바로 '양자quantum'이다.

$$E = h\nu$$

수식 4.6

여기서 ν는 주파수, h는 플랑크 상수라는 새로운 기본 자연상수이다. 이렇게 놓고 풀면 고주파로의 에너지 전달이 제한되기 때문에 실험 결과와 일치하는 결과를 얻을 수 있다. 플랑크 상수의 추정치는 $6.6 \times 10^{-34} \text{kg m}^2 \text{ s}^{-1}$로, 거시물리학적(일상적) 규모와 비교하자면 매우 작은 값이다(이는 표준 단위인 킬로그램, 미터, 초가 우리의 일상 경험에 적합한 크기로 정해졌기 때문이다). 우리가 일상 생활에서 양자 효과를 느끼지 못하고 양자론을 이해하기 힘들어하는 것도 플랑크 상수가 이렇게나 작기 때문이다.

플랑크의 제안은 실험 결과와 잘 들어맞기는 했지만, 기본적으로는 어디까지나 끼워 맞추기였고 맥스웰 방정식의 예측과도 어긋났다. 그래서 제대로 된 이론이 발견되기 이전의 조악한 대체제 정도로 여겨졌다. 그러나 1905년 아인슈타인이 광전 효과를 발표하면서 사람들은 플랑크의 제안에 주목하기 시작했다. 빛이 작은 덩어리(광자) 단위로 움직인다고 가정하지 않고서는 광전 효과를 설명할 수 없었기 때문이다. 하나의 광자가 운반하는 에너지는 플랑크의 식(수식 4.6)에 나온 값과 동일했다.

광전 효과란 금속에 빛을 쏘았을 때 전자가 방출되는 현상을 말한다(오늘날 대부분의 광량계나 디지털 카메라도 이 효과를 활용하고 있다). 그런데 기존의 파동 이론으로는 도저히 설명할 수 없는 실험 결과들이 몇 가지 있었다. 첫째, 빛의 세기가 균일하다면 시간당 각 원자에 가해지는 에너지를 계산할 수 있고, 이로부터 전자가 방출될 만큼의 에너지를 받기까지 필요한 시간을 계산할 수 있다. 원자는 매우 작기 때문에 전자가 방출되기까지 상당한 시간이 소요될 것으로 예상되었다. 하지만 놀랍게도 빛을 쾌자마자 전자가 방출되었다. 필요한 것보다 수백 수천 배 적은 에너지만을 받았는데 원자가 전자를 방출하는 것은 불가능했다. 아인슈타인은 이 결과를 설명하려면 빛 에너지가 균등하게 퍼지는 것이 아니라 특정 경로로 이동한다고 가정해야 한다는 사실을 깨달았다(그림 4.7). 이는 빛이 입자라는 뜻이었다! 게다가 방출된 전자의 에너지는 빛의 세기에 의해 달라지지 않았으며, 오직 빛의 주파수에 의해서만 달라졌다. 전자의 에너지는 플랑크의 식에 등장하는 에너지 hv에서, 원자에서 전자를 분리하는 데 필요한 에너지를 뺀 값과 같았다. 이는 hv의 에너지를 가진 입자를 원자에 충돌시킨 결과와 똑같았다.

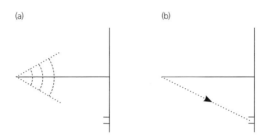

그림 4.7 광전 효과. (a)에서는 빛이 모든 방향으로 균일하게 퍼져 나가므로 전자가 방출될 만큼의 에너지가 축적되려면 상당한 시간이 걸린다. (b)에서는 광자가 하나의 방향으로만 방출되며, 광자와 부딪힌 전자는 즉시 방출된다.

이 입자-파동 딜레마는 미시 세계의 핵심 문제를 잘 보여 준다. 어떤 실험에서는 맥스웰 방정식의 예측대로 빛이 간섭을 일으키며, 따라서 파동일 수밖에 없다고 말하고, 또 다른 실험에서는 빛이 입자일 수밖에 없다고 말한다. 이론물리학자 폴킹혼Polkinghorne[7]은 이 딜레마가 이미 해소되었다고 말했지만, 실상은 그렇지 않다. 이에 관해서는 10장에서 다시 살펴본다.

양자 혁명의 다음 단계는 가이거Geiger가 (방사성 물질에서 방출된) 전하를 띤 입자를 원자에 충돌시켰을 때 산란되는 현상을 실험하면서 시작되었다. 1911년 러더퍼드는 이 실험이 4장 1절「고전 시대」의 '건포도 빵' 원자모형을 반박하는 증거이며, 음전하를 띤 전자들이 같은 양의 양전하를 띤 아주 작은 '핵'을 둘러싸고 있다고 주장했다. 실제로 전자가 퍼져 있는 공간의 반지름은 0.1~1나노미터이며, 핵의 반지름은 그보다도 약 십만 배 작은 것으로 훗날 밝혀졌다.

이 원자모형은 고전 물리학자들에게 아주 친숙한 것이었다. 태양계와 비슷하기 때문이다. 여기서는 전자가 행성의 역할을 맡고 핵이 태양의 역할을 맡는다. 전기력과 중력 모두 거리의 제곱에 반비례한다는 점도 유사하다. 그러나 이 모형은 태양계에는 아름다우리만치 잘 들어맞았지만, 원자에는 전혀 들어맞지 않았다. 별과 달리 원자는 서로 계속 부딪히는데, 그러면 결국 전자가 궤도에서 벗어나 핵을 향해 떨어질 수밖에 없었다. 그뿐만 아니라 전자가 궤도 상에서 움직이면 맥스웰 방정식에 의해 전자기 에너지를 방출해야 하는데, 그 경우에도 전자는 핵을 향해 떨어져야만 했다.

이번에도 문제는 원자에 최저 에너지 상태가 존재하고 그 상태에 해당하는 궤도를 도는 전자는 에너지를 잃을 수 없다고 가정함으로써 해결되었다. 플랑크의 관계식을 적용하면 이 최저 에너지를 최저 주파수로 변환할 수 있다. 이 최저 주파수 역시 고전물리학에서 아주 친숙한 개념이다. 바이올린 현이나 드럼 등은 모두 최저 주파수(기본 주파수)가 있다. 바이올린 현의 경우에는 현의 양 끝이 고정되어 있기 때문에 파동이 현의 길이와 맞아야 한다(그림 4.8). 그렇다면 가능한 최대 파장이 제한될 수밖에 없는데, 수식 4.1에 의해 주파수는 파장에 반비례하므로 이것이 최소 주파수(기본 주파수)에 해당한다. 한편, 궤도를 도는 전자는 바이올린 현처럼 끝이 고정된 것은 아니지만, 궤도를 한 바퀴 돌았을 때 제자리에 와야 한다고 가정하면 궤도 둘레가 파장의 정수배여야 하므로 비슷한 조건이 된다. 이러한 식으로 수소 원자의 에너지 상태를 계산할 수 있다(그림 4.9).[8]

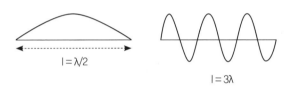

그림 4.8 바이올린 현이 길이에 맞게 진동하는 모습. 현의 길이는 반파장의 정수배 ($l = k\lambda/2$)이다.

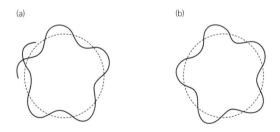

그림 4.9 수소 원자의 상태를 그림 4.8과 비슷하게 표현한 모습. (a)는 허용되지 않으며, (b)는 허용된다.

이제 파동-입자 이중성은 빛에서 전자로 확장되었다. 기존에 입자로 여겨지던 전자를 파동으로 취급할 수 있게 된 것이다. 10장에서 다시 언급하겠지만, 모든 입자는 위치와 시간의 연속함수인 파동함수로 서술 가능하다. 이 함수는 슈뢰딩거가 1926년 발표한 슈뢰딩거 방정식이라는 매우 단순한 미분방정식을 따른다. 이 방정식은 양자론의 뉴턴 운동 법칙과도 같으며, 상대론 효과가 무시 가능한(단순히 말해, 계의 에너지가 충분히 낮아야 한다는 것이다. 광자와 같은 무질량 입자는 상대론을 따르므로 슈뢰딩거 방정식을 따르지 않는다) 모든 물리계에 적용된다. 슈뢰딩거 방정식은 원자와 분자의 모든 특성을 설명할 수 있고, 따라서 이론상으로는 물체의 모든 속성을 설명할 수 있다. 슈뢰딩거 방정식이 학계에서 빠르게 받아들여진 계기는 수소의 선 스펙트럼을 정확히 예측한 일이었다. 놀라운 점은 이론값과 실험값이 아무런 변수를 쓰지 않았는데도 일치했다는 점이다. 즉, 이론과 데이터를 맞추기 위해 변수를 조절할 필요가 없었다. 성공과 실패, 둘 중 하나의 결과밖에 없었는데 결론적으로는 성공했다! 이론값을 계산하기 위해 집어넣은 숫자라고는 전자의 전하량과 플랑크 상수밖에 없었다(둘 다 실험을 통해 측정 가능하다).

양자론은 이렇게 물리학의 새 지평을 열었다. 비로소 물리학자들은 원자와 분자, 금속, 초전도체, 핵, 기본 입자 등을 연구하기 시작했다. 더 자세한 계산식과 응용은 여러 양자론 교재들을 참조하라. 10장에서는 양자론의 실제 의미, 양자론이 물질 세계에 관한 우리의 이해를 어떻게 변화시켰는지, 양자론과 의식의 관계 등을 다룬다. 다음 절에서는 어떻게 우리가 원자보다 더 작은 미시 세계를 이해하게 되었는지 간단히 살펴보자.

표준모형

러더퍼드가 원자핵을 발견한 이후 얼마 지나지 않아 모든 원자핵이 양성자와 중성자로 이루어져 있다는 사실이 밝혀졌다. 양성자와 중성자는 질량이 거의 같지만, 양성자만 전하를 지니고 있다. 양성자의 전하량은 전자의 전하량과 크기가 같지만, 부호가 반대다(통상적으로 양성자의 전하를 양전하로, 전자의 전하를 음전하로 부른다).

핵의 가장 중요한 특징은 전하, 즉 양성자의 개수다. 원자핵의 전하량이 얼마냐에 따라 그 원자가 중성이 되기 위해 필요한 전자의 개수가 결정되기 때문이다. 전자의 개수는 원자의 '화학적' 속성, 즉 그 원자가 형성하는 물질의 종류(기체, 금속 등) 및 다른 원자와 상호 작용하여 분자를 형성하는 방식을 결정한다. 중성자의 수는 화학적 속성에 거의 변화를 일으키지 않으며 일반적인 원소들은 중성자의 수가 핵마다 제각기 다른데, 이를 동위원소라 부른다. 가장 간단한 원소인 수소의 경우 핵의 전하량이 +1이며 세 가지 동위원소가 존재한다. 자연계에 존재하는 대부분 수소의 원자핵은 양성자 하나이다. 그러나 미량의 수소들은 핵에 중성자 하나가 더 있고 (중수소), 그보다 더 적은 극미량의 수소는 중성자 두 개를 갖고 있다(삼중수소). 마찬가지로, 대부분 헬륨은 양성자 두 개와 중성자 두 개로 이루어진 헬륨-4이지만, 중성자가 한 개인 헬륨-3이나 세 개인 헬륨-5도 존재한다. 양성자의 수가 늘어나면 중성자의 개수는 그보다 조금 더 빨리 늘어난다. 예를 들어 대부분의 철 원자는 26개의 양성자와 30개의 중성자로 이루어져 있다. 물론 28, 29, 31, 32개의 중성자를 가진 동위원소도 존재한다. 자연계에 존재하는 원소 가운데 가장 많은 양성자를 가진 원소는 92번 우라늄이다. 우라늄의 중성자 수는 142개, 143개, 146개 중 하나이며, 146개가 가장 흔하다.

원자핵의 속성은 1950년대 물리학자들의 가장 큰 관심사였다. 핵물리학자들은 슈뢰딩거 방정식을 사용해 이 속성들을 설명할 수 있었지만, 양성자와 중성자 간의 힘은 상당히 복잡했고, 따라서 이를 유도하지 않고 그냥 상숫값으로 수식에 집어넣었다.

양성자, 중성자, 전자 외에 다른 입자들의 존재가 밝혀지면서 핵물리학과 별개로 '기본 입자' 물리학이 대두되었다. 이 기본 입자들의 종류, 또 이들 간의 상호 작용 패턴을 탐구한 결과, 이들이 실제로 그다지 '기본'적이지 않으며, (원자핵이 양성자와 중성자의 집합체인 것처럼) 더 작은 입자가 모여 만들어졌다는 것이 드러났다. 1962년

겔만Gell-Mann과 츠바이크Zweig는 쿼크라는 기본 입자가 강하게 상호 작용하는 다른 모든 입자를 이루고 있다는 주장을 제각기 내놓았다. 이 아이디어는 기존 입자들의 전하량과 스핀 등의 패턴을 잘 설명해 내어 반짝 주목을 받았으나, 많은 문제점을 내포하고 있어 오랫동안 진지하게 받아들여지지 않았다. 실제로 1960년대에는 기본 입자가 없다는 것이 학계의 대세였다. 학자들의 관심은 모든 입자를 동등하게 취급하는 관점인 '핵 민주주의nuclear democracy'와, 이른바 '구두끈bootstrap 이론'에 쏠려 있었다. 학자들은 모든 입자가 다른 입자와의 상호 작용bound state의 결과물이라고 추측했으며, 그 상호 작용의 자기 충족적 조건들 속에서 질량을 비롯한 입자들의 여러 속성이 고유하게 결정되기를 기대했다(구두끈 이론은 외부 실험값이나 가정 없이 이론 내부의 자기 충족적 조건만으로 결론을 도출하는 방법론을 총칭함 – 옮긴이).

이러한 학자들의 태도에 변화를 불러일으킨 것은 크게 두 가지였다. 첫째는 스탠퍼드 대학에서 실험한 결과, (50년 전 원자핵과 마찬가지로) 양성자 내부의 특정 지점에 전하가 몰려 있는 것처럼 보인다는 것이었다. 이는 쿼크가 존재한다는 직접적인 증거였다. 두 번째는 소위 게이지 이론의 발전이었다. 이 이론은 입자와 그들의 상호 작용을 설명하는 양자 이론의 한 부류로, 이미 성공을 거둔 양자 전기역학QED에 기반하여 만들어졌다. 이 가운데 쿼크의 강한 상호 작용을 서술하는 이론은 양자 색역학QCD이라 불린다. 쿼크 간의 힘이 특수한 형태의 '전하', 이른바 '색'과 관련 있다고 보기 때문이다. 물론 이 색은 실제 우리가 보는 색과는 전혀 무관하다. 색이라는 속성은 이미 쿼크의 파동함수와 관련된 기술적 문제를 해결하기 위한 장치로써 이미 도입된 바 있으나, 게이지 이론의 개념과 결합한 후 이것이 쿼크 모형의 모든 문제를 해결하고 핵력이라는 미스터리한 힘까지도 설명할 수 있다는 것이 드러났다. 광자가 전자기 상호 작용을 매개하듯, 핵력은 글루온이라는 입자에 의해 매개된다. QCD와 QED의 주요한 차이점은, QCD에서는 쿼크 간의 거리가 멀어질수록 상호 작용이 강해진다는 점이다. 이것이 쿼크와 글루온을 직접 관찰할 수 없는 이유다. 이들은 다른 입자에 속박되어 있으며, 그 속박에서 절대로 벗어날 수 없다. 우리가 관찰할 수 있는 입자들은 양성자나 중성자처럼 세 개의 쿼크로 이루어진 '무색' 입자뿐이다. 이는 전자와 원자핵의 전하가 서로 상쇄하여 원자가 중성이 되는 것과도 같은 원리다. 그러나 중성 원자들 간에 반데르발스van der Waals 힘(두 중성 원자 및 분자 사이의 약한 인력. 중성인 분자라도 전자 구름의 순간적인 분포 변화로 인해 다른 분자와 전자기 상호 작용을 일으킬 수 있다 – 옮긴이)이 일어나듯, 무색의 상태 사이에도 약한 상호 작용이 발생할 수 있다.

표준모형의 또 다른 요소는 살람Salam – 와인버그Weinberg 이론이다. 이 이론도 게이지 이론의 일종으로, 이른바 약한 상호 작용을 전자기력과 통합하였다. 이 이론은 '대칭성 깨짐'과도 관련이 있는데, 이로 인해 약한 상호 작용을 매개하는 입자인 W 보손과 Z 보손은 (글루온이나 광자와 달리) 양의 질량을 가진다. 약한 상호 작용과 관련하여 기존에 알려진 실험 결과를 이 이론으로 설명하려면 특정 질량 값들이 더 필요했는데, 실제로 1983년 제네바 CERN^{유럽 입자}_{물리 연구소}에서 이루어진 실험에서 정확히 예측된 질량을 가진 두 입자를 검출하는 데 성공했다. 이론물리학과 실험물리학 모두의 쾌거였다.

표 4.2와 4.3은 표준모형의 입자를 정리한 것이다. 여기서 꼭대기 쿼크와 힉스 보손은 (아직) 발견되지 않았다(두 입자는 원저 집필 이후 1995년과 2012년에 각각 발견되었다 – 옮긴이). 이 모형으로 인해 기초물리학은 아주 특이한 상황에 놓이게 되었다. 우리가 파악 가능한 수준 내에서(모든 주요 계산에서 행해지는 근사의 정당성을 신뢰할 수 있는 선에서) 이 모형은 현존하는 모든 실험 결과를 설명할 수 있다. 이후 지금까지 주요 입자물리학 학회에서는 '표준모형을 넘어서는' 결과나 논문들을 심사하는 게 일상이 되었다. 이들은 표준모형이 틀렸음을 증명했다고 주장했지만, 대부분의 경우 실험이나 계

표 4.2 표준모형에서 반정수의 스핀값을 갖는 입자. 괄호 안 숫자는 양성자에 대한 질량비. 중성미자의 질량은 매우 작으며, 0일 가능성도 있음

종류	전하량	1세대	2세대	3세대
쿼크 (R,B,G)	2/3	위(0.005)	맵시(1.2)	꼭대기(184)
	1/3	아래(0.01)	기묘(0.15)	바닥(4.7)
렙톤	−1	전자(0.0005)	뮤온(0.11)	타우온(1.8)
	0	전자 중성미자	뮤온 중성미자	타우온 중성미자

표 4.3 표준모형의 다른 입자들

이름	전하량	질량	스핀	관련된 힘
광자	0	0	1	전자기력(QED)
글루온	0	0(?)	1	강한 상호 작용(QCD)
W^+, W^- 보손	±1	80	1	약한 상호 작용
Z 보손	0	90	1	약한 상호 작용
중력자(?)	0	0	2	중력
힉스 보손	스핀이 0인 보손, 대칭성 깨짐과 관련			

산상의 오류에 불과했다.

그러나 표준모형이 최종적인 진리일 거라고 만족하는 이들은 드물다. 표준모형은 설명되지 않은 자유 변수가 너무 많아서 그다지 아름답지 않은 데다가, 중력을 제대로 설명하지 못하기 때문이다. 학자들은 중력 문제를 해결하고 현재 자유 변숫값들 일부를 설명할 수 있는 새로운 이론을 찾기 위해 노력하고 있다. 표준모형은 그이론의 일종의 '저에너지' 근삿값에 해당할 것이다. 학자들이 표준모형에 만족하지 못하는 것은 오히려 표준모형이 성공했다는 증거이기도 하다. 어쩌면 지난 수십 년간 엄청난 진보를 거듭하느라 우리가 너무 무모해진 것일지도 모른다! 단순한 계산 규칙에서 벗어나, 물질 세계의 구성 요소들이 왜 이런 모습을 하고 있는지, 또 왜그럴 수밖에 없었는지 이해하고 싶어진 것이다.

일각에서는 표준모형과 관련한 특정한 가정들이 새로운 개념을 거부하고 반대 근거를 일축하는 '과학적 기득권'으로 작용하고 있다는 주장도 있다. 이것이 아예 사실무근은 아니지만, 대체로는 잘못된 생각이다. 사실 표준모형의 경우에는 정확히 그 반대 효과가 작용한다고 보아야 할 것이다. 기초물리학자들은 완전히 새로운 무언가에 대한 확실한 근거를 간절히 기다리고 있다. 이 글을 쓰는 현재, CERN에서는 새로운 고에너지 가속기인 LEP$^{대형\ 전자-양전자\ 충돌기}$가 가동을 시작했다. 이를 통해 우리는 지금껏 경험하지 못한 고에너지와 미세 영역을 탐구할 수 있을 것이다. LEP에서 표준모형을 넘어서는 무언가가 나타나지 않는다면 우리는 우리의 예측이 성공했음을 자축하겠지만, 그와 동시에 실망감도 느낄 것이다! (LEP는 1989년에 가동을 시작하여 2000년 말 해체되었으며, 표준모형의 여러 값을 정확히 측정하는 데 성공했다 – 옮긴이)

우주론의 표준모형

4장 4절 「표준모형」에서는 물질 세계가 무엇으로 만들어졌는지 간략하게 살펴보았다. 그렇다면 세계는 어떻게 지금의 모습이 된 것일까? 세계를 이루는 각 구성 요소들은 왜 지금의 형태로 배열된 것일까? 원소들은 왜 특정한 비율의 쿼크와 렙톤을 갖게 된 것일까? 항성과 은하는 왜 존재하며, 우주는 왜 이렇게 거대한 것일까? 무거운 원소들은 왜 존재하며, 생명은 왜 생겨났을까?

이 질문들에 대한 첫 번째 단서로, 만물을 서로 끌어당기고 있는 중력에 관해 생각해 보자. 중력이 존재하는데 어째서 우주는 엄청난 초고밀도 상태로 합쳐지지 않는(또는 아직 합쳐지지 않은) 것일까? 물론 태양계 행성들은 빠르게 회전하여 중력을 상쇄할 만큼의 원심력을 일으켜 태양의 중력에 저항하고 있다(끈에 물체를 매달아 돌릴 때 끈이 물체를 팽팽히 당기고 있음에도 물체가 손으로 떨어지지 않는 것과 같다). 그러나 우주는 돌지 않으므로 원심력은 완전한 해답이 아니다.

정답은 한때 우주의 모든 부분이 매우 빠른 속도로 서로 멀어졌기 때문이다. 중력으로 인해 지금껏 그 속도가 줄어들어 왔지만, 팽창이 수축으로 (아직) 바뀌지는 않았다. 그렇다면 시간을 되돌리면 우주 만물이 무한한 밀도의 '특이점'에 모일 것이다. 이것이 우주와 시공간이 시작된 창조의 순간, 빅뱅이다.

빅뱅 이론은 아인슈타인의 중력에 관한 유려한 기하학적 이론인 일반상대론을 토대로 입증 가능하다. 그러나 1940년대에만 해도 특정 시점에 우주가 시작되었다는 발상은 타당한 과학적 주장으로 인정받지 못했다. 실제로 아인슈타인은 일반상대성 수식을 풀면 우주가 특정한 시작점에서부터 팽창한다는 결론에 도달한다는 것을 보고 충격을 받았다. 그래서 그는 정적靜的인 해를 얻기 위해 소위 우주상수라는 항을 추가하여 중력으로 인한 우주 전체의 수축을 상쇄했다.

하지만 우주에 대한 기존의 통념은 1929년 허블Hubble이 우주가 실제로 팽창하고 있다는 사실을 발견하면서 급속도로 바뀌었다. 관찰자에 대하여 멀어지거나 가까워지고 있는 물체로부터 나온 빛은 그 상대속도에 비례하여 주파수가 바뀐다(이유는 간단하다. 움직임 방향에 따라 파동이 퍼지거나 쏠리기 때문이다). 허블은 이 원리에 기반하여 별이 멀어지는 속도를 측정하여 자신의 이름을 딴 법칙을 세웠다. 이 법칙에 따르면, 멀리 떨어진 은하들은 상대성 이론이 예측한 것처럼 지구와의 거리 R에 비례하는 속도 V로 우리에게서 멀어지고 있다.

$$V = H \times R \qquad \text{수식 4.7}$$

이때 H는 허블 상수라 불린다. 풍선에 여러 점을 찍고(각 점은 은하에 해당한다) 바람을 불어넣는다고 상상해 보라. 서로 멀리 떨어진 점일수록 빠르게 멀어질 것이다. 허블의 법칙이 작용한 것이다. 이때 풍선의 2차원 표면은 2차원 우주에 빗댈 수 있다. 우리의 3차원 우주는 4차원 공간에서 부푸는 풍선의 3차원 표면과도 같다. 우주의 팽창이란 곧 이 풍선이 커지는 것이다. 이 은유에서 주목해야 할 것은, 우주에는 특별한 '중심'이 없다는 사실이다. 모든 은하가 우리에게서 멀어진다고 해서 지구가 우주의 중심인 것은 아니다. 어느 은하(풍선 위의 점)에서 보든, 그 은하를 중심으로 나머지 은하가 멀어진다.

허블 상수 H의 크기와 관련하여 우리는 두 가지 의문을 제기할 수 있다. 첫 번째는 빅뱅 이후 시간이 얼마나 흘렀는지, 우리 우주의 나이가 몇 살인지 하는 것이다. 시간을 되돌리면 우주가 하나로 합쳐지는 시점을 추정할 수 있다. 단순 계산으로는 허블 상수의 역수(1/H)를 구하면 된다. 실제 우주의 나이는 이보다 조금 적다. 앞서 언급한 중력의 효과로 우주의 팽창 속도가 점점 느려지고 있기 때문이다. 현재 우주의 나이는 300억(3×10^{10}) 년으로 추정된다. 그러나 은하와의 거리를 정확히 측정하기가 힘들기 때문에 실제 값은 300억 년보다 2배 정도 크거나 작을 수 있다(2021년 현재 추정치는 약 138억 년이다 – 옮긴이). 흥미로운 점은 이 값이 지질학자들이 계산한 지구의 나이(45억 년 - 옮긴이)와 자릿수가 비슷하다는 점이다. 이 두 숫자는 전혀 다른 방식으로 측정되었고 둘 다 어마어마하게 큰 값인데 둘의 자릿수가 일치한다는 점은 짐짓 놀랍다. 게다가 다행스럽게도 우주의 나이가 지구의 나이보다 크게 나왔다. 안 그랬다면 문제가 심각했을 텐데 말이다!

두 번째 의문점은 중력의 효과로 우주의 팽창이 멈추고 다시 수축하여 이른바 빅 크런치가 일어날 것인지 하는 것이다. 로켓이 지구를 벗어나려면 탈출 속도를 돌파해야 하듯, 초기 팽창 속도가 얼마였냐에 따라 빅 크런치의 발생 여부가 결정된다. 앞서 언급된 허블 상수의 오차, 그리고 우주의 평균 밀도의 불확실성으로 인해 이 질문에 대한 답은 알려져 있지 않다. 분명한 것은 우리 우주의 밀도가 임계 밀도값의 10배보다는 낮다는 것이다(암흑에너지의 존재로 인해 빅 크런치의 가능성은 희박하다는 것이 최신 결론이다 - 옮긴이).

빅뱅 직후의 우주는 매우 뜨겁고 밀도가 높았다. 현재 우주와는 전혀 다른 조건이다. 그러나 우리는 물질의 속성에 대해 잘 알고 있기 때문에 그럴듯한 계산을 해볼 수 있다. 그 결과 실제 관측치와도 잘 부합하는 두 가지 예측이 나왔다. 첫째, 가장 흔한 원소인 수소와 두 번째로 흔한 헬륨의 비율이 약 3:1이라는 것이다. 이 비율은 빅뱅이 일어나고 약 3분 뒤에 결정되었는데, 만약 가벼운 중성미자의 종류가 표 4.2에 소개된 대로 세 가지가 아니라 더 많았다면 다른 결과가 나왔을 것이다. 하지만 실험물리학에서도 같은 결론이 도출되었다. 최근 LEP에서 중성미자가 총 3종류밖에 없음을 재확

인한 것이다.

두 번째 예측은 우주 탄생 이후 약 30만 년에 형성된, 빅뱅의 흔적인 이른바 우주배경복사이다. 빅뱅 30만 년 후 우주는 전자와 양성자가 합쳐져 수소를 이룰 수 있을 만큼 충분히 식어 있었다. 광자들은 에너지가 낮아 수소와 크게 상호 작용하지 않았으므로 우주를 자유롭게 날아다닐 수 있게 되었다. 이 광자는 지금도 우주를 돌아다니고 있으며, 우리는 마이크로파의 형태로 이들을 관측할 수 있다. 학자들은 우주배경복사가 관찰되기 전부터 이미 그 존재를 예측했다.

위 예측들은 생명, 행성, 심지어 은하조차도 탄생하지 않은, 통상적인 '물리학'이 작동하지 않는 시기에 관한 것이다. 그런데도 올바른 답을 찾았다는 점이 놀라울 따름이다. 빅뱅이 일어난 직후 채 1초도 되기 전의 시기에 관해서는 또 하나의 매우 사변적思辨的인 예측이 있다. 이때 우주는 너무도 뜨거워서 인간이 만들 수 있는 가장 뛰어난 입자가속기 속 입자보다도 훨씬 큰 에너지로 모든 입자가 빠르게 움직이고 있었다. 이때 일어났던 사건 중 하나가 현재 우리 우주에서 양성자와 광자의 비율을 결정했을 것으로 추정된다. 이에 대한 계산은 불확실성이 크고 표준모형을 넘어서는 개념들을 요하기도 하지만, 실제와 잘 들어맞는 듯 보인다.

그러나 빅뱅 모형이 모든 면에서 성공한 것은 아니다. 우리 우주가 '믿기 힘들 만큼 완벽하다'는 게 오히려 문제다. 앞서 보았듯, 우리 우주는 초기의 팽창과 이후의 수축이 일종의 균형을 이루고 있다. 그렇다면 우주가 하나의 점으로 붕괴하거나 아니면 너무 커져서 모든 것이 식어 버리기까지 걸릴 시간, 즉 우주의 수명을 추정해 볼 수 있다. 끝이 뾰족한 막대를 바닥에 세운 뒤 손을 뗀다면, 막대는 몇 초 만에 쓰러질 것이다. 이론상으로는 막대를 충분히 수직으로 세우면 얼마든지 오랫동안 버티게 할 수 있다. 그러나 실제로는 막대를 몇 초 이상 서 있게 하려면 엄청나게 정교한 기술이 필요하다. 누군가가 막대를 한 시간 동안이나 서 있게 만들었다고 주장한다면 여러분은 그 말을 믿겠는가? (실제로 그렇게 하려면 최소한 미풍도 불지 않는 진공 상태를 만들어야 한다.) 같은 방식으로 우주의 수명을 추정하면 약 10^{-43}초라는 값이 나온다. 그런데 어떻게 우리 우주는 100억 년이 넘도록 균형을 이루고 있는 것일까? 궁금해할 독자를 위해 설명하자면, 이 추정값은 빛의 속도 c, 플랑크 상수 h, 뉴턴 중력 상수 G를 $\sqrt{hG/c^5}$ 라는 식에 집어넣은 결과다(플랑크 시간을 말함 – 옮긴이).

또 하나의 의문점은 우주배경복사에 관한 것이다. 우주배경복사는 하늘의 모든 방향에서 관찰된다. 그런데 어디를 바라보든 우주배경복사의 진폭과 주파수는 동일하다. 우주 각지에서 날아온 광자들이 어째서 천편일률적인 특성을 보이는지가 현재 우주론의 중대한 미스터리다. 가장 간단한 답은 우주가 팽창하기 이전에 우주의 각 부분이 훨씬 가까웠다는 것이다. 그러나 이는 적절한 해답이 아니다. 모든 신호는 최대 빛의 속도로만 움직일 수 있고, 우주 각지의 배경복사가 균일해지려면 일정 시간이 필요하기 때문이다. 시간을 뒤로 돌리면 우주의 각 부분이 서로 가까워지지만, 배경복사가 균일해질 수 있는 시간은 그보다 훨씬 빨리 줄어든다. 즉, 우리가 '바라보는' 우주의 각 부분은 초기 우주에서 서로 인과적 효과를 주고받을 수 없었다. 어째서 이들이 동일한 배경복사를 방출하는지 그 어떤 물리 메커니즘으로도 설명할 수 없다.

급팽창 우주라는 아이디어가 위 문제에 부분적 해답을 줄 수 있다. 이는 우주 탄생 초기에 엄청나게 빠른 팽창기가 있었을 거라는 가설이다(그 메커니즘도 어느 정도 알려져 있다). 급팽창이 일어나기 이전에 현재 관찰 가능한 우주는 작은 거품 크기에 불과했다. 이러한 아이디어는 허황되어 보이기는 해도 검증 가능한 예측을 세울 수 있다는 점에서 유의미하다.

미해결 문제들

지금까지 우리는 20세기 동안 일어난 물질 세계의 구성 요소와 구조에 관한 학문적 발전을 살펴보았다. 이제 우리는 상당히 많은 것들을 이해하고 있다. 모든 관측 현상을 어느 정도까지는 설명할 수 있다고 해도 과언이 아니다. 물론 그중에는 틀린 설명도 있을 것이고, 새로운 발견이 우리를 놀라게 할 수도 있을 것이다. 하지만 내강의 정사진은 어느 정도 완성된 것으로 보인다.

그렇다면 어떠한 문제들이 아직 남아 있을까? 이들은 크게 다음 네 가지로 나뉜다.

첫째 유형은 기술적인technical 문제로, 정확한 이론은 있지만 계산이 너무 복잡해서 데이터와의 교차 검증이 불가능한 경우다. QCD가 좋은 예시다. 물리학자들은 QCD가 강한 상호 작용을 전부 설명할 수 있다고 믿지만, 그것을 증명하지는 못하고 있다. 어쩌면 계산 결과 이론이 틀린 것으로 드러날 수도 있는데, 그렇다면 그 문제는 다음 유형에 속하게 된다.

두 번째 유형은 만족스러운 이론이 없는 경우다. 가장 좋은 예는 중력의 양자론이다. 중력은 매우 약하기 때문에 대부분 이른바 '최저차lowest order' 계산만으로도 만족스러운 결과를 얻을 수 있다. 오히려 고차 '보정'을 하면 무한대가 되는 경우가 많다! 이로 인해 우리는 빅뱅 직후와 같이 양자 효과와 중력 효과가 둘 다 중요한 상황에서 어떤 일이 일어나는지 전혀 알지 못한다. 일반적인 양자론에서는 빅뱅에 해당하는 무한대의 밀도를 가진 '특이점'이 발생할 가능성이 희박하다. 그래서 우리는 이를 제대로 이해하지 못하고 있다.

세 번째 유형은 미적인 만족감과 관련된 문제다. 표준모형에는 매우 부자연스러운 요소들이 있다. 가령 표준모형의 게이지 군은 왜 하필 $SU(3) \times SU(2)_L \times U(1)$인가? (이 내용들은 몰라도 전혀 무방하다. 아무도 답을 모르기 때문이다) 입자들은 왜 하필 세 세대로 나뉠까? 왜 일부 상호 작용만이 반전성parity(거울 상 세계에서도 똑같이 보이는 것)을 보존할까?

네 번째 유형은 인간 출현의 조건과 관련된 문제다. 인간이 존재할 수 있는 우주가 만들어지려면 자연의 변숫값들에 대하여 매우 많은 '우연'을 필요로 하는 것처럼 보인다. 우리 우주는 마치 생명이 탄생할 수 있도록 놀라운 정확도로 '미세 조정'된 듯하다. 물론 두 가지 유형의 요건(2장 3절 「물리학과 환원주의」 참조)을 구별할 필요가 있다. 첫째는 생명체가 존재하기 위해 필요한 요건들이고, 두 번째는 그러한 세계에서 실제로 생명이 발생하기 위해 필요한 요건들이다. 첫째 유형의 간단한 예는 화학의 존재다. 생명체, 아니 최소한 유의미한 구조체라도 만들어지기 위해서는 (수소나 헬륨이 아닌) 무거운 원자핵으로 이루어진 물질이 있어야 한다. 이러한 원자핵의 존재 가능성은 강한 상호 작용의 세기 및 전자기력과의 관계와 직결되어 있다. 둘째 유형의 예시는 우주가 팽창하는 속도다. 우주가 적당한 속도로 팽창해야 생명이 탄생할 만큼 충분히 오랫동안 존속할 수 있다. 무거운 원소들은 별의 중심에서 생성되는데, 이 생성 과정은 탄소 및 산소 원자의 특정 에너지 준위에 의해 매우 정확하고 절묘하게 통제되고 있다(이는 우주의 초기 조건보다는 자연 상수와 관련된 요건에 해당한다). 우주의 미세 조정을 보여 주는 또 다른 예시는 우주상수(진공의 에너지 밀도를 나타내는 기본 상수 – 옮긴이)다. 우주상수를 입자물리학에서 쓰이는 자연 단위계로 나타내면 무려 10^{-120}보다도 작은 숫자(2.9×10^{-122} – 옮긴이)가 되는데, 이는 알려진 수 가운데 가장 정밀한 값이라 할 만하다. 우주상수가 왜 이렇게 작은지 우리는 알지 못한다.

이러한 일련의 문제들은 인류 원리Anthropic Principle 문제라고도 불린다. 일각에서는 기본상숫값들이 맞지 않았더라면 이 문제를 논할 우리 인간도 없었을 것이므로, 그 값의 정확함에 놀랄 필요가 없다고 주장한다. 우리가 존재한다는 사실이 그 값들이 맞게끔 강제한다는 것이다. 이 논리는 지구의 환경(우리는 분명 알맞은 환경에서 살아가고 있음)이나 우주의 나이 및 크기(별이 태어나고 붕괴하여 무거운 원소가 흩뿌려져 있음)에 대해서도 똑같이 적용되며, "약한" 인류 원리라 불린다. 그러나 이 논리는 우리가 존재하기에 적합한 시간과 장소가 애초에 존재해야 하는 까닭을 설명하지는 못한다. 이를 설명하기 위한 방법은 두 가지다. 첫 번째 방법은 서로 다른 변숫값, 힘, 입자를 지닌 수많은 다중우주가 존재하고, 그 가운데 우리가 존재할 수 있는 우주도 있다고 가정하는 것이다. 두 번째 방법은 우리의 존재가 우주의 존재 요건이라는 이른바 강한 인류 원리를 받아들이는 것이다. 우주가 우리를 염두에 두고 설계되었다면 상수의 정확성은 아무 문제도 아닌 셈이다! 그러나 우주상수와 같은 일부 변수들은 우리가 존재하기 위해 필요한 것보다 더 높은 정확도로 고정된 것처럼 보인다. 인류 원리에 관한 추가 논의는 데이비스[9]와 배로우와 티플러Tipler[10]를 참고하라.

인류 원리 문제는 완성된 물리학 이론이 어디까지 말해줄 수 있는가와도 관련되어 있다. 최근 제안된 TOE 중 대다수에서는 단 하나의 '물리학'만이 가능하게끔 만들기 위해 모든 변숫값들을 고정해야 한다고 주장하는 것 같다. 그러나 이는 안 될 말이다. 그러한 물리 세계에서 우리가 존재할 확률이 턱없이 낮기 때문이다(여기서 확률이 정확히 무엇을 의미하는지 정의하기 어렵지만, 변수들을 달리했을 때 '대부분'의 우주가 매우 따분할 것이라는 점에는 이견이 없는 듯하다! 바톨로뮤Bartholomew[11]의 논의를 참조하라).

제대로 된 질문인지는 모르겠지만, 내가 종종 떠올리는 질문이 하나 있다. 뉴턴은 만유인력 법칙으로 행성의 궤도를 계산해 냈다.

그런데 행성은 어떻게 자신의 궤도를 계산할까? 이다음 순간에 자기가 어디로 가야 할지 어떻게 알까? 다르게 표현하자면 이렇다. 우리는 아직 QCD로 양성자의 무게를 계산하지 못한다. 그러나 자연계에 존재하는 무수한 양성자들은 즉시 자신의 무게를 계산해 내고 있다. 이것이 어떻게 가능할까? 한 가지 답은, 물체들은 아무것도 행하지 않으며 그저 있을 뿐이라는 것이다. 뉴턴의 운동 제1법칙이 이러한 식이다. "물체는 정지 또는 등속 운동 상태에 계속 머무른다." 하지만 이대로는 충분치 않다. 그래서 뉴턴은 앞에 "외력이 없다면"이라는 단서를 덧붙였다. 어째서 변화가 아닌 불변성이 우주의 기본 속성인 것인지, 물체들이 자신들이 변화해야 할 방식을 어떻게 '아는지' 우리는 알지 못한다.

이 밖에도 양자론과 관련된 여러 심오한 문제들이 남아 있다. 또한, 이 책의 주제인 의식이 물질 세계에서 어디에 위치하는지도 논쟁거리이다. 이들에 관하여 이제부터 차차 살펴보자.

5장
철학적 배경

"말, 말, 그저 말"

셰익스피어 희곡 『트로일러스와 크레시다』 中

인간의 의식을 관찰하는 데는 어떠한 장비도, 과학적 지식도, 훈련이나 능력도 필요치 않다. 아무리 머리가 나빠도 스스로 자각이 있다는 것은 자각할 수 있다. 그렇기 때문에 정신에 관한 연구는 자연히 아주 오래전부터 이루어져 왔다. 그러나 외부 세계에 대한 우리의 이해는 과학 기술의 발전과 관측 장비의 향상에 의해 비약적으로 발전(4장 참조)했지만, 의식 연구 분야에서는 관찰 결과의 절대량이 그만큼 늘지 못했다. 마음 연구는 대체로 '마음속에만' 남아 있었다. 그 결과 각종 학설과 유행이 의식 연구를 지배했다. 많은 학자가 각자의 견해를 글로 써냈지만, 탁상공론이었을 뿐 학문적 진전은 (물리학에 비하면 놀라우리만치) 거의 일어나지 않았다. 예를 들어, 조현병은 의식과 아주 밀접하게 관련된 뇌 질환이지만, 아직 우리는 그 병의 정체도 이해하지 못하고 있다.[1,2] 이것이야말로 의식과학의 더딘 발전이 초래한 가장 심각한 비극이 아닐까 싶다.

이 장에는 현존하는 의식에 관한 철학 이론 가운데 중요한 것들만을 추렸다. 그래서 과도한 생략이 불가피했다. 또한 이 장의 내용은 다소 독특한 방식으로 전개될 것이다. 물리학자의 시선에서 의식에 관한 근본 질문들을 이해한 바를 전달하는 것이 이 장의 목적이기 때문이다. 우선 의식에 관한 논쟁에서 자주 등장하는 유심론, 실재론, 유물론부터 살펴보자. 이 단어들은 여러 이론을 포괄적으로 지칭하는 말로, 그 정의가 매우 모호하다. 명확한 입장보다는 대략적인 '분위기'를 일컫는 말에 가깝다. 그런데도 이 말들은 독단적이고 맹신적인 의미로 쓰이기도 한다! 이 책에서는 여러 시각을 최대한 균형감 있고 공정하게 소개하려 노력하였으나, 의도치 않게 나의 편견이 실렸을 수도 있다.

이 장에 언급된 주제들에 대해 더 자세한 (권위 있는) 내용을 알고 싶은 독자들은 『옥스퍼드 마음 안내서 The Oxford Companion to the Mind』[3]나 『철학 백과 An Encyclopedia of Philosophy』[4]를 참조하라. 심리철학에 관한 입문서로는 처칠랜드의 『물질과 의식』[5]을, 심화 서적으로는 혼더리치의 『결정론의 이론 A Theory of Determinism』[6]을 권한다.

첫 번째로 알아볼 이론은 의식적 정신을 가장 중시하는 관점인 유심론이다.

유심론

유심론은 모든 지식이 의식 속 감각으로부터 유래한다는 단순한 관찰에 근거하고 있다. 모든 지식은 내 마음을 통해 습득되므로, 내 마음만이 유일한 실재라는 것이다. 플루Flew의 철학사전[7]에서는 유심론을 이른바 '외부 세계'가 정신에 의해 만들어진다고 여기는 여러 철학 이론으로 정의하고 있다. 물체, 즉 외부 세계의 실재를 어느 수준까지 인정하느냐에 따라, 유심론은 여러 갈래로 나뉜다. 일각에서는 외부 사물을 정신의 산물로 여기기도 하고, 오직 정신만이 존재한다는 극단적인 시각도 있다. 이 극단적 시각에서는, 의식만이 진정한 실체이며 외부 세계는 나의 의식 속에만 존재할 뿐이라고 본다.

에드워즈Edwards 철학백과[8]에서는 유심론을 정신과 심적 가치를 우주의 기본 요소로 간주하는 시각으로 정의한다. 더 폭넓고 감정 섞인 정의다. 아마 이것이 '유심론'이라는 단어의 일반적 용례와 더 가까울 것이다. 그러나 이 정의는 유심론의 뜻을 온전히 담아내기에는 너무 모호하다. 가령 실재론자(5장 3절 「실재론」 참조)들도 심적 가치가 우주의 기본 요소임을 부정하지 않을 것이다. 그러므로 이 책에서는 플루의 정의를 따르기로 한다.

유심론은 물리학에 반한다. 물리학은 외부 세계를 이해하려는 노력인데, 외부 세계가 없다면 물리학은 헛수고에 불과하기 때문이다! 유심론에서는 외부 세계에 대한 경험을 진정으로 이해하려면 나의 의식을 이해해야 한다고 주장한다.

다른 철학 이론 중에도 물리학에 대하여 위와 비슷한 견해를 취하는 것들이 있는데, 이들도 유심론의 일종으로 봐도 무방하다. 가령 **도구주의**는 과학 이론이 무언가에 대한 설명이 아니라 특정 실험 결과를 계산하고 정확한 답을 찾기에 유용한 도구에 불과하다고 본다. 도구주의에 의하면, 이론 자체의 참·거짓을 따지는 것은 무의미하며, 모든 이론은 참도 거짓도 아니다.[7]

이와 관련한 또 다른 이론으로는 **실증주의**가 있다. 실증주의자들은 우리가 관찰된 현상만을 논할 수 있으며 실험으로 검증할 수 없는 기저의 사실이나 설명에 관한 언급은 무의미하다고 말한다. 언뜻 보면 실증주의는 과학적 방법론을 지지하는 것처럼 느껴진다. 실증주의자들도 스스로 관찰에 기반한 과학적 탐구의 엄밀성·확실성과 종교나 형이상학의 쓸모없는 개념들 사이에 선을 그음으로써 과학의 발전에 이바지한다고 믿었다. 하지만 역설적으로 실증주의의 이면에는 유심론적 정서가 깔려 있다. 그래서 과학의 발전에 오히려 해가 되었다. 이를 잘 보여 주는 예시가 열역학의 '운동론 (기체의 열역학적 특성을 분자의 움직임으로 설명하는 이론 – 옮긴이)'이다. 운동론이 생겨날 당시, 실증주의자들은 운동론을 과학이 아닌 철학적 이유로 반대했다.[9] 실증주의자들은 열역학 법칙들이 이미 데이터와 잘 들어맞았기 때문에 추가적인 '설명'이 구태여 필요치 않다고 믿었다. "이 세계는 우리의 감각으로만 이루어져 있다"고 말한 확고한 실증주의자였던 유명 물리학자 에른스트 마흐^{Ernst Mach}는, 기체 분자 운동론을 비판하면서 다음과 같이 말했다. "물리 현상이 분자의 운동과 평형 과정으로 환원될 수 있다는 시각이 오늘날 너무 만연해서 … 나의 신념이 그와 어긋난다고 주장하는 길밖에 없을 따름이다." (이는 환원주의에 대한 잘못된(!) 비판이기도 하다)

그가 틀린 말만 했던 것은 아니다. 마흐는 전자기 현상을 비롯한 우주 만물을 단순히 '기계론적으로' 설명할 수는 없을 거라는, 시대를 앞서는 주장을 펴기도 했다. 이는 아인슈타인의 연구에도 긍정적인 영향을 끼쳤다. 하지만 앞 문단의 인용문이 기껏해야 한 세기 전에 쓰였다는 것이 우리의 눈을 의심케 하는 것도 사실이다. 만약 당시 과학자들이 유심론(또는 실증주의나 도구주의)의 장막에 가려 관측 결과를 이해하고 설명하려 애쓰지 않았다면 오늘날 세계가 어떤 모습일지 상상조차 하기 어렵다. 유심론은 의식적으로 감각된 내용(관찰된 외부 세계)을 이해하려는 시도를 방해한다. 이것이 유심론을 반박하는 가장 강력한 논거일 것이다. "돌에 머리를 찧어서 두통을 느꼈다"는 사실에 시비를 걸 유심론자들은 거의 없을 것이다. 그러나 유심론자들은 그보다 복잡한 현상에 대해서는 이러한 방식의 설명을 거부한다. 이것이 유심론자들의 모순이다.

다른 책에서 이미 유심론에 대한 나만의 반론을 제시한 바 있다.[10] 하지만 일부러 이 책에 다시 싣지는 않겠다. 유심론은 논리적으로는 반박 불가능하지만, 실전에서는 무능하고 쓸모없다는 것이 나의 견해다(이 책에는 확신에 차서 쓴 문장이 몇 없는데, 이것이 그중 하나다!). 물론 현대물리학도 우리가 알던 '실재'라는 개념이 허상임을 알려 주었다. 하지만 이로 인해 물리학자들은 실재를 찾는 것이 가치 있는 일임을 깨달았고, 오히려 용기를 얻었다! 그러한 점에서 우리 물리학자들은 "실재론자"인 셈이다.

실재론

실재론은 의식이 실제 외부 세계로부터 경험을 받아들인다는 사실을 인정한다. 실재론에 의하면 눈, 귀, 망원경 등 다양한 관찰 수단을 통해 주어진 이미지는 실재를 반영하고 있으며, 우리가 그 이미지를 지각하든 안 하든 실재의 존재 여부는 변하지 않는다. 물론 우리도 실제 세계의 일부이므로 세계를 관찰하는 과정에서 약간의 방해를 일으킬 수 있지만, 그렇다고 우리가 세계를 창조하지는 않는다(관찰에 의한 방해가 양자 효과라는 오해가 있는데 이는 사실이 아니다. 이 방해는 거시 세계에서도 일어나기 때문이다. 양자론에서 말하는 것은 이 방해의 크기가 0이 될 수 없다는 것이다).

플루 철학사전에서는 실재론을 물체가 지각 여부와 상관없이 존재한다고 여기는 관점으로 정의한다. 따라서 실재론자들은 "내가 무엇을 관찰하는가?"를 넘어서 "무엇이 실제로 존재하는가?"도 탐구할 수 있다. 실재론자들은 (원자로 이루어진) 사물과 사람들이 외부 세계의 일부임을 거부감 없이 받아들인다. 행성·항성·은하가 존재한다는 것, 역사 속 사건이 실제로 일어났다는 것도 인정한다. 밝혀낼 실제 세계가 존재하지 않는다면 탐구를 지속할 원동력도, 발견이 주는 지적 희열도 있을 수 없다. 그러므로 과학자는 대부분 실재론자다.

하지만 양자론이 실재론 철학에 큰 타격을 준 것은 사실이다. 양자론은 무엇을 관찰하게 될지는 매우 정확히 예측해 냈지만, 무엇이 존재하는지를 설명하는 데에서 매우 큰 차질을 빚었다. 그래서 철학자들은 실재론 철학에서 전면적으로 발을 뺐고, 이러한 풍조가 20세기 내내 이어졌다. 대다수 과학자가 실재론적 사고방식을 굳게 지키는 반면, 일부 철학자는 "실재론이 영영 숨을 거두었다"[11]고 말한다. 하지만 극단적 유심론자들을 제외한 대다수 철학자는 유심론과 실재론의 중간 입장을 취하고 있다.[12]

하지만 양자 현상의 수수께끼에 대한 철학자들의 이러한 반응은 바람직하지 않다. 실재 탐구를 멈추고 문제로부터 도망치는 것이 아니라, 지금 우리의 부족함을 담담히 인정해야 한다. 실제 세계는 우리 생각만큼 단순하지 않다. 우리는 이미 '소박한 실재론 naïve realism(사물이 우리가 느끼는 그대로 존재한다는 믿음 – 옮긴이)'이 틀렸음을 알고 있지 않나.[13] 과학적 방법론을 착실히 따르다 보면, 외부 세계의 일부인 줄로만 알았던 경험의 특정 성분이 실제로는 정신의 산물로 드러날 수도 있다.

이는 2장 3절 「물리학과 환원주의」에서 논의된 환원주의의 경우와도 비슷하다. 실재론은 하나의 목표다. 우리의 의식과 별개로 실제 세계가 존재한다고 가정하고, 의식에 의해 감각된 바를 설명하고 이해하는 것이 우리의 목표인 것이다. 이 목표가 그 어떠한 방법으로도 ('물체'의 의미를 아무리 재정의해 보아도) 달성 불가능하다고 결론 난다면, 그것만으로도 놀라운 발견인 셈이다!

실재론에 대한 변론은 가드너Gardner의 논문 「실재론은 금기어인가?Is realism a dirty word?」[14]을 참조하라. 새가드Thagard의 『계산적 과학철학Computational Philosophy of Science』[15]에는 더욱 자세한 내용이 담겨 있다. 아쉽게도 이 둘은 양자론으로 인한 문제점을 깊게 다루지는 않았다. 이에 관해서는 데스파냐d'Espagnat의 『실재와 물리학자Reality and the Physicist』[16]를 참조하라.

유심론은 의식을 매우 중시(의식 외에는 아무것도 없다)하는 반면, 실재론은 의식 외에 다른 것이 있다는 것 말고는 의식에 관해 달리 아무것도 말해 주지 않는다. 여기서 이미 우리는 '의식과 외부 세계의 관계'라는 심각한 문제의 존재를 눈치챌 수 있다. 외부 세계가 의식에 영향을 주는 것은 분명하다. 예컨대 방 안의 온도가 떨어지면 나는 추위를 느낀다. 반대로 의식이 외부 세계에 영향을 주기도 한다. 추위를 느낀 나는 창문을 닫을 것이기 때문이다. 이 '영향'의 정체는 무엇일까? 물리 법칙을 통해 일어날까, 아니면 물리 법칙을 위반할까? 그저 겉보기에 불과한 것은 아닐까? 타인의 관점에서 나의 의식은 외부 세계의 일부에 지나지 않을 것이다. 그렇다면 나의 의식은 '물질 세계' 너머의 무언가일까, 아니면 그저 하나의 물리 현상일까? 의식이 물리 현상 중 하나에 불과하다는 입장이 바로 뒤이어 살펴볼 유물론이다.

유물론

유물론의 기본 전제는 물질만이 유일한 실재라는 것이다. 플루 철학사전을 다시 인용하자면, 유물론은 우주 만물이 물질이거나, 또는 전적으로 물질에 의해서만 존재할 수 있다는 믿음이다. 사실 이 정의는 조금 낡은 감이 있다. 한때 물리적 우주가 접촉하여 '밀어내는' 방식으로 상호 작용하는 딱딱한 물체들(당시에는 이것이 '물질'의 정의였다)로만 이루어진 것으로 간주하던 때가 있었다. 하지만 물리학은 (심지어 고전물리학조차) 더 이상 물질 세계를 그렇게 단순하게 정의하지 않는다. 그러므로 위 문장에서 '물질'을 '물리 법칙'으로 치환하면 더 적확한 정의가 될 것이다(유물론이 때에 따라 "물리주의"라고도 불리는 이유다). 『옥스퍼드 마음 안내서』에서는 유물론을 물리학적 법칙과 원리만으로 자연의 기본 법칙과 원리를 전부 설명할 수 있다는 견해로 정의하고 있다. 그러나 물리학적 법칙이 무엇인지 정의하지 않은 이상 이 정의는 항진명제(언제나 참인 명제 -

옮긴이)가 되어 버릴 위험성이 있다. 아마도 물리학적 법칙이라는 말 앞에 "쿼크와 렙톤의 상호 작용에서 유도할 수 있는"또는 "표준 모형에 의해 정의된"이라는 수식구를 붙이면 더 엄밀해질 것 같다. 요약하자면 유물론이란 2장 1절 「물리학: 모든 것의 이론」에서 소개된 TOE가 실제로 **모든 것**을 설명하는 이론이 맞으며, 그 외에는 아무것도 없다는 믿음이다.

유물론 가운데는 물리학 이외에 다른 무언가가 존재할 가능성을 인정하는 형태도 있다. 단, 그 '무언가'는 물질 세계에 아무 영향을 주지 않아야 한다. 포퍼는 물리적 세계를 제1세계World 1라 명명했는데, 포퍼의 표현을 빌려 유물론의 두 가지 형태를 다시 정의하자면 다음과 같다. 첫 번째 형태의 유물론은 제1세계만이 존재한다는 믿음이며, 두 번째 형태는 제1세계가 인과적으로 닫혀 있다는, 즉 그 밖의 것들에 의한 영향을 받지 않는다는 믿음이다.

어떻게 정의하든 간에, 유물론이 유심론과 정반대인 것만은 확실하다. 유물론은 '심적' 현상의 중요성을 인정하지 않는다. 그 현상이 무엇이 되었건, 본질적인 것은 아니라고 본다. 또한 유물론은 일반적으로 영적·종교적 가치와 개념, 더 나아가 신의 존재를 부정한다.[17] 여기에 명확한 논리적 근거가 있는 것은 아니다. 가령 이론물리학자였던 폴킹혼은 현재 성공회 목사로서 기독교를 열렬히 옹호하는 글을 쓰고 있지만, 그도 최소한 어느 정도는 유물론자이다. 물론 본인은 그렇지 않다고 주장하겠지만, 그는 "나를 분해하면 물질밖에 나오지 않을 것이다."[18]라고 말했다. 이는 물질 이외에는 아무것도 없다는 유물론의 기본 전제를 다르게 표현한 것에 불과하다. 그러나 폴킹혼에게는 이러한 견해와 종교적 세계관이 서로 충돌하지 않는 것 같다. 비슷한 이유로, 나는 인간이 "수단이 아닌 목적"이라거나 "우리가 인간의 생명을 존중한다"[19]는 사실이 유물론과 모순된다고 생각지 않는다. 유물론자가 "인본주의자이자 자유의 투사"가 되지 못할 이유가 없다.

유물론의 엄청난 장점은 그 단순함과 효율성이다. 물리학과 과학의 엄청난 성공에 힘입어 유물론도 강력한 지지를 얻었다. 한때는 인간이 이해할 수 없는 것으로 여겨졌던 생명과 같은 기본적인 개념도 이제는 다양한 형태의 물질이 일으키는 현상 중 하나로 여겨지고 있다. "유기체에 적용되는 원리들은 무기체에 적용되는 원리들과 다르지 않다."[20] 그렇다면 **인간은 기계**라고 간단히 결론 내버리면 되지 않을까?

하지만 이 책의 주제인 의식이 바로 유물론의 급소다. 유물론에서 590나노미터 파장을 가신 빛의 존재는 전혀 문제될 것이 없다. 문제는 우리가 이 빛을 '노란색'으로 경험한다는 점이다. 많은 학자가 이 문제에 답하고자 달려들었지만, 그들의 해답 가운데 상당수는 '이 주제는 너무 어려우니 비유물론적 설명이 얼마나 말이 안 되는지를 지적하겠다'는 식이었다! 최악은 의식의 존재를 아예 부정하는 것이다. 가령 앞서 인용된 앳킨스의 논문에서[17] 그는 "이 세계에 목적이 없다는 것을 최소한 작업가설로라도 인정할 것"을 주문한다. 하지만 이러한 그의 요청에도 나름의 "목적"이 있을 것이므로, 그 자체로 모순인 셈이다!

보다 현실적인 접근법인 **말초주의**peripheralism 또는 **행동주의**는 우리의 행동이 의식이 아닌 물질적 조건(물리 법칙)에 의해서 전적으로 결정된다고 보는 견해다. 이 주장에 의하면 의식의 존재 여부는 학문적 논의의 대상이 아니거나, 오직 행동에 기반해서만 판단되어야 한다. 그러므로 의식은 실제 세계에 아무 영향도 주지 못하는 **부수현상**epiphenomenon에 불과하다. 이는 증기기관차의 기적 소리가 엔진의 작동에 아무 영향을 주지 않는 것과 같은 원리다. 하지만 의식에 관해 논하는 것이 우리의 목적인 이상 이러한 시각은 우리에게 별다른 도움을 주지 못한다. 게다가 의식의 존재가 물질 세계에 아무런 영향을 미치지 않는다는 주장은 3장 4절 「의식의 기능은 무엇인가?」의 결론에 근거하여 반박이 가능하다. 혼더리치[21] 역시 정신의 존재를 부인하려는 시도의 헛됨을 지적했으며, 이를 정신의 필수불가결성indispensability 진리라 칭했다.

'행동주의'는 심리학자 존 왓슨John Watson에 의해 탄생했으며, 당시에는 심리학 연구의 방법론 중 하나로만 여겨졌다. 방법론으로써(의) 행동주의는 사람이나 동물이 무엇을 생각하는지는 고려하지 않고 오직 행동만을 분석하는 것을 가리킨다. 행동주의 방법론은 지금도 여전히 맹위를 떨치고 있지만, 심리학계에서 의식에 대한 논의가 재개되면서 그 부적절성에 대한 인식이 점차 확산되고 있다.

오늘날 행동주의가 의식을 탐구하는 방법론으로 적합하지 않다고 결론 난 것은 확실하다. 유물론 내에서 행동주의의 지위를 대체한 것은 소위 **중심주의**centralism라고도 불리는, 오늘날 가장 보편적인 이론인 이른바 심신 동일론(또는 마음-뇌 동일론)이다.

심신 동일론

수년 전 어느 무더운 일요일 아침, 이탈리아 트리에스테^{Trieste}의 한 교회 예배에 참석했다. 그날은 삼위일체 대축일(오순절 다음 일요일 – 옮긴이)이어서 나는 처음으로 성 아타나시우스의 신앙고백문을 들었다. 이 고백문 속에서는 서로 다른 세 '위격位格'이 실제로는 하나의 불가분한 존재라는 모순적인 명제가 여러 방식으로 반복된다. "성부와 성자와 성령이라는 세 위격이 따로 존재하지만, 셋 다 같은 하느님"이라는 것이다. 이 주장을 수없이 반복하다 보니 이윽고 우리는 이것이 참이라고 믿게 되었다.

초기 기독교가 이렇게나 모순적인 교리를 세울 수밖에 없었던 이유는 분명하다. 기독교는 유대교의 정신적 후손이다. 그런데 유대교는 신의 '유일함'을 무엇보다도 중시한다. 유대교 주변의 종교들은 대체로 다신교였고, 유대교 예언자들은 유일신 교리의 순수성이 변질되지 않도록 무진 애를 썼다. 그러나 나사렛의 예언자인 예수가 등장한 이후 사람들은 예수도 신성시하게 되었다. 하나를 둘로 만들고 나니 둘을 셋으로 만드는 건 쉬웠던지, 얼마 지나지 않아 이들은 '삶에서 체험하는 하느님의 권능'을 성령이라 부르기 시작했다. 그 결과 이들은 총 세 명의 '신성한' 위격, 즉 세 명의 신을 갖게 되었다. 그러나 신은 오직 한 명이어야 했으므로 자연스레 한 명의 신이 세 명의 신과 같다는 삼위일체론이 생겨났다.

심신 동일론이라는 개념도 이와 비슷한 이유로 생겨난 것으로 추측된다. 심신 동일론은 의식과 뇌가 같기 때문에 둘의 관계를 설명할 필요가 없다는 주장이다. 하지만 의식과 뇌는 서로 같지 않다. 아닌 게 아니라 "하나의 공통점도 찾기 어렵다!".[22] 아타나시우스 신앙고백문이 셋을 하나로 만든 것처럼, 심신 동일론은 이러한 명백한 차이를 간단히 무시해 버린다.

심신 동일론에 의하면 의식적 사고는 뇌의 물리적 상태 그 자체다. 둘은 서로 야기하거나 연관된 것이 아니라 동일한 존재다. 우리가 줄곧 두 가지로 구분했던 것들이 실제로는 하나라는 얘기다. 현대적인 심신 동일론은 페이글[Feigl23]에 의해 정립되었지만, 19세기 말에도 비슷한 생각은 있었다. 영국 생물학자 로마네스[Romanes24]는 "마음에서 일어나는 변화와 그에 따라 뇌에서 일어나는 변화는 둘이 아닌 한 가지"라고 말했다. 로마네스는 이를 바이올린 연주에 빗댔다. "우리는 현에서 나는 소리를 들음과 동시에 현의 떨림을 본다. 우리의 의식상에서 이 두 변화는 전혀 다른 것처럼 보인다. 그러나 우리는 그 둘이 절대적으로 동일하다는 것을 안다." 하지만 그의 비유는 그 자체로도 이미 틀렸다. 시각 신호와 청각 신호, 즉 빛과 소리는 동일한 존재가 아니다. 눈을 가리거나 귀를 막으면 두 신호 중 하나만 받아들이게 만들 수도 있다. 이 예시에서 참인 것은 두 신호의 근원이 같다는 사실이다. 따라서 이 예시는 '동일론'보다는 5장 7절「정신신경 쌍」에서 살펴볼 혼더리치[6.21]의 '법칙적 연결성' 개념에 더 적합하다.

혼더리치는 위 두 저술에서 여러 형태의 심신 동일론을 조목조목 반박했다. 그는 심신 동일론이 정신의 필수불가결성 공리[公理]와 어긋난다고 논박했다. 또한 그는 "현존하는 모든 심신 동일론은 결국 두 가지의 존재가 있다는 결론으로 귀결"되며, "정신적 속성과 물리적 속성을 지닌 존재를 하나의 대상이라고 말하는 것은 아무 소득이 없으며, 여기서 더 나아가지 못하는 심신 이론은 실패할 수밖에 없다"고도 말했다.[21]

설[25]이 제시한 심신 문제의 해답도 심신 동일론과 상당히 유사하다. 단, 그는 자신의 이론이 동일론이 아니라고 명시하기는 했다. 그의 주장은 크게 두 가지다.

정신 현상은 … 뇌 속에서 일어나는 과정에 의해 야기된다.
정신 현상은 단지 뇌의 성질이다.

즉, 마음이 뇌에 의해 야기됨과 동시에 뇌의 성질이기도 하다는 것이다.

이에 대한 비유로, 설은 물체의 딱딱함이 분자의 속성 및 상호 작용에 의해 야기되는 동시에, 분자들의 속성이기도 하다는 예시를 든다. 물체가 일정한 모양을 유지하는 것은 분자 간 힘의 특성 때문이라고도 말할 수 있고, 단순히 물체 자체의 딱딱함 때문이라고도 말할 수 있다. 이는 하나의 설명을 여러 방식으로 표현한 것뿐이다.

이 비유에 따르면, '의식이 있음' 역시 분자 집단의 속성이라 말할 수 있다. 그렇다면 "어떠한 물리 구조가 의식이 있는가?"라는 질문은 "어떠한 물리 구조가 고체인가?"라는 질문과 본질적으로 다르지 않다. 이는 재밌는 비유이기는 하지만, 핵심을 비껴갔다. 딱딱함은 어디까지나 물리적인 힘이 가해질 때 분자들이 어떻게 움직이는가를 나타내는 물리적 속성이다. 따라서 분자들의 속성을 알면 물체의 딱딱함을 (이론상으로는) 전부 계산할 수 있다. 그러나 의식은 절대로 물리적 속성이 아니다. 우리는 특정 분자 집단이 의식이 있는지 계산할 수 없다. 계산이 복잡해서가 아니다. 문제는 어떤 계산을 해야 할지 전혀 모른다는 거다! 심신 동일론의 방식대로라면 물체의 딱딱함은 분자들의 상대적 위치가 고정되어 있다는 속성과 '동일'하다. 이는 한 가지 사실에 대한 서로 다른 표현일 뿐이다. 하지만 '빨간색'의 감각이 분자들의 특정한 물리적 속성과 동일하다는 주장은 잘 납득이 가지 않는다. 그렇다면 그 물리적 속성이 무엇이고, 왜 그것이 감각과 동일한지 밝힐 의무는 심신 동일론자들에게 있다. 피파드[26]는 "이론물리학자가 설령 무한한 계산 능력을 가졌더라도 특정 복잡계 구조가 스스로의 실존을 자각하는지를 물리 법칙으로부터 절대로 도출할 수 없다"고 확신한다. 이것이 단지 우리의 빈곤한 상상력이나 유물론적 편견일 뿐일까? 사실 이 주장을 뒷받침해줄 근거는 없다. 반면 처칠랜드[5]는 다음과 같이 말했다. "수많은 증거가 … 의식적 기능이 완전히 자연적인 현상임을 시사한다. 의식적 지능은 적절히 조직된 물질의 활동이라는 것이 철학자와 과학자들 간의 공통된 합의다." 하지만 처칠랜드의 주장은 너무 과격하다. '공통된 합의'라는 것이 정말로 이루어졌다면 그것은 다른 이론들의 신빙성이 낮아서이지 동일론에 대한 '증거'가 발견되어서는 아닐 것이다.

앞서 언급했듯 심신 동일론의 기저에는 삼위일체론과 매우 비슷한 의도가 깔려 있다. 그것은 바로 모순을 무시함으로써 두 가지 모순적 신념을 동시에 갖는 것이다! 우리는 의식의 실체를 부정할 수 없다. 물질 세계가 존재한다는 가정하에, 의식은 물리적 대상이거나, 아니면 다른 무언가이거나 둘 중 하나일 수밖에 없다. 후자의 견해는 이원론이라 불린다. 유물론과 이원론의 관계는 마치 유대교와 다신교의 관계와도 같다. 이원론에서는 물리적 대상 이외에 다른 무언가가 존재하며, 의식이 그중 하나라고 본다. 다신교와 마찬가지로 이원론도 아주 오랜 전통을 자랑한다.

이원론

"물질 이외에 다른 무언가가 존재하는가?"라는 질문에 "예"라고 말한다면, 그 사람은 이원론자다. 이원론에서는 '물질적인 것', 또는 더 넓은 의미에서 '물리적인 것'과 '정신적인 것'을 서로 별개의 실체로 간주한다.

이러한 이분법을 처음 제시한 인물은 프랑스 수학자, 철학자, 과학자였던 르네 데카르트(1596-1650)로 알려져 있다. 그가 살던 시대에는 이 세 직업을 동시에 갖는 것이 가능했다! 당시 과학은 이제 막 태동기에 있었다. 아직 뉴턴이 행성의 운동 법칙을 발견하기 전이었지만, 자연 현상을 과학적으로 설명할 수 있다는 개념이 점차 받아들여지고 있었다. 데카르트는 이러한 과학적 · 유물론적 설명 방식을 받아들여 생명(유기체의 현상)이 무기물의 속성과 본질적으로 다르지 않다는, 그 당시로서는 혁신적인 주장을 펼쳤다. 하지만 그는 2장 2절 「물리학과 경험의 위기」에서 언급된 유물론 철학의 '위험성'을 자각했던 것 같다. 과학 법칙은 물체의 행동을 설명할 수는 있지만, 인간을 설명할 수는 없었다. 그래서 데카르트는 물리 법칙에서 벗어난 무언가가 인간에게(동물은 예외였다) 존재할 것이라고 추측했다.

데카르트는 인간의 모든 생각의 근거가 되는 정확하고 증명 가능한 명제들을 정리하는 야심 찬 작업에 착수했다. 그가 자신의 실존에 대한 증명, "나는 생각한다. 고로 나는 존재한다"를 내놓은 것도 이때다(약 천 년 전 철학자 아우구스티누스도 "존재하는 것만이 오류를 저지를 수 있다. 따라서 내가 존재한다는 주장은 오류가 될 수 없다"고 주장하여 유사한 결론에 도달한 바 있다). 더 나아가 신의 존재를 '증명'하기 위해, 그는 몇 가지 전제를 덧붙여야 했다. 이후 그는 신의 기본적 '합리성'을 가정한 채로 사유를 전개했고, 실존을 증명하는 과정에서 다음 결론에 도달했다. "내 존재의 본질은 사유^{생각}하는 것이다. 나라는 존재는 공간을 차지하지 않으며, 물질 없이도 존재할 수 있다." 즉, 데카르트는 인간의 본질이 의식적 실체라고 보았다. 의식적 실체는 연장되지^{공간을 차지하지} 않고, 쪼갤 수 없으며, 사유하는 것이 특징이며, 육체와 일정한 관계를 맺기도 하지만, 육체에 의존하지는 않는다.

이는 유물론과 정반대 주장이다. 인간이 물체 중 하나라는 입장에서 어느새 인간이 그 어떤 물체와도 별개의 존재라는 입장까지 온 것이다. 이원론은 (유물론과는 전혀 다른 이유로) 설득력 있는 이론이다. 우리 중 대다수는 이원론적 관점으로 자신을 바라본다. 우리는 내 다리, 내 심장, 내 몸이라고 말하지, 몸 자체가 나라고 생각지는 않는다. 또한 이원론은 의식이 있는 존재와 없는 존재를 명확하게 구분 짓는다. 기계와 같이 완전히 물리적인 대상은 당연히 의식이 없다. 이원론은 의식이 무엇인지도 어느 정도 말해 준다. 의식은 사유하는 실체이며 다른 것들에 기반하여 서술하거나 묘사할 수 없다. 이원론은 내 육체의 죽음 이후에도 삶이 지속될 가능성을 인정한다는 매력도 있다. 이는 사후세계의 '증명'에 대한 근거가 되기도 했다.[27]

그러나 이원론데카르트주의은 "오늘날에는 정신을 별개의 비물리적 실체로 바라보는 실체 이원론을 지지하는 사람은 거의 없다."[20]며 많은 철학자의 강력한 비판을 받았다. 심지어 (유물론과 마찬가지로) 이원론이라는 말은 비하적인 의미로 쓰이기도 한다. 어떠한 견해에 이원론적 요소가 담겨 있으면 이는 그 견해를 거부할 이유가 된다. 반면 이원론이 현대 철학에 아직도 상당한 영향력을 끼치고 있다고 주장하고 그 점을 비판하는 사람들도 있다. 바커스트Bakhurst와 댄시Dancy[28]는 "데카르트주의는 철학계를 너무나 강하게 지배하고 있어서 그것을 반대하면 사기꾼이나 미친 사람으로 취급될 정도"라고 주장했다. 이원론에 대한 비판은 스미스Smith와 존스Jones[29]와 처칠랜드[5]를, 변론은 스윈번[27]을 참고하라.

『옥스퍼드 마음 안내서』에는 이원론의 다른 형태인 '속성 이원론'도 등장한다. 속성 이원론은 물질 이외에 다른 실체가 존재하지는 않지만, 물질이 물리적 속성과 정신적 속성을 동시에 가질 수 있다고 본다. 일부 학자들은 이를 컴퓨터 하드웨어와 소프트웨어에 비유하기도 했다. 하지만 나는 이것이 어떤 의미가 있는지, 애초에 이원론으로 분류하는 것이 정당한지 잘 모르겠다. 하드웨어와 소프트웨어는 둘 다 물리적 존재이며 근본적으로 서로 다르지 않다. 하드웨어는 기계의 형태로 만들어졌고, 소프트웨어는 저장장치에 입력되었을 뿐이다.

사람들이 이원론에 반대하는 이유는 분명하다. 이원론이 맞다면 물리 법칙이 설명할 수 없는 무언가가 존재해야 한다. 그러나 물리학이 꾸준히 성장하면서 '물리학 바깥'에 놓인 것들도 그만큼 줄어들었다. 인간의 마음이 물질과 근본적으로 다르다고 여길 이유가 무엇이란 말인가? 3장 4절 「의식의 기능은 무엇인가?」에서 언급된 것처럼, 의식에 의한 것으로 간주했던 인간의 많은 행동이 동물들에서도 똑같이 관찰된다. 데카르트는 동물에 의식이 없다고 말했는데 말이다. 의식의 범주를 확장하여 동물들도 '마음'이라는 실체를 가질 수 있다고 주장할라치면 '그 기준을 어디까지 넓힐 것인가?' 하는 문제가 대두된다. 하등생물에서 식물, 인간에 이르기까지 연속적으로 관찰되는 행동들이 있기 때문이다.

이원론의 가장 큰 문제는 정신과 육체 사이의 상호 작용을 설명할 수 없다는 점이다. 스튜어트 왕가의 젊은 엘리자베스 공주가 이 문제를 지적한 것으로 유명하다. 그녀는 보헤미아 왕국의 '겨울왕' 프리드리히 5세와 제임스 1세의 딸 엘리자베스 스튜어트 공주의 장녀로 태어났다. 프리드리히 5세의 치세는 오스트리아의 침공으로 인해 1년 남짓 만에 끝나고 말았다. 후일담이지만 데카르트도 이 전쟁에 오스트리아군으로 참가했다고 한다(혹자들은 이를 두고 데카르트가 그 명성만큼 똑똑하지는 않았을 거라 평가하기도 한다). 어쨌든 전쟁이 끝나고 엘리자베스 공주는 가난에 처했다. 적어도 당시 보편적인 공주들의 삶보다는 못했다. 게다가 당시 모든 구혼자가 가톨릭교도였던 반면, 그녀는 독실한 개신교도였다. 그래서 그녀는 10대 시절에 자신이 결혼할 가능성이 적다는 것을 이미 깨달았다. 어머니와 달리 침착한 성정을 지닌 그녀는 이후 철학과 과학을 공부하며 마음을 달랬다. 1642년 헤이그에 살던 그녀의 가족은 당시 유명한 학자였던 데카르트를 집으로 초청했고, 그녀는 데카르트와 이야기를 나눌 기회를 얻게 되었다. 이후 둘은 수년간 편지를 주고받으며 우정을 이어 나갔다. 이들의 교우는 주로 데카르트가 쓴 편지를 엘리자베스 공주가 이해하기 위해 애쓰는 방식이었다.

그중에서 특히 엘리자베스 공주의 마음을 사로잡은 문제는 '영혼이 어떻게 육체를 조종할 수 있는가'였다. 데카르트는 공주의 관심에 기뻐했고, 이제는 그의 문하생이 된 그녀의 미모와 지성에 열렬한 찬사를 보내며 그녀를 이해시키려 애썼다. 하지만 이 문제에서만큼은 데카르트는 그녀의 호기심을 만족시키는 데 실패했다. 데카르트는 정신이 물질에 미치는 영향력의 근원이 솔방울샘^{송과선}에 있다고 설명했다. 그가 솔방울샘을 고른 이유는 솔방울샘이 뇌 한가운데 깊숙한 곳에 있고, 대부분의 뇌 구조들이 좌우 한 쌍인 것과 달리 하나밖에 없기 때문으로 보인다. 하지만 현재의 관점에서 보면 그의 설명은 완전히 틀렸다. 오늘날 학자들이 데카르트의 견해를 진지하게 받아들이지 않는 이유다!

엘리자베스 공주를 괴롭혔던 이 문제는 이원론의 근본적인 문제점이기도 하다. 정신적 실체와 육체 사이의 '연결'을 어떻게 설명할 수 있을까? 의식이 물질 세계의 사건에 영향을 받는다는 것은 일견 당연해 보인다(예: 감각 경험). 하지만 이 주장은 (이론적으로는) 반박 가능하다. 상관관계가 반드시 인과관계를 내포하지는 않기 때문이다. 지금 나의 창밖에는 노란 단풍잎이 보인다. 이 과정을 풀어서 서술하자면 (1) 노란색 빛이 안구에 들어와, (2) 내가 노란빛을 자각한 것이다. 그런데 (1)번 사건과 (2)번 사건은 우연히 함께 일어났을 수도 있다는 점에서 서로 독립된 사건이다. 물론 이러한 동시성은 단순한 우연의 일치가 아니며 모종의 법칙을 따를 것이다. 그렇다면 정신과 물질이라는 두 평행 세계가 존재하고, 두 세계가 서로 영향을 주고받지는 않지만 항상 긴밀하게 동기화되고 있을 가능성이 있다. 이 가능성을 언급하는 이유는 실제로 많은 학자가 이 견해를 심도 있게 논의하고 있기 때문이다. 그러나 이 주장은 쉽게 일축 가능하다. 이 주장을 받아들일 바에는 구태여 물질 세계의 존재를 전제할 필요가 없는 극단적 유심론을 받아들이는 편이 나을 것이다.

그렇다면 우선 물질 세계가 정신세계에 영향을 준다는 보편적인 견해를 받아들여 보자. 물론 그 원리를 파악하기가 어려울 수도 있지만 큰 문제는 아니다. 아직 우리는 정신적 실체의 행동을 기술하는 법칙을 모르기 때문이다. 하지만 그러고 나면 자연스레 반대로 정신이 물질에 미치는 영향에 관해서도 생각하게 된다. 스스로의 욕구를 의식하고 그것을 행동에 옮긴다 – 적어도 내가 느끼는 바는 그렇다. 그렇다면 정신도 물질에 영향을 줄 수 있는 것이다. 그러나 이번에는 상황이 전혀 다르다. 물질적 실체의 모든 행동을 설명할 수 있는 법칙들이 이미 존재하기 때문이다. 의식이 물질 세계에 영향을 줄 여지는 없다. 5장 4절「유물론」에서 지적했듯, 우리가 아는 한 물리학적 세계(포퍼의 제1세계)는 '인과적으로 닫혀 있으며' 외부 요소에 의한 개입이 불가능하다. 데카르트의 시대에는 이것이 심각한 문제가 아니었다. 그 당시 사람들은 물리학이 얼마나 많은 것들을 설명할 수 있을지 몰랐기 때문에 물리학적 세계가 인과적으로 열려 있을 수도 있다고 생각했기 때문이다. 하지만 최근 일련의 사건들로 인해 상황은 오히려 반전되었다. 물체들이 맞닿아 서로를 밀고 당기는 것이 힘이라는 식의 설명은 어느새 구식이 되었고, 양자론의 등장으로 말미암아 물질 세계가 인과적으로 '얼마나 닫혀 있는가'에 대한 시각도 180도 바뀌었기 때문이다.

최근 혼더리치[6.21]는 심신 동일론과 이원론의 장점을 결합하여 정신신경 쌍psychoneural pair이라는 새로운 개념을 내놓았다.

정신신경 쌍

정신신경 쌍은 신경적 성분과 정신적 성분으로 이루어져 있다. 두 성분은 이른바 **법칙적**nomic **상관관계**를 맺고 있어서 서로가 있어야만 존재할 수 있다. 이는 동전에 반드시 앞면과 뒷면이 있는 것과 같은 원리다. 정신신경 쌍의 경우, 하나의 정신 사건에 여러 가지 신경 사건이 대응될 수 있다. 따라서 이들의 관계는 일대일이 아닌 일대다一對多 관계다. 혼더리치는 정신신경 쌍이 인과적 주체로서 뇌의 작동을 결정한다고 주장한다. 따라서 물질 세계가 인과적으로 열려 있다는 가정 없이도 정신적 사건과 물리적 사건의 동시성을 설명할 수 있다. 이 이론은 신경적 측면에 더하여 정신적 측면의 존재를 인정한다는 점에서 이원론적 요소를 포함하기는 하지만, 데카르트 유물론의 형이상학적 함의는 거부한다. 한편, 정신이 물질 없이 존재할 수 없다는 점에서 이 이론은 유물론적이기도 하다. 정신과 신경이 서로 구분되기는 하지만, 정신적 성분이 반드시 비물리적이어야 할 필요도 없다. 실제로 혼더리치는 공간상의 위치를 가진 것으로 '물리적'이라는 말을 정의하고자 했다. 상세한 내용은 그의 저술[6.21]을 참조하라. 혼더리치의 이론에서 물리학자와 철학자의 견해 차이를 느낀다. 임의의 물리계가 언제 '정신신경' 쌍으로 변하는가? 그 변화를 일으키는 물리적 핵심 요인은 무엇인가? 그는 이러한 중요 질문들에 관해 아무것도 말하지 않았다. 또한 혼더리치는 자신의 이론이 정신의 필수불가결성 진리를 충족한다고 주장하지만, 그 근거 역시 확실치 않다. 가령 여러 정신신경 쌍들이 서로 어떻게 상호 작용하고 변화할지 계산하는 데 성공했다고 가정해 보자(혼더리치는 뇌의 작동이 결정론적이라고 주장하고 있다. 따라서 양자 효과는 고려 대상이 아니다). 그 계산 과정에서 정신 사건은 고려되지 않는다. 따라서 우리는 정신 사건이 언제 어떤 형태로 일어날지 알 수 없다. 그런데 어떻게 정신이 물질 세계에 영향을 미칠 수 있는가?

일반적으로 유물론(일원론)에서는 특정한 유형의 물체가 의식이 있다고 말한다. 반면 (전통적인 형태의) 이원론에서는 어떠한 물체도 의식을 지닐 수 없고 다만 일부 물체가 모종의 방식으로 의식과 밀접한 관련을 맺을 뿐이라고 말한다. 하지만 제3의 가능성도 있다. 모든 물체가 의식이 있다고 간주하는 것이다. 이러한 관점은 범심론이라 불린다.

범심론

범심론은 모든 것에 저마다 의식이 있다는 관점이다. 『옥스퍼드 마음 안내서』에는 범심론이 '애니미즘(모든 것에 의식의 불씨나 싹이 깃들어 있다는 원시 신앙)'의 하위 항목으로 기재되어 있다.

앞서 나는 이원론의 정반대 개념이 범심론이고, 그 둘의 중간에 유물론이 있다는 식으로 소개했다. 그런데 유물론이 결국에는 범심론이 될 수밖에 없다는 주장도 있다. 양성자 하나는 의식이 없지만, 5×10^{28}개의 핵자(양성자와 중성자 – 옮긴이)로 이루어진 '나'라는 물리계는 의식이 있다. 그렇다면 핵자의 수가 1과 5×10^{28} 사이의 어떤 숫자 N을 넘으면 물리계가 무의식 상태에서 의식을 가질 수 있는 상태로 돌연 바뀐다는 것인데, 이것은 말이 안 된다. 만약 그런 N이 실제로 발견된다면 이는 새로운 자연상수의 반열에 오를 것이다. 또한 N은 매우 큰 수여야 한다. 그렇지 않다면 아주 미세한 물리계를 제외한 모든 것들이 의식을 가질 것이고, 이는 결국 범심론과 다를 바 없다. 그렇다면 왜 핵자 N개는 의식이 있고, N-1개는 의식이 없는가? 그렇게 작은 변화로 근본적인 차이가 발생할 가능성은 아주 희박하다. 자연은 그러한 식으로 작동하지 않는다. 결국 우리는 의식에 여러 단계가 있고, 핵자 수가 증가할수록 의식 수준도 점점 높아진다고 결론 내릴 수밖에 없다. 그렇다면 모든 물리계는 일정 수준의 의식을 가질 것이다. 그런데 이게 바로 범심론의 주장이다.

위 논증을 살짝 다르게 표현하자면 이렇다. 유물론에 의하면 나는 곧 내 몸이다. 내 몸의 여러 물리적 상태 가운데는 나머지 상태보다 '더 행복한' 상태가 있다. 내 몸에서 분자 몇 개씩을 떼어 내더라도 이는 마찬가지다(물론 너무 많은 분자를 떼어 내면 '불행한' 상태가 더 많겠지만 말이다!). 그런데 이 과정을 반복하다가 '갑자기' 이 과정이 멈추고 의식이 0으로 떨어져서 모든 상태의 행복도가 똑같아지리라는 것은 납득하기 어렵다. 유물론의 강력한 장점은 물리학, 즉 세계에 관한 기존의 지식에 근거한다는 점이었다. 하지만 이로 인해 약점도 생겨났다. 물리학은 기본적으로 연속적이기 때문에 의식이 갑자기 켜지는 것을 잘 설명하지 못한다는 것이다. 이를 두고 데이비드 그리핀David Griffin[30]은 다음과 같이 말했다. "양성자와 정신psyche은 (존재론적 의미에서) 종류가 다른 것이 아니라, 수준이 다른 것이다. 이것을 인정하지 않으면 어디까지나 이원론자다." 우리는 그의 주장을 반박하기 어렵다.

표기법에 관하여 짚고 넘어가야 할 기술적 고려 사항이 하나 있다. '나'라는 말은 나에 해당하는 수억 가지의 가능한 물리 상태들을 가리킨다. 머리를 빗기 전의 나와 빗은 후의 나는 서로 다르지만 둘 다 '나'이다. 마찬가지로 행복한 나와 슬픈 나는 서로 다른 물리 상태이지만 같은 이름이 붙어 있다. 반면 '양성자'라는 말은 고유한 물리적 상태를 지칭한다. 기본 입자 물리학에서는 계의 상태가 달라지면 다른 이름을 붙인다. 계가 '단순하다'는 것은 가능한 상태의 가짓수가 인간에 비해 얼마 없음을 뜻한다. 어쩌면 입자물리학자들에게 익숙할 델타 공명(핵자가 고속으로 충돌했을 때 발생하는 일시적인 고중량·고에너지의 들뜬 상태–옮긴이)이 '행복한 양성자' 상태에 해당할지도 모른다.

이원론에서는 범심론을 어떻게 바라보고 있을까? 이원론자들은 물리계가 의식을 가질 수 없으며 의식은 물리학 너머의 무언가라고 주장한다. 인간을 비롯한 특수한 물리계는 의식과 연관을 맺을 수 있다. '왜 일부만 그러한가'라는 문제는 여전히 남아 있지만, 유물론보다는 상황이 낫다. 이원론에서는 어떠한 답이든 우기면 그만이기 때문이다. 데카르트처럼 인간만이 의식과 연관될 수 있다고 답해도 되고, 더 넓게는 동물, 또는 범심론에서처럼 모든 것이 그렇다고 말해도 그만이다. 이원론에서는 여전히 모든 것이 미스터리이기 때문에 유물론보다 자유롭게 아무 선택지나 골라도 된다. 거기에 미스터리가 하나 더 더해진들 뭐가 달라지겠나!

이원론에서 의식은 특정한 물리계에 '속한' 무언가가 아니라 다양한 상황에서 물리계와 상호 작용할 수 있는 비물리적 '대상'이다.

따라서 이러한 상호 작용에 대한 민감도가 그 물리계의 의식 수준인 것이다. 이는 의식에 다양한 수준이 있음을 전제하기 때문에 범심론과도 부합한다.

2장 2절 「물리학과 경험의 위기」에서 언급하였듯, 철학자 화이트헤드는 범심론을 자연주의적 방식으로 재해석하여 과정 철학이라는 이론을 구축하였다.

과정 철학

화이트헤드의 철학을 소개하는 이유는 몇 가지가 있다. 화이트헤드는 버트랜드 러셀Bertrand Russell과 함께 괴델의 정리(9장 참조)에 관한 논의를 발전시킨 수학자로 유명하다. 그는 말년에 형이상학과 과학철학을 활발히 탐구했으며, 특히 '정신' 세계와 '물리' 세계 사이의 간극에 주목했다. "혹자는 자연이 단순히 현상에 불과하며 정신만이 유일한 실재라 말한다. 또 누군가는 물리적 자연만이 유일한 실재이며 정신이 부수현상이라 말한다."[31] 이에 대해 그는 "물리적 자연과 생명을 '진짜로 진짜인really real' 것들을 구성하는 핵심 요소로써 하나로 결합하지 않는 한 자연과 생명 둘 다 이해할 수 없다"고 주장했다. 이로써 그는 유물론, 유심론, 이원론을 모두 부정했다.

우선 그는 세계를 이루는 핵심 요소가 특정 시점에 귀속된 사물들이 아니라 '변화' 또는 '과정'이라고 역설한다. 하지만 물리 과정들은 아무 지향, 목적, 의미 없이 발생하는 것처럼 보인다. "감각 지각은 자연 속의 지향을 드러내지 않는다." 반면 인간의 경험에서는 지향과 목적이 세계를 이해하는 데 필수적이다(가령 고대 유물을 보면 우리는 주로 쓰임새를 추측한다). 여기서 딜레마가 발생한다. "우리는 어떻게 순전한 활동성bare activity의 개념에 내용을 추가하는 것인가?"

이에 대한 답으로 화이트헤드는 모든 과정에 최소한 원시적인 형태라도 목표와 의미가 있다고 주장한다.

개념적 정신성이 개입하지 않는 한, 환경에 퍼져 있는 거대한 패턴들은 조정adjustment에 관해 상속의 양태로 전달된다. 이 활동성의 패턴이 물리학자와 화학자들의 연구 대상이다. 이들이 연구한 바대로, 정신성mentality은 이 모든 계기 속에 그저 잠복하고 있을 뿐이다. 무기체적 자연의 경우, 우리의 식별력 내에서는 어떠한 산발적인 섬광도 무시 가능한 수준에 불과하다. 물리 패턴의 상속에 의해 제어되는, 유효한 최저 단계의 정신성은 무의식적인 이상적 지향에 의한 희미한 강조의 방향성을 포함한다. 고등한 생명체의 다양한 사례에서는 다양한 단계의 정신성의 유효성이 관찰된다.[31, †]

나 역시 그의 말을 완전히 이해하지 못한다. 추측건대 그는 단순한 물리계는 항상 ('정신적' 법칙이 아닌) 물리적 법칙을 따르지만, 고등 생명체로 갈수록 정신적 법칙의 영향이 점점 커진다고 말하고 싶었던 것 같다. 그런데 두 법칙을 어떻게 구분할 것이며, 그 둘을 구분 짓는 것이 왜 이원론에 속하지 않는지 나로서는 잘 모르겠다 (물론 데카르트는 인간만이 이원적 속성을 갖는다고 말했으므로 이 점은 확실히 다르다).

특히 흥미로운 점은 그의 아이디어 중 일부가 양자론의 해석에 기초한 가설(12장 참조)과 상당히 잘 들어맞는다는 사실이다.

---

† (인용구에 대한 추가 해설) '환경'은 물리적 우주를, '패턴'은 물리 법칙을 가리킨다. 물리적 우주에는 새로움을 낳는 '개념적 정신성'이 아주 희박하다. '상속의 양태'는 전 우주에 깔린 물리 법칙이 변하지 않고 전승됨을 뜻한다. 즉, '조정'이 일어나지 않는 무기체적 상태인 것이다. 그러나 물리적 우주에도 정신성이 없는 것은 아니며, 맹아萌芽의 형태로 잠복되어 있다. 물리적 우주도 미약하나마 '활동성'을 띠고 '산발적인 섬광'을 생성할 수 있다. 그러나 이러한 아주 희미한 새로움은 인간의 시선에서는 무시할 만한 수준인 것이다. 무기물의 수준에서는 '지향'이 거의 나타나지 않는다. 그러나 고등 생물인 인간은 "나는 뇌과학자가 될 거야!"와 같은 목적성을 갖고 새로움을 낳을 수 있다. 즉, 과거를 전승하고 반복하는 무기체의 차원을 초월한 정신성을 지닌 것이다.

요약

　이 장에서 우리는 "물리학을 통해 의식을 이해할 수 있는가"라는 질문을 연거푸 던졌다. 결론은 용어에 대한 더 나은 이해 없이 섣부르게 결론 내려서는 안 된다는 것이었다. 특히 '물리학'이라는 단어에 대한 엄밀한 정의가 필요하다. 그러나 어쩌면 이는 헛수고일지도 모른다. 역사를 보면 물리학은 늘 새로운 것들을 포함하면서 넓어져 왔기 때문이다. 물리학을 섣불리 정의하면 물리학의 범위를 무리하게 제한할 수 있다. 내가 볼 때 물리주의의 지지파들과 반대파들은 물리학을 서로 다르게 정의하고 있는 것 같다. 이는 그들의 주장이 논리가 아닌 편견에 근거하고 있다는 방증이다.

　오늘날 물리학이 의식을 포함하지 않는 것은 분명하다. 따라서 우리는 의식을 물리학적 세계에 추가해야 한다. 그러한 점에서 우리는 이원론을 (환원주의와 마찬가지로) 방법론 중 하나로 활용할 수 있다. 이원론적 방법론을 쓴다고 해서 의식과 물질 세계가 영원히 합쳐질 수 없다는 뜻은 아니다. 정신이 물질 세계 바깥에 있지만 물질과 상호 작용하기도 하는 대상이라는 것은 자연스러운 사고이며, 유용한 작업가설이기도 하다. 정신과 물질 간의 상호 작용이 불가능하다는 것이 이론으로든 실험으로든 밝혀진다면 가설을 폐기하면 그만이다.

그와 동시에, 우리는 물리학이 무엇으로 이루어져 있고 무엇을 설명할 수 있는지에 대한 이해를 증진해야 한다. 피파드[26]는 의식이 공적 영역에 속하지 않으므로 물리학의 일부가 될 수 없다고 주장했다. 이에 대해 우리는 의식이 물리학의 일부가 될 때 공적 영역에도 속하게 될 거라고 반박할 수 있다. 어쩌면 물리학의 한계가 드러나서 우리의 반박이 틀릴 수도 있지만 말이다.

양자론으로 인한 문제도 언급하지 않을 수 없다. 양자론은 '물리학'을 정의하기 어렵게 한다. 지금 우리는 전자와 같은 '단순한' 대상의 정체도 제대로 이해하지 못한다. 그러므로 우리가 완전히 이해한 물리학적 세계란 존재하지 않는다! 지금까지 물리학적 세계를 이해하려는 노력은 대개 물리학적 세계 이외의 것들을 불러오는 결과를 낳았다. 더욱이 양자론을 우리로 하여금 특정 지점이나 영역에 '대상이 실제로 존재한다'는 것과 같은 개념을 폐기하게 만들었다. 그래서 우리는 '의식이 어디에 있는가'와 같은 문제에 지레 겁먹을 필요가 없다.

이 장에는 서로 상충하는 견해와 편견들이 등장했을 뿐, '팩트'

는 거의 없었다. 심리철학이 과학이 아닌 까닭이 바로 이것이다. 과학에서는 실험을 통해 논쟁을 해결한다. 6장에서는 의식과 관련된 여러 실험을 살펴보고, 이들이 5장에 언급된 여러 쟁점에 관해 시사하는 바가 있는지도 검토해 보자.

6장
의식과 관련된 실험

과학은 실험이 필요해

    4장에서 우리는 물질 세계에 관한 지식의 발전을 주로 이론적 측면에서 살펴보았다. 그러나 이론은 어디까지나 실험 결과가 있어야 발전할 수 있다. 표준모형 역시 수많은 실험물리학자의 노고를 토대로 세워진 것이다. 물론 우리가 충분히 똑똑했다면 실험 없이 모든 것을 밝혀낼 수 있었을지도 모른다. 우리가 사는 세계는 최선의 세계일 수도,[1] 가장 단순한 세계일 수도[2] 많은 모형에서 주장하듯 유일하게 존재 가능한 세계일 수도 있다. 그렇다면 실험 없이도 그 속성을 밝힐 수 있을지도 모른다. 하지만 현실은 그렇지 않았다. 물리학은 항상 실험에 의해 발전해 왔다.

    그러므로 의식 문제에 있어서도 실험이 답을 주기를 바라는 것은 자연스러운 기대다. 의식에 대한 우리의 무지 역시 관련된 실험 결과가 부재한 탓이 크다. 이 장에서는 의식과 관련된 실험들을 아주 간략히 개괄한다. 동물의 심리에 관한 실험, 자각 없이 무언가를 보는 현상, 인간 뇌의 기초적 속성, 뇌와 의식의 관계에 관한 실험 결과를 차례로 살펴볼 것이다. 이 장의 후반부에는 논란의 여지가 있는 주제인 이른바 의식의 '초자연적' 효과에 관해서도 검토한다.

동물의 의식

3장 2절 「무엇이 의식을 갖고 있는가?」에서 말한 것처럼, 의식을 더 명확하게 정의하지 않는 한 어느 생명체에게 의식이 있는지 판단할 실험을 고안하기란 불가능에 가깝다. 하지만 심리학자들은 이에 굴하지 않고 여러 흥미로운 실험을 통해 의식의 '징후'를 찾기 위해 노력했다.

1974년 한 연구팀[3]은 쥐가 자신의 행위를 자각하는지를 실험을 통해 검증했다. 쥐들에게는 씻기, 서기, 걷기, 가만히 있기, 이 네 가지 '선택지' 중 하나를 수행한 후 그 행동에 해당하는 지렛대를 누르는 과제가 주어졌다. 올바른 지렛대를 누르면 먹이를 지급했다. 실험 결과, 쥐들은 이 과제를 어렵지 않게 학습해 냈다. 즉, 쥐는 직전의 행동을 기억할 수도 있고 특정 행위를 하면 음식이 나온다는 사실을 학습할 수도 있다. 그렇다면 이 결과가 쥐의 자각에 관해서 무엇을 말해 주는가? 이 실험에 대한 추가 논의는 바이스크란츠[4]를 참조하라.

의식의 또 다른 중요 요소인 '자기자각self-awareness'에 관한 실험도 있다. 사람은 생후 18개월만 되어도 거울에 비친 모습이 자기 자신임을 인식할 수 있다. 이는 침팬지도 마찬가지다. 침팬지의 얼굴에 몰래 점을 찍어 놓으면 침팬지는 거울을 보고 그 점을 지우려고 한다. 그러나 다른 대다수 동물에게서는 거울 속 존재가 자신임을 인지한 징후가 발견되지 않으며, '자기'라는 개념을 아예 모르는 듯하다.[5,6] 이것은 의식에 여러 수준이 있다는 증거일까, 아니면 단지 지능을 다른 방법으로 측정한 것에 불과할까?

물론 동물들에게 의식이 있다는 가장 강력한 증거는 이들이 많은 부분에서 인간과 흡사한 행동을 보인다는 것이다. 그러나 의식이 행동에 영향을 주지 못한다는 견해인 부수현상론을 받아들이면 이 증거는 완전히 힘을 잃는다. 성난 개가 다가오는 것을 보면 나는 도망친다. 양들도 마찬가지다. 나는 내 행동에 대하여 다치기 싫어서 그랬다고 설명할 것이다. 그렇다면 양들도 같은 이유로 그렇게 행동했다는 것이 자연스러운 해석이다. 하지만 데카르트의 주장대로 양에게 의식이 없다면 그 해석은 틀렸다. 개에게서 나온 빛이 양의 망막에 도달하여 전기 자극으로 변환되고, 이것이 특정 뉴런의 활동을 촉발하여 양이 달아나게 했다고 해석해야 한다. 이 과정에서 양은 위험을 의식적으로 자각하지 않는다. 언뜻 보면 이 설명이 말이 안 되는 것 같지만, 물리적 의식 이론을 받아들이면 나의 반응마저 이런 식의 서술로 환원될 수 있다. 위험을 자각하는 것이 나의 행위에 필수적일까, 아니면 자각 여부와 무관하게 행위가 일어날 수 있을까? 이 질문에 답할 수 있는 실험 증거를 다음 절에서 살펴보자.

맹시

1970년대 바이스크란츠 연구팀[4,7]은 시각 정보를 관장하는 뇌 영역이 손상된 환자들을 대상으로 다양한 실험을 수행했다. 이 환자들은 시야의 특정 영역에 있는 사물, 특히 깜박이는 빛을 자각하지 못했다. 그러나 그 영역에서 빛의 존재 여부를 추측하게 하자 환자들은 정답을 말했다. 이들은 자신이 무언가를 볼 수 있다는 사실을 자각하지 못했으며, 그저 '무작위 찍기' 게임일 뿐이라고 생각했다. 자신이 정답을 맞히자 이들은 깜짝 놀랐다. 뇌가 시각 정보를 받아들이고 처리할 수 있다는 점에서 이들은 여전히 '볼' 수 있는 셈이다.

이러한 맹시盲視, blindsight 현상은 자각 없이도 신호에 정확히 반응할 수 있음을 보여 주는 사례다. 아쉽게도 환자들의 눈앞에 성난 개가 나타났을 때 어떻게 행동할 것인지를 알아보는 실험은 없었다. 만약 환자들이 도망친다면, 그들에게 그 행동을 설명해 보라고 하면 흥미로울 것 같다(실제로 맹시 환자들은 공포 자극을 보면 땀 분비 등 무의식적인 공포 반응을 보인다 – 옮긴이).

이와 유사한 비의식적 시각 정보 처리가 일어난다는 증거들은 더 있다. 그 전에 우선 인간의 뇌에 관해 살펴보자.

뇌

1장에서 말한 것처럼, 이 책은 뇌의 물리적 메커니즘에 관한 책이 아니다. 그러나 그 메커니즘 역시 의식과 어느 정도 관련이 있으므로 몇몇 기초적인 사실들은 짚고 넘어가자. 지금껏 많은 것들이 밝혀졌지만, 우리는 아직 뇌가 어떻게 정보를 저장하는가와 같은 간단한 질문에 대한 답도 알지 못한다. 사실 이는 놀라운 일이 아니다. 뇌는 실로 엄청나게 복잡하기 때문이다. 뇌와 중추신경계는 뉴런이라는 특수한 세포로 이루어져 있다. 인간의 뇌에는 약 1천억 개(10^{11}개)의 뉴런이 있다. 뉴런의 형태는 제각기 다르지만, 축삭이라는 기다란 섬유 한 가닥과 수상돌기라는 여러 가닥의 섬유가 중앙의 세포체로부터 뻗어 나오는 형상을 하고 있다. 이 섬유들은 다른 뉴런들과 맞닿아 있는데, 이 작은 접합부를 시냅스라 부른다. 인간 뇌의 시냅스는 총 100조 개(10^{14}개)에 달하며, 뉴런 하나당 최대 10만 개(10^{5}개)의 시냅스를 갖고 있다.

뉴런은 전기 자극에 반응하여 다른 뉴런에 또 다른 전기 신호를 전달하는데, 이를 '발화firing'라 부른다. 일부 시냅스에서는 전기 신호가 유체를 방출하여 다음 뉴런의 발화율(시간당 발화 횟수)을 변화시킨다. 뇌는 이 발화율, 그리고 발화율의 변화에 기반하여 정보를 저장 및 처리하는 것으로 추측된다(컴퓨터가 꺼짐-켜짐의 이진법을 따르는 것과 대조적이다). 뇌가 받아들이는 모든 감각 정보와 사고 과정은 뉴런의 발화율 변화와 연관되어 있다. 정확한 원리는 아직 모르지만, 뇌의 각 영역이 무엇을 관장하는지는 어느 정도 알려져 있다. 가령 우리는 시각과 청각, '따끔한' 고통과 '타는 듯한' 고통이 각자 어떠한 뇌 부위에서 처리되는지 알고 있다.

의식적 감각은 외부 원인과 직접 연결된 것이 아니라 뇌 속 사건들이 만들어 내는 것으로 추측된다. 예를 들어 손가락이 가시에 찔렸음을 의식하는 것은 오직 특정한 신호가 손가락에서 뇌로 전달될 때뿐이다. 손가락과 의식은 서로 직접 소통하지 않는다. 이미 절단된 팔다리에서 통증을 느끼는 이른바 '환상통'이 그 증거다. 환상통은 뇌가 팔다리 없이도 경험할 수 있음을 보여 준다(단, 이것이 팔다리가 뇌와 별개로 스스로 무언가 경험하지 않음을 의미하지는 않는다). 뇌의 특정 부위를 인공적으로 적절히 자극했을 때 고통이 느껴진다는 것 역시 감각의 근원이 뇌에 있다는 강력한 증거다.

또한 인간의 뇌는 거의 동일한 두 개의 반구로 나뉘어 있다. 다음 절에서는 이것과 관련한 놀라운 실험 결과를 살펴보자.

분리뇌 실험

그림 6.1은 오른손잡이의 두 뇌반구가 작동하는 방식을 나타낸 것이다. 우뇌는 좌반신을 통제하며 시야의 왼쪽으로부터 시각 신호를 받아들인다. 반대로 좌뇌는 우반신과 우측 시야를 담당한다. 대다수 오른손잡이의 경우, 좌뇌는 언어를 관장하는 우성dominant 뇌반구이기도 하다. 두 뇌반구는 뇌들보corpus callosum라는 엄청나게 많은 신경섬유에 의해 연결되어 있다. 그래서 일상에서 우리는 두 뇌가 서로 분업화되어 있음을 전혀 자각하지 못한다. 이 책의 중앙선을 바라보라. 여러분이 왼쪽 페이지와 오른쪽 페이지를 지각하는 방식은 거의 다르지 않을 것이다. 또한 오른쪽 다리를 움직이는 것과 왼쪽 다리를 움직이는 것도 큰 차이가 없다. 의식에 관한 한, 뇌는 하나로 통합되어 있다.

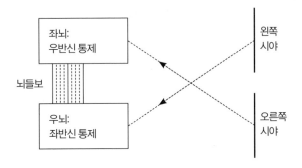

좌뇌:
우반신 통제

뇌들보

우뇌:
좌반신 통제

왼쪽
시야

오른쪽
시야

그림 6.1 두 뇌반구의 기능을 표현한 모식도. 대다수 오른손잡이는 좌뇌가 언어를 관장하는 우성 뇌반구이다.

하지만 '분리뇌' 수술을 받은 환자는 상황이 전혀 다르다. 분리뇌 수술은 뇌들보를 절단하여 비정상적인 신경 흥분의 전파를 차단하는 뇌전증^{간질} 치료법의 일종이다. 뇌들보가 절단되면 의식의 통합 상태는 어떻게 변할까? 수술에서 회복하고 난 뒤, 일상적 상황에서는 환자와 주변인 모두 아무런 변화를 느끼지 못한다. 하지만 실험을 실시했더니 놀라운 현상이 나타났다. 오른쪽 시야에 사물을 보여 주면 그 이미지가 좌뇌로 전달되는데, 이 경우 환자는 사물의 이름을 정확히 말할 수 있었다. 그런데 왼쪽 시야에 사물을 보여 주자 환자는 아무것도 보이지 않는다고 답했다. 하지만 놀랍게도 환자는 왼손으로 그 사물에 관해 글을 쓸 수 있었다. 마치 하나의 뇌 속에 서로 다른 두 사람, 혹은 두 개의 의식이 있는 것처럼 말이다.

이러한 발견은 의식의 정체를 밝히는 데 결정적인 자료다. 신경 절단 수술을 통해 하나의 의식을 두 개로 만들 수 있다니 이는 놀라운 일이 아닐 수 없다. 물론 위 결과가 반드시 이러한 해석으로 귀결되지는 않는다. 뇌가 많은 연산을 무의식적으로 수행한다는 것은 이미 알려져 있다. 그래서 우뇌에 무언無言의 의식이 깃들어 있다고 확신할 수 없다. 두 개의 의식이 있음을 증명하려는 다른 시도도 있었으나 지금까지는 모두 실패한 듯하다. 그 이유 중 하나는 좌뇌와 우뇌가 뇌들보 이외에도 다양한 경로로 연결되어 있기 때문이다. 실험에 참가한 피험자 중 한 명은 연구자에게 "지금 저를 두 사람으로 만들려는 건가요?"라고 말했다고 한다.[8] 이걸 보면 환자들의 의식이 곧바로 '분리'되지는 않는다고 말할 수 있다. 더 자세한 정보는 매카이MacKay[8]를 참조하라.

분리뇌 현상 전반에 관해서는 추가 실험이나 논쟁의 여지가 남아 있지만, 환자의 의식이 두 개라고 판단 내리는 것은 무언가에 의식이 있는지를 판단하는 것만큼이나 어려울 것이다. 의식의 존재를 판단하는 것이 불가능에 가까운 이유에 관해서는 3장 2절「무엇이 의식을 갖고 있는가?」에서 이미 논증한 바 있다.

스윈번[9]은 뇌를 부분적으로 쪼개는 수술이 환자의 의식에 관한 혼동을 일으킨다는 사실이 일종의 이원론을 뒷받침하는 근거라 주장하기도 했다. 그는 더 나아가 한 사람의 두 뇌반구를 떼어다가 각기 다른 몸에 이식한다면(현재로서는 상상에 불과하지만) 발생할 혼동에 관해서도 언급했다. 그렇다면 둘 중 누가 원래 그 사람일까? 가능한 답은 넷 중 하나다. 둘 다이거나, 아무도 아니거나, 좌뇌가 이

식된 몸이거나. 우뇌가 이식된 몸이거나. 스원번은 이식 수술이 어떤 식으로 이루어졌는지 세부 사항을 아무리 잘 알아도 이 질문에 답하기가 불가능하며, 이 질문이 물리적 용어 내에서는 아무 의미도 없다고 말한다. 하지만 어쨌거나 답이 있는 것은 사실이므로 물리적 용어로 의식을 기술할 수 없다는 게 그의 논리다. 의식이 물리적 뇌와 완전히 별개의 존재여야지만 이 혼동이 해결된다는 거다. 그렇다면 아마도 의식은 두 몸 중 하나를 따라갈 것이다(하지만 이 견해도 받아들이기 어렵다. 스스로 두 몸 중 어디에 붙어 다닐지를 결정한다는 게 상상이 가지 않는다).

정신 사건이 뇌에 미치는 영향

앞서 5장에서 우리는 의식의 정체에 관한, 서로 대립하는 여러 이론을 만나 보았다. 일반적으로 과학에서는 여러 이론이 부딪힐 때 실험을 한다. 실험을 설계·수행·분석하는 과정에서 답하려던 질문 자체가 애초에 적절하지 않았음을 깨닫기도 한다. 이 책의 핵심 주제는 물리 세계가 인과적으로 닫혀 있는가(7장 4절「자유의지와 결정론」참조), 아니면 비물리적 정신 사건이 물리 세계(특히 뇌의 물리적 상태)를 바꿀 수 있는가 하는 것이다.

이 질문을 도식화한 것이 그림 6.2이다. 그림에서 정신-신경 사건이란 의식적 사고와 밀접하게 연관된 두뇌 과정을 뜻한다. 물론 심신 동일론에서는 이것이 의식적 사고와 같다고 말한다. 신경 사건은 그 밖의 모든 두뇌 과정을 가리킨다. 그렇다면 문제의 핵심은 정신-신경 사건과 신경 사건이 (다른 외부 세계의 영향을 무시했을 때) 닫힌 계를 이루는지, 아니면 정신 사건의 영향을 받는지이다. 심신

동일론자들은 (a)가 맞다고 할 것이고, 이원론자들은 (b)가 맞다고
주장할 것이다.

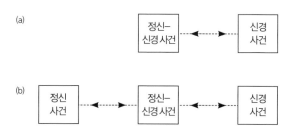

그림 6.2 뇌의 작동을 바라보는 두 가지 관점. (a) 뇌가 신경 사건과 정신–신경 사건으로
구분된다. 정신–신경 사건은 정신 과정과 동일하다. 두 사건 사이에는 상호 작용이 일
어나지만, 물리적 감각 입력을 제외하면 둘은 닫힌 계를 이루고 있다. (b) 두 사건을 제
외한 '다른 무언가', 이른바 정신 사건이라는 요소가 존재한다. 정신 사건은 신경 사건
가운데 일부와 상호 작용할 수 있다.

　언뜻 보면 이 두 가설 중 뭐가 맞는지 검증하기란 아주 쉽다. 순
수한 정신 과정, 즉 생각만으로 신경 사건이나 정신–신경 사건에
변화를 일으킬 수 있는지를 보면 된다. 에클스[10,11]는 이 효과가 실
재함을 보여 주는 두 가지 실험 증거를 소개한다. 첫 번째 실험에서
는, 피험자가 과거에 경험했던 복잡한 과제 수행을 가만히 있는 채
로 생각하게 했는데, 그것만으로도 피험자의 혈류량과 신경 활동
이 증가했다.[12] 두 번째 실험에서는 피험자의 손가락에 간신히 식
별 가능한 촉각을 가하였는데, 손가락에 물체가 닿기도 전에 손가

락 신호를 처리하는 촉각 영역의 신경 활동이 증가했다.

물론 이들은 아주 흥미로운 발견이지만, 정신 사건이 물리 사건을 야기한다는 확정적 증거로 보기는 어렵다. 첫 번째 실험에서 연구자들은 피험자에게 과제를 생각하라고 지시를 내렸다. 이 지시는 어디까지나 물리적 경로로 주어졌기에 전체 과정은 그림 6.3(b)가 아닌 6.3(a)의 방식이었을 수 있다. 설령 지시와 생각 사이에 일정 시간 간격이 있었더라도 과제를 생각하겠다는 결정을 일으킨 것이 정신 과정인지, 뇌 속의 모종의 물리 과정인지 알 수 없다. 두 번째 실험도 마찬가지다. 피험자는 곧 촉각이 가해질 거라는 정보를 시각적으로 받아들였다. 우리는 눈과 촉각 영역 사이에 직접적인 물리적 연결이 있을 가능성을 배제할 수 없다.

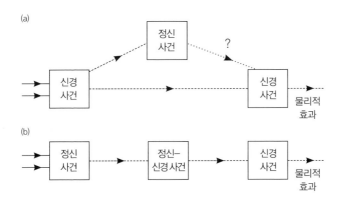

그림 6.3 (b)에서는 '의도'라는 정신 사건이 물리적 효과를 만들어 낸다. 그러나 (a)에서는 다른 직접적인 물리적 원인에 의해 물리적 효과가 발생할 수 있다.

감각의 발생 시점에 관한 논란에 불을 지핀 사람은 심리학자 리벳Libet이다.[13,14] 리벳 연구팀은 피험자의 손에 약한 자극(촉각이나 전기 충격)을 가하고 피험자가 자극을 인식하는 순간을 측정했다. 피험자는 보통 자극이 주어지고 약 0.1초가 지난 후 자극을 인식했다. 하지만 뇌에 직접 물리적 자극을 가할 경우에는 약 0.5초가 지나야 경험이 발생했다. 리벳은 이를 두고 경험이 발생하려면 충분한 '신경 적합도neural adequacy'에 도달해야 한다고 설명했다(피험자의 손과 뇌를 동시에 자극하자 손의 자극을 더 먼저 느꼈다. 뇌의 전기 자극이 0.5초보다 짧으면 경험이 발생하지 않았다 – 옮긴이).

자연히 이 결과를 둘러싸고 학자들 사이에서는 논쟁이 벌어졌다.[15] 내가 보기에도 이 실험이 시사하는 바가 아주 명확하지는 않다. 감각의 발생 시점이 실제 시간이 아닌 일종의 '겉보기 시간'이라는 주장도 있기 때문이다. 또한 신경 적합도라는 개념도 매우 모호하다. 그 개념을 받아들인다 한들, 그것이 무엇을 의미하는지 확실치 않다. 의식이 손의 물리적 신호를 뇌를 거치지 않고 곧바로 경험할 수 있다는 뜻일까? 아니면 의식이 시간을 가지고 속임수를 쓴다는 뜻일까? 이것이 단지 우리의 오해, 즉 시간이 느리거나 빠르게 흘렀다고 착각한 것에 불과하다면 이 실험은 별반 중요하지 않은 것이다(다른 관점은 포퍼와 에클스[16] 참조). 반면에 이것이 의식이 물리적 사건을 '예견할' 수 있음을 뜻한다면 이 실험은 아주 흥미로운 결과인 셈이다. 하지만 논문에 적힌 결과가 그러한 결론을 뒷받침한다고 보기는 어렵다. 보통 뇌에서는 신호가 매우 빠르게 전달되기 때문에 이러한 종류의 실험은 수행하기도, 해석하기도 어렵다.

10장 7절 「시간과 양자역학」에서 나는 양자론의 특정 해석을 토대로 비물리적 의식의 근거를 확인할 새로운 방법을 제안할 것이다. 이원론을 실험으로 입증하고자 했던 시도들에 관한 논의와 비판은 그레고리[17]를 참조하라. 이 실험들이 명확하게 시사하는 것은 근본 질문들과 관련된 실험 증거들을 얻기가 쉽지 않다는 점이다. 우선은 적절한 질문을 상정하는 작업이 선행되어야 한다. 실험으로 질문에 답하기가 이토록 힘든 이유는 어쩌면 답하는 방법을 알지 못하기 때문일지도 모른다.

의식이 외부 세계에 미치는 영향

6장 6절 「정신 사건이 뇌에 미치는 영향」에서 보았듯, 정신 사건이 뇌에 영향을 줄 수 있는지를 확인함으로써 정신 사건의 존재 여부를 실험을 통해 판단하려는 시도는 모두 실패했다. 뇌는 너무나 많은 일이 일어나는 복잡한 체계이므로, 이러한 난관이 쉬이 극복될 것 같지도 않다. 뇌를 하나의 물리계로 설정하여 무슨 일이 일어날지를 예측하고 그 예측을 실제 현상과 비교하기는 지금으로서는 불가능에 가까워 보인다.

그것보다 상정하기도, 답하기도 훨씬 간단한 질문이 있다. "정신 상태가 기본적인 외부 물리계에 영향을 끼칠 수 있는가"이다. 간단히 말해, 생각만으로 무언가를 움직일 수 있느냐는 것이다. 모든 물리적 외부 영향이 차단된 고립계가 있다면, 그 계의 행동은 계산과 예측이 가능할 것이다(10장에서 소개할 양자 효과 때문에 유사한 수많은 계의 평균을 구해야 하겠지만, 이 논증은 여전히 유효하다). 그렇다면 '정신 활동'으로 그 계의 행동을 바꿀 수 있느냐는 것이 우리의 질문이다. 이것이 참이라고 해서 이원론이 맞다고 증명되는 것은 아니다. 정신 과정과 관련된 신경 사건생각으로 인한 두뇌 활동의 비국소적 영향으로 인해 계의 행동이 바뀌었을 수도 있기 때문이다. 하지만 신경 사건은 오직 (기존에 알려진) 물리적 영향력만을 발휘할 수 있다고 보는 것이 자연스럽다. 그러므로 비물리적 영향이 발생했다면 우리는 그것이 '정신 사건'에 의한 것으로 추측할 수 있다.

우리는 오히려 '비물리적' 의식이 뇌 외부의 사물에 영향을 줄 수 있어야 한다고 예상할 수도 있다. 의식이 정말로 비물리적 존재라면 물리적인 연결 여부에 제한받지도 않을 것이다. 나의 의식이 나의 뇌 속 원자에 영향을 줄 수 있다면 다른 원자에도 그러지 말란 법이 없다. 의식과 뇌가 어떻게 연결되어 있는지 알려진 바가 없으므로(5장 6절 「이원론」 참조) 우리는 위의 주장에 반박할 수 없다. 물론 나의 의식이 다른 것들보다 나의 뇌와 특히 더 밀접한 연관을 맺게 하는 원리가 있는 것은 분명하다. 그 원리 때문에 나는 내가 내 몸으로 이루어져 있다고 느낀다.

이러한 질문은 소위 초자연 현상에 속한다. 초자연 현상에 관한 논의는 진지한 접근에서 눈속임, 사기, 헛소리(악의는 없어 보이지만 확실친 않은)에 이르기까지 아주 거대하며 논쟁의 소지가 매우 많다. 초자연 현상은 몇 가지 부류로 나뉜다. 텔레파시는 물리적 매체를 거치지 않고 다른 사람의 정신에 정보를 전달하는 것이다. 예지는 현재 지식에 근거한 추측이 아니라 직접 '봄'으로써 미래를 예측하는 것이다. 투시는 물리적으로 관찰할 수 없는 멀리 떨어진 곳에서 벌어지는 일을 '보는' 능력이다. 마지막으로, 이 장에서 다룰 염력은 (기존에 알려진) 물리적 힘을 사용하지 않고 사물에 영향을 가하는 능력이다.

점성술이나 손금 등 더욱 괴이하고 현실성이 희박한 소위 '심령psychic' 현상은 여기서는 논외다. 물론 미래가 '정해져 있다'는 가정이 완전히 터무니없지는 않다. 그러므로 그것을 '볼' 방법이 존재할 여지를 아예 배제할 수는 없다. 하지만 그 미래가 행성의 위치나 손금 따위와 연결되어 있다고 말하는 것은 이것과 전혀 별개의 문제다!

초자연 현상을 논함에 있어 가장 큰 문제는, 대다수 사람이 과학적으로 설명할 수 없는 다양한 현상의 존재를 합리적 근거 없이 실제로 믿고 있다는 사실이다. 이는 거물급 심리학자들도 예외가 아니다. 가령 성격심리학의 대가인 아이젠크Eysenck[18]는 다음과 같이 말했다.

현재 전 세계 30여 개 대학의 학과들과 다양한 분야의 유명 과학자 수백 명이 심령 연구자들의 주장을 적대시하며 거대한 음모를 꾸미고 있지만, 편견 없는 관찰자로서 내릴 수 있는 유일한 결론은 타인의 마음이나 외부 세계에 존재하는 지식을 과학이 밝혀내지 못한 모종의 방법으로 읽어낼 수 있는 소수의 사람이 존재한다는 것이다.

이러한 믿음이 광범위하게 퍼진 데는 2장 2절 「물리학과 경험의 위기」에서 살펴본 반과학 정서도 한몫했을 것이다. 또 하나의 이유는 우리가 '우연'에 과민 반응을 보인다는 것이다. 이상한 일이 일어난 것 같으면 우리는 그것을 지각하고 마음속에 새긴다. 이상한 일이 일어나지 않으면 우리는 아무것도 지각하지 못한다(정상적인 일이 일어날 때는 반대다. 우리가 전력 공급망에 대해 생각하는 것은 오직 정전이 일어났을 때뿐이다). 물론 다른 이유도 있을 것이며, 이를 탐구하는 것은 사회학적으로 가치 있는 작업일 것이다. 어쨌거나 분명한 것은 사람들이 초자연 현상을 믿는 게 증거 때문은 아니라는 점이다. 초자연 현상이 존재하지 않는다는 (일차적) 증거는 차고 넘친다. 이것 하나만은 분명히 해 두자.

간단한 실험을 해 보자. 책상 위에 오른손을 올리고 그 옆에 연필을 둔다. 우리는 간단한 의지만으로도 손을 쉽게 움직일 수 있지만, 손보다 훨씬 가벼운 연필은 움직일 수 없다(손으로 잡아서 물리적 연결을 만드는 방법은 제외한다). 당신도 직접 한번 해 보시라(물론 여러분 중 대부분은 구태여 이걸 시도하지 않을 것이다. 안 된다는 걸 이미 알기 때문이다). 그런데 이것이 불가능하다는 점은 중요한 과학적 사실이자 우리가 물리 세계를 이해할 때 적용하는 암묵적 가정이다.

하지만 내가(우리가) 무언가를 할 수 없었다고 해서 그것이 이론상으로 불가능한 것은 아니다. 어쩌면 우리가 아직 방법을 배우지 못한 것일 수도 있다. 그런데 만에 하나 염력이 습득 가능한 것이었다면 우리는 이미 그것을 배웠을 것이다. 진화적 이점이 너무도 분명하기 때문이다(반면 귀를 움직이는 것 따위는 노력만 했다면 충분히 배웠을 것 같다).

염력을 측정할 장치로 군이 연필과 같은 투박한 물체를 쓸 필요는 없다. 우리는 의식적 사고가 가하는 힘을 얼마든지 정밀하게 측정할 수 있다. 하지만 아무 효과도 관찰되지 않았다. 핸슬Hansel[19]의 글을 보자.

1950년 맨체스터 대학교의 한 강의에서 라인Rhine 교수는 염력을 정밀한 저울로 직접 잴 수 없겠냐는 질문을 받았다. 그는 좋은 생각이라며 언젠가 시간을 내서 한번 해 보자고 답했다. 그 후로 사람들이 이 질문을 파고든 지 장장 16년이 지나자 라인 교수의 대답은 더 이상 만족스러운 답이 될 수 없었다. 그 어떤 방법으로 측정해도 염력의 크기는 0이라는 것, 이것이 명백한 사실이다.

위 인용문에 언급된 라인이라는 교수는 실제로 주사위의 확률을 바꾸는 능력을 염력이 존재한다는 근거로 내세운 바 있다. 그런데 그 정도 영향력을 일으키려면 상당히 큰 힘이 필요하다. "실험에 통계가 필요하다면 더 나은 실험을 다시 설계해야 한다"는 러더퍼드의 망언(?)은 실제 물리학의 역사에는 적용되지 않았지만, 이번만은 예외다. 단 하나의 저울에 단 한 사람이라도 영향을 가할 수 있다면 염력의 존재는 증명된다. 그리고 이는 과학사 전체에서 가장 혁명적인 발견으로 길이 남을 것이다! 하지만 지금까지 그러한 일은 일어나지 않았다.

마찬가지 방식으로 우리는 예지력이 실재하지 않는다는 것도 알 수 있다. 지금도 수백만 명의 사람들이 다양한 스포츠 경기의 결과를 맞히는 도박에 뛰어들고 있다. 그런데 경기가 일어나기 전에 결과를 '보는' 능력을 지닌 사람들이 있다면 이들은 순식간에 부자가 될 수 있다. 인간 본연의 탐욕이 작용하는 이상 이들 중에는 자신의 돈벌이를 억제하지 못한 사람이 나타났을 것이고, 그렇다면 우리가 그들에 대해 알게 되었을 것이다. 하지만 그러한 사람들은 존재하지 않는다.

혹자는 초자연 효과에 반하는 이론적 '근거'가 너무 강력해서 그것의 존재를 확증하기 위해서는 엄청나게 좋은 실험적 근거가 필요할 거로 생각한다. 그러나 이는 사실이 아니다. 이론적 근거라는 것은 없다(이론의 목적은 사물을 있는 그대로 설명하는 것이다. 현재 우리의 이론이 새로운 결과를 설명할 수 없다면 이론을 바꾸면 그만이다). 진짜로 강력한 것은 실험적 근거이다. 물론 이론이 있어야 이른바 '실험적' 근거에 의미를 부여할 수 있지만 말이다.

앞서 말한 모든 것들에는 사소할 수도 있지만, 매우 중요한 몇 가지 단서가 있다. 첫 번째는 과학적으로 통제된 조건에서 초자연 효과를 관찰했다는 증거 자료가 엄청나게 많다는 점이다. 이들 중 대부분은 통계적인 결과다. 즉, 모든 사람이 능력을 가진 것도 아니고 능력을 지닌 사람들의 성공률도 '우연' 수준보다 아주 살짝 높을 뿐이다. 흥미롭게도 대부분의 초자연 현상 실험에서는 (효과의 유무는 차치하고) 시행이 반복되면 효과의 크기가 감소하지만, 통계적 유의성은 거의 바뀌지 않는다. 물리 실험에서는 시행이 반복되면 효과의 크기는 그대로이고 유의성이 증가하는 것이 보통이다(조작이나 속임수를 쓴 경우도 마찬가지다).

통계적으로 유의한 결과가 나왔다면 반드시 적절한 설명을 해야 한다. 우선 그 유의성을 부정하는, 즉 잘못된 것으로 치부해 버리는 방법이 두 가지가 있다. 첫째는 그 데이터가 고의로 조작되었다고 여기는 것이다. 조작은 과학의 여러 분야에서 실제로 일어난다. 두 번째는 이른바 '서랍file-drawer 효과'(통계적으로 유의하지 않은 실험 데이터가 '서랍 속에 묻혀' 무시되는 현상을 이르는 말 – 옮긴이)다. 가령 주사위 눈의 평균값을 높이는 초자연적 능력이 있는지 테스트한다고 생각해 보자. 사람들을 모아 주사위를 던지게 하고 점수가 평균보다 높게 나온 '우수' 피험자들만 추려서 실험을 되풀이한다. 그러자 평균에 가까운 결과가 나왔다면 여러분은 어떻게 하겠는가? 한 가지 방법은 그 실험이 적합하지 않았다고 판단하고 실험 결과를 무시해 버리는 거다. 그리고는 조건을 조금 바꿔서 새로운 피험자들로 다시 실험을 실시하는 것이다. 이번에는 고득점자를 뽑아 실험을 반복했더니 두 번째에도 점수가 높게 나왔다고 가정해 보자. 그 결과만을 취사선택하여 논문에 싣는다면 이는 그 초자연적 효과의 존재를 뒷받침하는 강력한 근거가 될 수 있다. 같은 식으로 출판된 다른 실험 결과들까지 곁들인다면 통계적 유의성은 더욱 높아질 것이다. 하지만 제외된 피험자들과 실험들을 데이터에 모두 포함한다면 결과는 다시 평균에 가까워질 것이고, 이는 통계적으로 '효과 없음'에 해당한다. 단, 이 설명은 지나치게 단순화된 경향이 있다. 실제로 관련 분야 학자들은 이 문제점에 대해 잘 알고 있으며, 이를 극복하기 위한 시도도 이루어지고 있다. 다른 관점에서의 분석은 핸슬,[19] 그리고 라딘[Radin]과 넬슨[Nelson][20]을 참조하라.

두 번째 단서는 초자연적 효과를 설명하려는 이론들도 그 효과들이 포착하거나 재현하기 어렵다고 예상한다는 점이다. 그 어떤 과학 분야에서도 실험을 정확하게 반복할 수는 없다. 관계된 조건들을 동일하게 조성하려 애쓸 뿐이다. 조건을 같게 하려면 최소한 현상에 대한 기본적인 이해는 있어야 한다. 그렇지 않다면 무엇이 '관계된' 것인지 알 수 없을 것이기 때문이다. 물리학에서는 이 조건이 대체로 만족되지만, 초자연 실험은 전혀 그렇지 않다! 이와 관련된 문제가 의식의 시공간적 비국소성이다. 여기에는 여러 측면이 있다. 우선 비물리적 존재는 위치를 갖지 않는다. 그런데 흥미롭게도 양자론에서도 비국소성이 관찰된다(10장 참조). 이러한 공통점이 무엇을 의미하는지는 확실하지 않지만, 언제 어느 주사위에 영향이 가해질지 알기 어렵게 만드는 것은 분명하다. 게다가 주사위에 영향을 가해서 더 높은 숫자로 착지하게 하려면 주사위가 어떻게 낙하하고 있는지를 당연히 알아야 한다. 그래야 어떤 식으로 힘을 가해야 할지 예측할 수 있기 때문이다. 다시 말해, 주사위에 힘을 가하는 방법을 안다고 해도 그것만으로는 높은 점수를 얻을 수 없다. 사실 피험자들은 허공에 던져진 주사위를 보지 않는다. 그렇다면 무엇이 6이 나오기를 바라는 피험자의 마음을 해석해서 주사위에 힘을 가하는 것일까? 주사위에 힘을 가하는 구체적인 물리적 방법이 존재한다고 해도 실제로 그 힘을 활용해서 숫자에 영향을 주기는 엄청나게 어려울 것이다.

이러한 문제점들은 초자연 현상에 대한 근거가 빈약한 이유로 해석될 수 있다. 실제로 물리학의 역사에서는 반전성 위반, CP 위반, 중성 흐름(아원자 입자 간의 약한 상호 작용 중 하나 – 옮긴이) 등 '증거 없음'을 '존재하지 않음'으로 잘못 해석한 사례들이 꽤 있었다. 하지만 이 문제점들은 앞서 소개된 실험 결과의 신뢰성을 의심케 하는 근거로 해석될 수도 있다.

이 장을 매듭짓기 전에, 무작위 양자 사건에 영향을 주는 것이 가능함을 시사하는 듯한 실험을 하나 살펴보자. 이 실험은 염력의 증거를 발견하기에 아주 적합한데, 이유는 세 가지다. 첫째, 이 효과는 미시적인 현상이기 때문에 왜 여태껏 정밀한 저울로도 염력의 증거를 측정하지 못했냐는 반론이 통하지 않는다. 둘째, 이 효과는 너무 미약하므로 뚜렷한 진화적 이점이 없다. 따라서 우리가 이 기술을 이미 지니고 있었지만 그걸 자각하지 못했다 해도 놀라운 일이 아니다. 셋째, 12장에서 더 자세히 살펴보겠지만, 양자 관찰에 내재된 무작위성이 우리가 '선택' 능력을 발휘하지 못해서 발생한다는 이론적 근거들이 있다. 이것이 사실이라면 실험 결과를 선택하려고 의도적으로 노력하면 양자론의 예측과 다른 확률 분포가 나타날 수도 있다.

방사성 원자핵의 붕괴를 예로 들어 보자. 양자론에서는 이를 붕괴 확률이 점점 증가하는 파동함수로 표현한다. 하지만 양자론은 입자가 정확히 언제 붕괴할지는 말해 주지 않는다. 12장 4절 「염력과 양자물리학」에서 언급하겠지만, 의식은 바로 이 지점에서 붕괴가 관찰될 확률을 증가시킴으로써 영향력을 행사할 수 있다. 이것이 가능하다면 우리는 방사능 물질의 붕괴 속도를 변화시킬 수도 있을 것이다.

관련 실험이 프린스턴 대학의 로버트 얀Robert Jahn 및 브렌다 던Brenda Dunne에 의해 실시된 바 있다. 이들은 다양한 기기로 무작위 물리 과정을 일으키고 그 계수율을 측정하면서 피험자들이 그 수치를 증가·감소·유지시켜 보도록 하였다. 그러자 그림 6.4처럼 작지만 통계적으로 유의한 효과가 관찰되었다. 얀과 던[21,22]은 수년간에 걸친 자신들의 연구 결과를 다음과 같이 요약한다.

1) 보정용 데이터는 이론 예상치를 따르며 통계적으로 유의한 인위적 오차를 보이지 않는다.

2) 염력을 일으키려는 피험자들의 노력이 야기한 주요 효과는 결괏값 분포의 평균을 의도한 방향으로 살짝 움직인 것이었다. 이때 표준편차나 그래프의 모양에는 변화가 거의 없었다. 평균값 변화의 통계적 의의는 시행 횟수에 따라 달라진다. 시행 횟수가 아주 클 경우 매우 유의한 변칙적 효과가 나타날 수 있다.

3) 각 연산기는 실험 결괏값에서 저마다 다른 '특징'을 띤다. 그러

나 이는 데이터 수집 모드에 따른 차이일 뿐, 실험 기기나 시스템과는 비교적 무관했다.

이들은 다양한 메커니즘으로 난수(무작위로 뽑은 수 – 옮긴이)를 생성하였는데, 그 메커니즘 중에는 양자 과정과 직접적으로 관련되지 않은 것도 있었다. 따라서 이들의 실험에서 유의한 결과가 나왔다고 해서 우리가 찾는 양자 영향력의 근거가 되는 것은 아니다. 메커니즘에 따른 차이가 나타나지 않았다는 사실은 놀라운 점이다. 실제 의식의 효과가 있었다면 물리적 과정이 일어나는 순간에 작용했을 텐데, 서로 다른 물리적 과정에서 작용한 효과가 숫자 출력값 상에서 같은 크기의 변화를 야기할 이유가 없다(이후 얀과 던의 연구는 방법론 및 통계 분석과 관련하여 상당한 비판을 받았으며, 다른 학자들이 둘의 결과를 재현하고자 했으나 실패했다는 점을 밝혀 둔다 – 옮긴이).

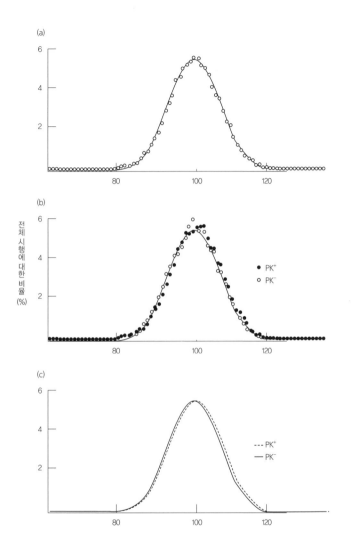

그림 6.4 의식이 무작위 과정에 미치는 영향. (a) 의식에 의한 편향이 없을 때 실험 결과
는 평균이 100인 곡선을 따른다. (b)는 결괏값을 증가(PK⁺)시키거나 감소(PK⁻)시키려는
의식적 노력이 있을 때의 결과이다. (c)는 데이터를 정규분포 곡선에 맞춘 결과이다.

7장
자유의지

감자의 색이나 맛처럼,
자유의지는 오직 경험의 대상일 뿐,
논쟁의 대상이 아니다.[1]

의식의 속성

몇 해 전 기초물리학에 관한 책[2]에서 나는 "자유는 의식의 속성이다. 스스로 자유롭다고 생각하면 자유로운 것이다."라고 적었다. 그랬더니 내 아들이 여백에 이런 낙서를 남겼다. "내가 물고기라고 생각하면 물고기가 될까요?"

이는 합리적인 문제 제기다. 그러나 내 아들이 자유의지에 관해 오해한 것이 있다. 아닌 게 아니라 이것은 많은 사람이 혼동하고 있는 부분이다. '물고기임'이라는 속성은 의식을 배제하고 형태, 서식지, 그 외 동물학적 분류법으로 얼마든지 정의할 수 있다. 내가 어떻게 생각하든 "나는 물고기다"라는 명제는 그 진위를 판별할 수 있다. 그러나 자유의지는 빨간 느낌이나 두려움과 마찬가지로 전적으로 의식의 속성이며, 그 외 다른 방식으로는 정의할 수 없다. 물론 빨간 느낌이 특정 파장대의 빛과 관련된 것처럼 자유의지를 비의식적 세계의 특정 요소와 관련 짓는 게 가능할 때도 있다(7장 5절

「자유의지의 기원」, 12장 3절 「자유의지와 양자물리학」 참조). 그러나 의식을 벗어나면 자유의지는 아무 의미도 갖지 않는다.

나의 이 주장은 분명 반론의 여지가 있으며(7장 3절 「자유의지는 환상인가?」 참조), 학계에서 널리 받아들여지지도 않았다.[3] 따라서 나는 이를 입증할 의무가 있다. 이를 입증하기 위해서는 자유의지를 다른 방식으로 정의할 수 없음을 보여야 한다.

자유는 다른 행위를 선택할 가능성인가?

의식의 속성 이외에 자유의지를 정의할 방법이 없다는 나의 주장은 실제로는 내가 다른 방법을 알지 못한다는 것을 뜻한다. 이건 설득력이 훨씬 약한 주장이다. 하지만 학자들이 다른 방법을 찾으려 시도한 행적을 보면, 이것이 얼마나 어려운 문제인지를 알 수 있다. 이 책에서는 그 시도들 중 한 가지를 살펴볼 것이다. 철학자 존 소프John Thorp는 저서 『자유의지Free Will』[4]에서 다음과 같이 썼다.

행위자가 다른 대안을 선택할 수 있었다면 그 결정은 자유로운 결정이다.

의식을 배제하고 자유의지를 정의하면 대부분 위와 비슷한 형태가 된다.

위 정의의 약점은 "~할 수 있었다면"이라는 문구에 있다. 이는 조건문이므로 그 조건을 이해해야 한다. 여기서 우리는 동일한 상황에서 의사결정을 반복하고 다른 결과를 얻는 게 가능하다고 암묵적으로 가정하고 있다. 실제로는 그러한 반복은 불가능하다. 세상 어떤 일도 정확히 반복될 수는 없다. 하지만 그렇다고 그 가능성을 상상해 볼 수 없는 것은 아니다. 앞서 여러 번 보았듯, 내가 무언가를 할 수 없다고 반드시 그것이 거짓은 아니다. 문제를 간단하게 만들기 위해 우주 전체를 행위자와 외부 세계의 두 부분으로 나누어 보자. 이 구분은 물리적 공간의 구분이라기보다는 수학적 · 집합론적 구분에 가깝다. 또한 사고, 관념 등 '모든' 비물리적인 것들도 이 구분에 포함될 수 있다. 자연적인 구분선이 없는 이상 어느 정도 임의로 경계를 그어도 무방할 것이다.

그렇다면 이제 소프의 정의를 더 명확하게 만들어 보자. 위의 정의에 외부 세계에 대한 단서를 붙이면 다음과 같이 만들 수 있다. 외부 조건이 달랐다는 가정하에 행위자가 다른 대안을 선택할 수 있었다면 그 결정은 자유로운 결정이다. 그런데 이 정의는 자유의지와 전혀 무관하다. 아무리 원시적인 시스템도 다른 외부 조건에 놓이면 다르게 행동하기 때문이다. 예를 들어 3장 2절 「무엇이 의식을 갖고 있는가?」의 온도 조절기는 주변 온도에 따라 난로를 켜고 끈다. 그러나 우리는 온도 조절기가 자유의지를 행사했다고 말하지 않는다. 따라서 위 정의는 다음과 같이 고쳐 쓸 수 있다.

동일한 외부 상황에서 행위자가 다른 대안을 선택할 수 있었다면 그 결정은 자유로운 결정이다.

이제 외부 세계의 속성이 명확히 정의되었다. 그렇다면 행위자의 경우는? 행위자는 달라야 할까, 같아야 할까? 첫 번째 가정을 적용하면 위 정의는 다음과 같이 바뀐다.

동일한 상황에서 행위자의 상태가 달라서 다른 대안을 선택할 수 있었다면 그 결정은 자유로운 결정이다.

이것이 우리가 보통 생각하는 자유의지다. 우리는 철수가 원래 그런 사람이라서 그런 결정을 내렸다고 입방아를 찧기도 하고, 영희의 선택을 보고 그런 사람인 줄 몰랐다고 놀라기도 한다. 실제로 우리는 사람들의 선택을 관찰하며 그들의 성향을 파악한다. 각기 다른 계가 서로 다르게 행동한다는 것은 어디까지나 자명한 사실이다. 위의 정의는 사실상 모든 계에 자유의지를 부여한다. 예를 들어 온도 조절기 A는 섭씨 30도에 난방을 끄지만, 장치 B는 설정값이 달라서 30도에 난방을 켤 수도 있다. 하지만 이것을 자유로운 선택으로 보기는 어렵다. 두 조절기가 다르게 행동하는 것은 이들이 다르기 때문이다. 만일 여러분이 인간은 자유의지가 있고 온도 조절기는 자유의지가 없다고 생각한다면 위 정의를 받아들여서는 안 된다.

소프의 정의가 말이 되게끔 수정할 한 가지 가능성이 아직 남아 있다. 이는 다음과 같다.

동일한 행위자가 동일한 상황에서 다른 대안을 선택할 수 있었다면 그 결정은 자유로운 결정이다.

이는 행위자와 외부 세계를 합친 전체 계가 결정되어 있지 않다는 뜻이다. 즉, 모든 사건은 단순히 초기 조건의 결과물이 아니라 무작위로 선택되는 것이다. 실제로 우리가 사는 세계가 이런 식으로 작동할 가능성도 있다. 하지만 무작위 선택은 자유의지와 관련이 없다. 오히려 자유의지의 정반대 개념이다. 자유롭게 결정을 내릴 때 우리는 주어진 모든 증거를 취합하여(이때 외부 세계가 영향을 줌) 뇌를 통해 처리하고(이때 행위자의 속성이 영향을 줌) 최종 판단을 내린다. 이 과정에서 무작위적 기능은 사용되지 않는 듯하다. 물론 동전 던지기와 같은 무작위 과정으로 '결정'을 대신할 수도 있다. 하지만 이는 내가 자유로운 선택을 일부러 포기한 것으로 보아야 한다.

요약하자면 이렇다.

상황이 달랐다면 나는 다르게 행동할 수도 있었다.
내가 달랐다면 나는 다르게 행동할 수도 있었다.

앞의 두 명제는 모두 참이다. 그런데 생물이든 무생물이든, 의식이 있든 없든 내가 아닌 어떤 대상에 대해서도 두 명제는 늘 참이다. 아닌 게 아니라 두 명제는 '서로 다른 두 실험은 다른 결과로 이어질 것'이라는 사실을 간단하게 표현한 것에 불과하다. 그러므로 이것을 자유의지의 정의로 보기는 어렵다.

　외부 상황과 내가 그때와 같았더라도 나는 다르게 행동할 수 있었다.

　위 명제는 이 세계가 비결정론적임을, 즉 무언가가 아무 이유 없이 일어날 수도 있음을 의미한다. 이는 참일 수도 있고 아닐 수도 있다(이에 관해서는 추후 살펴본다). 하지만 어쨌거나 자유의지와는 무관하다.

　결론은 다음과 같다. 우리는 소프의 정의를 엄밀하게 만드는 과정에서 자유의지를 제대로 정의하는 데 실패하였다. 자유의지를 의식의 속성으로 인정하지 않는 다른 모든 유사한 시도들도 이와 마찬가지일 것이다. 오해하면 안 되는 부분은, 내 요지는 다른 방식으로 자유의지를 정의하면 우리가 자유롭지 않으므로 자유의지를 정의할 필요가 없다고 결론 난다는 게 아니라는 점이다. 내가 말하려는 것은 자유의지가 경험이라는 거다! 이 경험이 너무도 확실하고 생생하므로 우리는 자유의지를 물리적으로 서술하려는 시도를 받아들이기 꺼려한다(7장 4절「자유의지와 결정론」참조).

자유의지는 환상인가?

7장 2절 「자유는 다른 행위를 선택할 가능성인가?」의 결론대로라면, 누군가가 자신이 자유롭다고 말하면 우리는 그 말을 있는 그대로 받아들일 수밖에 없다. 그렇다면 내 아들이 지적한 것처럼 어째서 그 사람을 믿어야 하는가 하는 문제가 생긴다. 그 사람이 거짓말을 했을 수도, 정신이상이 있을 수도, 착각했을 수도 있기 때문이다. 첫 번째 가능성, 거짓말에 대해서는 사실 어쩔 도리가 없다. 실제로도 이런 경우가 발생할 수 있다. 가령 어떤 아이가 자신의 착함을 뽐내고 싶어 주머니의 용돈을 털어 기부를 했는데, 사실은 아이의 어머니가 그렇게 하도록 시킨 것일 수 있다. 물론 실제로는 자신의 자유를 부정하는 것이 거짓말일 가능성이 더 크다. 특히 정치인들이 다른 대안이 없다는 거짓말을 매우 자주 쓰곤 한다. 그러나 이것은 우리의 논의와 무관하다. 어쨌거나 일반적으로는 특히 거짓말을 할 이유가 딱히 없는 상황에서 이 가능성을 무시할 수 있다.

정신이상은 이보다 더 어려운 문제다. 다른 모든 증거에도 불구하고 스스로 물고기라고 주장하는 사람이 있다면 이는 정신이상에 해당할 것이다. 그러나 정신병 환자는 극히 소수다. 따라서 일부 사례를 제외하고는 우리는 사람들의 주장을 믿을 수 있다. 물론 여기서 우리는 타인이 나와 비슷하다는 가정을 적용하고 있다(3장 2절 「무엇이 의식을 갖고 있는가?」 참조). 나 스스로가 자유로우므로 다른 누군가가 자유롭다는 주장도 그다지 놀랍지 않다.

세 번째 가능성을 보자. 나는 내가 자유롭다고 '상상' 또는 착각하는 것일 수 있다. 이 역시 불가능한 일은 아니다. 우리는 빨간색을 보는 경험을 상상하듯 자유로운 상태를 '상상'할 수도 있다. 하지만 빨간색에 대한 상상은 실제로 빨간 빛을 보는 경험과 확연히 다르다. 여러분도 길을 가면서 한 번쯤 저 가게에 들어가서 원하는 걸 다 살 수 있다면 하고 생각해 봤을 것이다. 그때 여러분은 자유를 상상한 것이다. 그러나 이것은 우리가 다른 맥락 속에서 자유를 경험해 보았기 때문에 할 수 있는 생각이다. 적어도 우리 스스로는 자유를 상상하는 것과 경험하는 것을 어렵잖게 구분할 수 있다.

자유로움은 실제 경험이다. 물리학, 쿼크, 렙톤, 빅뱅, 타인, 내 마음 바깥의 모든 것들보다도 더 진짜인 것이 자유다. 자유가 주어지면 우리는 그것을 인식한다. 자유를 잃으면 다시 그것을 갈망한다. 자유는 때로 쾌락이나 고통의 근원이 되기도 하지만, 어쨌거나 나라는 존재의 중요한 한 부분이다. 나 자신이 실재한다면, 나의 자유 역시 진짜인 것이다.

자유의지와 결정론

    많은 이가 자유의지와 결정론의 관계에 대해 혼동하고 있다. 무작위로 결정된 행동과 자유로이 선택된 행동이 같지 않다는 것은 쉽게 받아들이지만, 결정론과 자유의지가 양립 가능하다는 것, 더 나아가 결정론이 자유의지의 필수 요건이라는 것은 인정하기 어려워한다. 이 때문에 일부 학자들은 결정성과 무작위성 사이에 일종의 '중간지대'가 있다고 주장하기도 한다. 하지만 나는 그러한 환상속의 장소가 실재한다고도, 필요하다고도 생각지 않는다.

    이 절에서 나는 (일반적인 의미의) 자유의지와 결정론이 서로 양립할 수 있음을 증명할 것이다. 이 세계가 실제로 결정론적인지 아닌지는 중요치 않다. 나의 논증은 논리와 관련되어 있지 실제 세계가 어떤지와는 무관하기 때문이다. 우선 반대 주장의 논거들을 살펴보자. 대부분의 논증은 이런 식이다. 결정론적 세계에서는, 만약 여러분이 시간 t_0일 때 나에 대한, 그리고 나에게 미치는 외부 영향에 대한 모든 정보를 알고 있다면, 여러분은 이후 임의의 시간 t에 내가 무슨 행동을 할지 예측할 수 있다. 그렇다면 나의 자유란 '환상'에 지나지 않는다. 내가 아무리 고심하여 선택하더라도 시간 낭비에 지나지 않는다. 여러분은 이미 계산을 통해 내가 숙고한 결과를 알고 있을 것이기 때문이다. 이 논증은 마지막 결론 빼고는 모두 다 맞다! 나에 관해 모든 것을 알고 내 행동을 계산하기 위해서는 나의 복사본을 여러분의 뇌 속이나 컴퓨터에, 그 외 다른 방식으로 만들어야 한다. 그리고 그 복사본은 모든 면에서 나와 동일해야 한다. 다시 말해, 특정 결정과 관련해서는 그 복사본은 또 다른 '나'이다. 동일한 상황에서 두 명의 '나'가 똑같은 결정을 내리는 것은 놀랍지 않다. 어쨌거나 나는 '동전 던지기'가 아니라 직접 결정을 내린 것이기 때문이다. 나와 나의 복사본 둘 다 선택에 이르기까지 같은 고민을 겪고 같은 답에 도달했을 것이다. 따라서 자유의지가 존재하려면 특정 형태의 결정론을 수용해야 한다. 내가 예상 선택을 미리 전해 듣고 장난삼아 그 반대 선택지를 고를 수도 있다. 그러나 여기까지 따라온 독자들이라면 이것이 지금까지의 논리를 무너뜨리지 않음을 알아차릴 수 있을 것이다. 나의 복사본은 예상 선택 결과에 대해 전해 듣지 않았으므로 처한 상황이 나와 다르다. 그러므로 나와 복사본은 서로 다르게 행동할 수 있다.

게다가 우리는 은연중에 복사본을 만드는 게 가능하다고 가정하고 있다. 그러나 실은 이것이 불가능할 수도 있다. 그렇다면 반反결정론 논증은 완전히 무너질 것이고 결정론과 자유의지가 양립할 수 있다는 결론이 난다. 어쩌면 충분히 우수한 나의 복사본, 즉 항상 나와 똑같이 행동하는 존재는 그냥 '나'로 여겨져야 하는지도 모른다. 고전물리학에서는 이것이 말이 되지 않는다. 예를 들어 고전물리학에서는 동일한 온도계 두 개를 만드는 것을 얼마든지 상상할 수 있다. 기술적인 어려움은 있을지라도 이론상으로는 가능하다. 그러나 양자론에서 이는 그리 간단한 문제가 아니다. 양자 세계에는 입자가 아닌 파동만이 있을 뿐이다. 양자론 이론상에서 두 개의 독립적인 동일한 사물의 존재가 허용되는지도 확실치 않다. 의식이 무언가로 '만들어진' 것이 아니라 그저 존재할 뿐이라는 이원론적 관점에서는 사람의 복사본을 만드는 것은 더욱 요원해 보인다.

사실 우리는 마음속에서 누군가의 복사본을 상당히 자주 만들어보곤 한다. 다른 사람이 어떻게 생각하고 행동할지, 또 실제로 어떻게 행동했는지를 머릿속으로 그려볼 때 우리는 주어진 지식 내에서 그 사람의 유사체를 만든다. 하지만 이 과정에서 우리는 결코 그 사람의 자유의지를 부정하지 않는다.

나의 시각은 **양립주의**compatibilism라고도 불린다. 양립주의는 자유의지와 결정론이 서로 충돌하지 않는다는 주장이다. 이에 대한 자세한 변론은 혼더리치[5]와 팁턴Tipton[6]을 참고하라. 특히 팁턴은 대부분의 '분석철학자'들이 양립주의자라 주장했다(하지만 두 사람 모두 자유의지가 오직 경험의 하나로만 정의될 수 있다는 나의 결론에 도달하지 못했다. 감자의 맛과 자유의지의 유사성을 인식하려면 철학자보다는 소설가의 관점이 필요한 것일지도 모르겠다). 양립주의에 대한 비판은 7장 2절 「자유는 다른 행위를 선택할 가능성인가?」에서 다룬 자유의지에 대한 오해 때문인 것 같다. 가령 설[3]은 "양립주의의 문제는 '다른 모든 조건이 같았을 때 다른 행동을 할 수 있었을까?'라는 질문에 답을 주지 않는다는 점이다"라고 말한다. 하지만 이 질문은 양립주의가 아니라 결정론에 대한 것이다. 결정론에 따르면 답은 당연히 '아니요'다. 동일한 환경의 동일한 나는 자유롭게 동일한 선택을 내렸을 것이다. 이는 자유의지를 부정하는 것이 아니라 내가 특정 행위를 결정하면 다름 아닌 그 행위가 일어난다는 사실에 대한 확증이다. 내가 고른 것이 아닌 다른 행위가 일어나려면 이 세계에 무작위적 요소가 있어야 한다.

(물론 정당한 논거는 아니지만) 우리가 쓰는 언어에도 양립주의가 숨어 있다. 우리는 무언가를 '선택'할 때 앞으로 일어날 일을 '결정'한다고 말한다. 내가 팔을 들어 올리기로 선택했는데 때로는 팔이 올라가고 때로는 내려간다면 결정론과 자유의지를 모두 기각해야 할 것이다.

우리가 양립주의를 불편해하는 것은 스스로 세계의 일부임을 인정하기를 꺼리기 때문이다. 우리는 우리의 손, 머리카락, 입술 등이 세계의 일부라는 것은 기꺼이 인정한다. 하지만 '나'라는 그 무언가에 대해서는 인정하기를 거부한다(그 무언가가 물리적인지 아닌지는 여기서 중요치 않다). 그렇다면 '나'는 '나'를 제외한 세계의 나머지 부분을 바꿀 수 있으므로 세계는 비결정론적이다. 이러한 구분에 관해서는 다음 절에서 더 자세히 살펴보자. 이것을 잘못 이해한 사람들은 결정론이 혼더리치[5]가 말한 이른바 '삶의 희망life hopes'을 위협한다고 오해한다. 하지만 이는 사실이 아니다. 특정 시점 t_1의 우주와 이후 시점 $t > t_1$의 우주 사이에 무작위 요소를 도입한다고 해서 내가 '삶의 희망'을 가져야 할 이유가 무엇이란 말인가?

우리가 자유의지를 결정론과 양립하지 않는 특별한 개념으로 취급하고 싶어 하는 것에는 심리학적·사회학적 요인도 있다. 13장 4절 「내 행동은 나의 책임인가?」에서 다시 살펴보겠지만, 우리에게는 타인을 '책망'하고자 하는 강한 욕망이 있다. 그래서 공연히 자유의지라는 개념을 과대 포장하는 것이다.

자유의지의 기원

인과적 · 물리적 상호 작용에 의해 작동하는 계에서
선택은 무엇을 의미하는가?[7]

이 장에서 자유의지가 빨간 느낌과 마찬가지로 의식의 속성임을
여러 차례 강조하였다. 빨간 느낌은 일반적으로 특정 파장대의 빛
이라는 물리적인 대상에 의해 야기된다. 그렇다면 자유의지의 물리
적 '원인'은 무엇일까? 내가 자유의지를 경험할 때 그 경험과 연관
된 물리 과정이 있을까? 있다면 무엇일까?

자유의지 감각은 특정 뇌 부위의 활성이나 특정 신경 활동 패턴
과 연관되어 있을 수 있다. 하지만 그렇다면 그 활성이나 패턴이 다
른 활성 및 패턴과 근본적으로 무슨 차이가 있길래 자유 행위와 부
자유 행위의 차이를 일으키는 것인지 설명하기는 매우 어렵다.

더 유력한 가능성은 '나'를 **바깥쪽 나**와 **안쪽 나**로 분리하는 데서
출발할 듯싶다. 여기서 안쪽과 바깥쪽이 무엇을 의미하는지 일단은
묻지 말자. 앞서 보았듯 이러한 구분은 물리학적 공간이 아닌 집합

론적 구분이다. 일반적으로 두 개의 나는 서로 독립적으로 행동한다. 그런데 때때로 **안쪽 나**가 개입하여 **바깥쪽 나**의 행동을 통제하는데, 이때 우리가 자유의지를 경험한다. **바깥쪽 나**와 그 밖의 외부 사물들로 이루어진 세계는 '나의 자유의지', 즉 **안쪽 나**의 영향을 받을 수 있으므로 결정되어 있지 않다. 우리가 자유의지의 작용에 관해 생각할 때 보통 이러한 모형을 세운다.

하지만 주목해야 할 것은 위와 같은 모형은 아무렇게나 세워질 수 있다는 점이다. 예를 들어 **안쪽 나**를 내 첫째 발가락이라고 정하더라도 이 모형은 위 문단의 조건을 모두 만족한다. 따라서 이러한 방식으로 자유의지 감각의 기원을 설명하기 위해서는 무언가 더 필요하다. **안쪽 나**가 쿼크와 렙톤으로 이루어지지 않은 '비물리적' 존재, 즉 이원론의 '다른 무언가'(5장 6절 「이원론」 참조)라고 가정하면 두 부분 사이의 구분이 더 명확해진다. 실제로 이원론자들이 지지하는 모형도 이런 식이다. 앞서 살펴보았듯 이원론은 두 부분이 어떻게 상호 작용하는지 설명하지 못한다는 문제가 있다. 그렇지만 자유의지 경험 자체만 보면 이원론적 모형이 맞는 것처럼 보인다. 우리는 이 사실을 간과해서는 안 된다.

이 문제는 바다에 떠 있는 나무판자와 배를 비교하면 더 쉽게 이해할 수 있다. 나무판자는 자유의지가 없다. 행동을 선택할 수 없으며 해류가 이끄는 대로 흘러간다. 반면 배는 단순히 해류를 따르는 것이 아니라 조타수의 의지에 따라 움직인다. 조타수를 제외한 모든 것을 외부 세계로 상정한다면 그 세계는 비결정론적이다. 이것이 바로 우리가 타인을 바라보는 방식이다. 우리는 타인의 '조타수', 즉 자유의지를 그 사람으로부터 구분하여 그 사람이 결정론적 법칙을 따르지 않는다고 여긴다. 그러나 이는 우리가 그 사람의 일부만을 임의로 취사선택했기 때문이다. 조타수까지 세계에 포함하면 비결정론적 성질은 없어진다. 조타수가 물리적이든 비물리적이든 본질적으로 바뀌는 것은 없다. 조타수가 비물리적이라고 해서 자유의지가 존재할 개연성이 높아질 이유도 없다.

위 비유에서 우리는 또 하나의 요소를 더 상상할 수 있다. 만약 조타수가 해안가의 누군가와 무전으로 통신하고 있다면? 이는 배의 행동에 '비국소적' 영향이 가해질 수 있음을 의미한다. 추후 살펴보겠지만, 양자 세계에서는 이러한 일이 실제로 일어날 수 있다.

목적과 설계

욕망이 인간의 본질이다. (스피노자)

신의 존재를 뒷받침하는 전통적인 논거 중 하나는 '우연히' 발생했다기에는 우리 우주가 너무도 경이롭다는 것이다(4장 6절 「미해결 문제들」 참조). 우리 우주가 마치 설계된 듯한 특징을 지니고 있다는 것은 설계자가 있다는 뜻이다. 시계가 우연히 생겨날 수 없으며 인간 설계자가 공을 들인 작품인 것처럼 말이다. 이 논리는 주로 진화론에 근거하여 비판을 받았다. 수억 년간의 진화 과정을 통해서 설계된 듯한 존재가 만들어질 수 있다는 것이다.

하지만 우리의 관심사는 시작점, 즉 시계 그 자체다. 우리는 시계가 설계의 증거임을, 즉 누군가가 목적을 갖고 시계를 만들었다는 것을 자연스럽게 받아들인다. 그렇다고 해서 시계를 구성하는 입자들이 물리 법칙을 위반한 것도 아니다. 그런데 어째서 우리는 특정 쿼크와 렙톤이 시계의 형태를 이루려면 우주의 초기 조건이 엄청난 '우연'에 의해 절묘하게 설정되어야 했다는 사실에는 주목하지 않는 것일까?(그림 7.1(a) 참조) 이는 사람의 개입을 인정하기 때문이다. 특정 순간에 내가 시계를 갖기 원했고, 이 욕망이 뇌와 몸에 영향을 주어 물리적 효과를 낳고, 이로 인해 누군가가 시계를 설계하고 제작했다는 것이다. 시계를 이루는 입자들의 실제 물리적 상태가 어떻든 시계에 대한 나의 욕망은 물리 법칙을 통해 물질 세계에 작용하여 시계를 만들어 낸다. 그렇다면 그림 7.1(a)보다는 의식의 존재가 세계에 개입하는 (b) 시나리오가 개연성이 더 높아 보인다. 아무도 시계를 '원하지' 않았다면 시계는 존재하지 않았을 테니 말이다!

그러면 문제가 해결된 것일까? 여기서 우리는 두 가지 입장을 취할 수 있다. 첫 번째는 (b)가 실제로는 (a)와 동일하다고 해석하는 것이다. 이를 위해서는 (c)에서처럼 더 큰 상자로 둘러싸기만 하면 된다. 그렇다면 시계는 여전히 우주의 초기 조건에 의해 만들어진 것이다. 하지만 이것은 아무것도 설명하지 않은 것과 다름없다. 두 번째로 (b)가 (a)의 실제 작동 방식을 보여 준다는 좀 더 긍정적인 시각을 취할 수도 있다. 우주의 초기 조건에 의해 목적을 지닌 의식도 만들어졌다고 보는 것이다. 그렇다면 나머지 것들을 쉽게 이해할 수 있다.

둘 중 어느 입장이 맞을까? 나는 목적이 우주에 필수적인 요소라고 느낀다. 그래서 기존에 목적이 없던 환경에서 목적이 단순히 '진화'했을 확률은 희박해 보인다. 하지만 이에 관해 더 자세히 다루면 이 책의 범주를 넘어설 것이므로 이쯤에서 마무리 짓기로 하자.

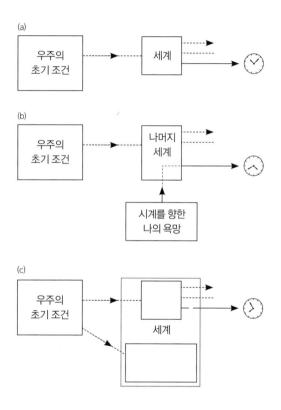

그림 7.1 시계의 존재를 해석하는 세 가지 관점.

결론

나의 주장을 요약하자면 다음과 같다(간결함을 위해 보다 단정적인 어조로 서술했음을 유념하라).

자유의지를 경험했으면 곧 자유의지를 지닌 것이다. 그것이 자유의지의 정의이기 때문이다. 자유의지라는 말은 다른 것을 의미하지 않으며 그럴 수도 없다. 행복하다는 나의 말을 타인이 반박할 수 없는 것처럼, 타인은 내 자유가 진짜인지 의심할 권리가 없다. 설령 실제로 이 세계가 비결정론적 요소를 포함하고 있더라도 나의 자유의지 감각은 결정론과 전적으로 양립 가능하며, 일반적으로는 결정론이 옳음을 시사한다. 자유의지 경험만으로는 유물론과 이원론 중 무엇이 옳은지 판단하기 어렵다. 자유의지의 존재는 의식의 존재만큼이나 복잡한 문제다.

이 장에서 언급된 논제들은 책의 후반부에서 재등장할 예정이다.

8장
시간

현존하는 물리학의 기본 법칙들에는 우리의 경험으로 이해하기 힘든 측면이 두 가지 있다. 하나는 이 책에서 자주 등장하는 양자론의 관측 문제와 관련된 것이며, 다른 하나는 이 장의 주제인 시간의 본질에 관한 것이다.

우리는 '시공간' 속에 있다. 즉, 특정 위치와 시점에서 일어나는 사건을 자각한다. 시간과 공간이 '실제로 무엇인지'는 알지 못하지만, 크게 걱정할 필요는 없다. 시간과 공간은 그저 존재하며 다른 개념들로 표현할 수 없다. 그러나 시간은 우리의 관점에서는 자연스럽고 익숙하지만 물리학의 관점에서는 매우 미스터리한 몇몇 특징을 지니고 있다.

이 장에서는 이따금 불가피하게 수식이 등장하나 건너뛰어도 이해하는 데 무리가 없도록 구성하였음을 밝혀 둔다.

시간과 물리 법칙

우선 물리학 법칙에 나타나는 시간의 성질부터 알아보자. 첫 번째 성질은 물리학은 시간 역전에 불변한다는 것이다. 물리학의 기본 법칙들은 시간의 방향을 구분하지 않으며, 과거와 미래는 똑같이 취급된다.

고전역학, 그중에서도 뉴턴의 운동 법칙을 예로 들어 보자. 뉴턴의 제1법칙은 힘을 가하지 않으면 물체는 정지 또는 등속 운동 상태에 계속 머문다는 것이다. 따라서 이 법칙은 당연히 시간의 방향과 무관하다. 시간을 앞으로 되감든, 뒤로 빨리 감든 성립한다. 제2법칙은 입자의 가속도가 외력에 비례한다는 것이다. 가속도는 위치의 변화율의 변화율이다. 그래서 시간의 방향을 바꾸어도(영상을 거꾸로 재생해도) 바뀌지 않는다. 위치의 변화율인 속도는 그렇지 않다. 시간이 역전되면 부호가 바뀐다. 가속도를 수식으로 나타내면 다음과 같다.

$$가속도 = \frac{d^2\mathbf{x}}{dt^2} \qquad\qquad 수식\ 8.1$$

이때 $\mathbf{x}$는 위치를 의미한다. 이 식을 보면 t를 -t로 바꾸더라도 가속도는 불변함을 알 수 있다(시간 t가 두 번 미분되면서 부호가 사라지기 때문이다-옮긴이). 뉴턴의 제3법칙은 작용이 있으면 같은 크기의 반대 방향으로 반작용이 생긴다는 것인데, 이 역시 시간의 방향과는 무관하다.

뉴턴 법칙의 불변성은 지표면에서 비스듬히 대포를 발사했을 때 포탄이 그리는 궤적으로도 이해할 수 있다. 포탄은 그림 8.1처럼 포물선 형태로 날아간다. 낙하 지점에서 같은 각도로 반대 방향으로 발사하더라도 마찬가지다. 포탄의 궤적만을 촬영한 동영상을 보고서는 그 영상이 정재생인지 역재생인지 판단할 수 없다. 단, 여기에는 두 가지 단서가 붙는다. 첫째, 궤적의 끝부분을 보면 시간의 방향을 알아낼 수도 있다. 만약 포탄이 땅에 떨어진 후 다시 튀어 오르는 것까지 찍혔다면 그 영상을 역재생했을 때 매우 어색해 보일 것이다. 또한 실제 포탄은 비행하는 동안에 공기 저항으로 인해 에너지를 잃는다. 그래서 완전히 대칭인 포물선을 그리지 않는다. 하지만, 8장 3절「시간 비대칭성과 열역학」에서도 살펴보겠지만, 근본적인 수준에서 보면 이 효과들은 실제로 가역성 원리를 위배하지 않는다. 또 다른 예시는 당구공 간의 충돌이다. 속도가 반대가 되더라도 당구공은 동일한 법칙에 따라 움직인다. 물론 이때도 영상을 역재생하면 이상함을 알아차릴 수 있다. 실제 세계에서는 공들이 점점 느려지는데, 역재생된 영상의 공들은 오히려 빨라지고 심지어는 맨 처음 삼각형으로 다시 배열될 것이기 때문이다!

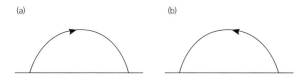

그림 8.1 포물선 궤적은 시간을 뒤집더라도 모양이 변하지 않는다.

양자론에서는 뉴턴의 법칙 대신 슈뢰딩거 방정식이 쓰이는데, 슈뢰딩거 방정식은 시간에 대한 1차 미분 방정식이어서 시간이 한 번만 미분된다.

$$i\hbar \frac{\partial}{\partial t} |\psi> = H|\psi>$$

수식 8.2

그래서 시간의 부호를 바꾸면 좌변의 부호도 바뀐다. 그러나 이는 아무 변화도 초래하지 않는데, 허수 i의 부호를 바꾸는 것과 같기 때문이다. i의 부호를 바꾸면 파동함수의 이른바 '위상'이 바뀌는데, 위상은 물리량을 계산할 때 항상 상쇄되어 사라지기 때문에 위상의 변화는 물리적인 변화를 일으키지 않는다(복소수 개념을 알고 있는 독자를 위해 덧붙이자면, 이는 모든 물리량 계산에서 파동함수 ψ에 복소

켤레 $\bar{\psi}$를 곱하면서 위상 $e^{i\alpha}$가 사라지기 때문이다).

이러한 시간 역전 불변성이 성립하기 위해서는 해밀토니언(양자역학에서 에너지를 나타내는 연산자 – 옮긴이) H가 실함수(복소수가 아닌 실수를 정의역과 공역으로 갖는 함수 – 옮긴이)여야 한다. 허수 부분이 미세하게 남아서 미약한 효과를 일으키는 상호 작용도 있지만, 이는 현재까지 K 중간자와 같은 일부 입자의 붕괴에서만 관찰되었다. 이 효과는 우리의 '거시적' 시간 경험에 영향을 주기에는 너무 미약하므로 여기서는 무시해도 무방하다.

물론 파동함수가 양자론의 전부는 아니다. 어쩌면 관측 과정에서 시간 비대칭적인 효과가 발생할 수도 있다(10 · 11장 참조). 이에 관해서는 추후 양자론에 대한 논의에서 다루기로 하고, 이 장에서는 결정론적인 고전 물리 체계만을 살펴보자.

물리학 법칙에서 나타나는 시간의 두 번째 성질은 시간이 공간과 상당히 유사하다는 것이다. 언뜻 보면 이해가 가지 않을 것이다. 시간은 '1차원'이고 공간은 3차원인데 말이다. 시간은 1차원이므로 (원점과 단위가 정해지면) 숫자 하나로 하나의 시점을 나타낼 수 있다. 반면 공간은 3차원이므로, 가령 방 안에서 하나의 지점을 특정하기 위해서는 한쪽 구석을 원점으로 잡고 직교하는 두 벽과 바닥에서의 거리까지 총 세 개의 숫자가 필요하다. 이 책의 지면과 같은 평평한 2차원에서 좌표를 정의하는 방법은 그림 8.2에 나타나 있다. 고정된 점 P의 실제 좌푯값은 어떤 축을 선택하느냐에 따라 바뀐다. 그림에는 (서로 회전 관계에 있는) 두 가지 축이 나타나 있다. 물론

다른 축을 선택한다고 선분 OP의 길이가 바뀌지는 않는다. 우리가
익히 잘 아는 피타고라스의 정리다.

$$(OP)^2 = x^2 + y^2 \qquad \text{수식 8.3a}$$
$$= x'^2 + y'^2 \qquad \text{수식 8.3b}$$

이 식은 $x^2 + y^2$의 값이 회전에 대해 불변함을 보여 준다. 이 값의
3차원 형태인 $x^2 + y^2 + z^2$ 역시 회전 불변이다.

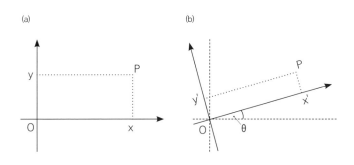

그림 8.2 (a) 원점과 두 축이 있을 때 점 P의 위치는 x와 y라는 두 숫자에 의해 결정된다.
(b) 두 축을 각도 θ만큼 회전하면 점 P는 x'와 y'로 표현된다. 이때 x'는 $x\cos\theta - y\sin\theta$이
며 y'는 $x\sin\theta + y\cos\theta$이다.

3차원 공간의 위치를 숫자 세 개로 나타내듯 시공간의 특정 위
치에서 일어난 사건은 숫자 네 개(x,y,z,t)로 나타낼 수 있다. 이는
4차원 시공간의 한 점에 해당한다. 2차원인 종이 위에 4차원을 그

리기는 매우 어렵지만, 그림 8.3처럼 두 축을 생략하여 x,t 도표로 시간 t에 따른 입자의 x축 좌표 변화를 나타낼 수 있다. 다른 공간 변수(y,z)를 무시하면 x,t 도표로도 전체 시공간을 표현할 수 있다. 이것이 우주의 과거, 현재, 미래가 존재하는 '무대'인 것이다. 이 도표에서 시간에 수직한 선은 고정된 시간, 가령 '현재'에 해당한다 (8장 2절 「시간 경험」 참조).

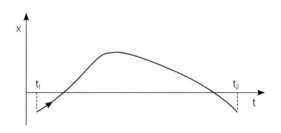

그림 8.3 선 위에서 움직이는 입자의 위치(원점으로부터의 거리 x)를 시간 t에 따라 나타낸 그래프. 처음에는 입자가 양의 방향으로 움직이다가(t가 증가하면 x도 증가함) 이후에는 반대 방향으로 움직인다. 시간 t_2에는 원래 자리로 돌아온다.

x,y 도표를 그리듯이 x,t 도표 위에 점들을 찍어 사건을 표현할 수 있다는 것은 시간을 공간과 비슷한 방식으로 서술할 수 있음을 보여 준다. 그러나 서술은 어디까지나 서술일 뿐이다. 시간과 공간이 실제로 긴밀한 연관을 맺고 있다는 사실은 아인슈타인의 특수 상대성이론(지금껏 실험으로 너무나 잘 증명되어서 이제는 이론이 아닌 법칙이라 부르는 게 맞을 듯싶다)에서 비로소 분명해진다. 4장 1절 「고전

시대」에서 살펴보았듯, 특수상대성이론은 빛의 속도가 관찰자의 움직임과 관계없이 불변한다는 사실에 기초하고 있다. 4차원 시공간 좌표(x,y,z,t)의 축을 회전하면 다른 관찰자 속도를 얻을 수 있는데, 그러한 회전 변환 중에

$$s^2 = x^2 + y^2 + z^2 - c^2t^2 \qquad \text{수식 8.4}$$

의 물리량이 불변한다는 것이 특수상대성이론의 요지다(수식 8.3 참조). 여기서 시간은 다른 세 공간 좌표와 매우 비슷하게 행동한다. 계수 c^2가 앞에 붙은 것은 우리가 보통 시간을 재는 단위(초)가 공간의 단위(미터)와 다르므로 이를 맞추어 준 것이다. 수식 8.4와 8.3의 유일한 차이는 시간 앞에 음의 부호가 붙는다는 점이다. 물리학의 가장 근본적 수준에서 볼 때 이것이 시간과 공간의 유일한 차이점이다. 우리가 시간과 공간을 다르게 지각하는 이유가 이 부호 때문일까? 이는 물리학의 난제 중 하나이며 아직 우리는 그 답을 모른다. 시공간의 지각에 관해서는 다음 절에서 더 살펴보자. 마지막으로 지적할 것은, 우주론에서는 수식 8.4에서 음의 부호를 양의 부호로 바꾼 소위 '유클리드' 시간이 주로 쓰인다는 사실이다. 이를 두고 우주론에 무언가 중대한 허점이 있다는 비판이 존재한다.

시간 경험

물리 법칙 속의 시간과 우리 경험 속의 시간은 크게 세 가지 차이점이 있다. 우선 우리의 경험에서는 과거와 미래라는 시간의 두 방향이 극명하게 구분된다. 우리는 과거와 미래를 절대 혼동하지 않는다. 쉽게 말해 우리는 과거를 기억하지 미래를 '기억'하지 않는다. 미래는 기억이 아닌 예측의 대상이다. 물론 미래를 예측하는 초능력을 지녔다고 주장하는 사람들도 있다. (그럴 리는 없지만) 그것이 사실이라면 이들이 예측하는 과정이 혹시 미래를 '기억해 내는' 식으로 이루어지는지 살펴봄 직하다. 두 번째 차이점은 우리가 과거는 바꿀 수 없지만, 미래는 바꿀 수 있다고 믿는다는 점이다. 이 역시 당연한 얘기처럼 들릴 것이다. 어쨌거나 과거는 '이미 일어난' 것이기 때문이다(8장 4절 「기억」참조). 하지만 물리학의 기본 법칙에서 과거와 미래가 구분되지 않는다는 점을 놓고 보면 이 당연한 사실은 시사하는 바가 매우 크다.

공간 경험을 예로 들어 보자. 물리학 법칙과 마찬가지로 x축상에서 양의 방향과 음의 방향, 즉 나의 앞쪽과 뒤쪽은 근본적인 차이가 없다. 그래서 우리는 어느 방향으로든 움직일 수 있다. 그러나 시간에 대해서는 이것이 불가능하다. 오직 미래를 향해서만 나아갈 수 있다.

모든 기본 물리 법칙이 과거와 미래를 구분하지 않는데 왜 그 둘을 근본적으로 다르게 경험할까? 혹시 이것이 물리 법칙이 의식을 설명할 수 없음을 보여 주는 의식만의 놀라운 특징일까? 하지만 "예"라고 단정 짓기는 이르다. 우리의 경험 이외에도 시간 방향에 대한 비대칭성이 나타나는 사례가 또 있기 때문이다. 이에 관해서는 8장 3절 「시간 비대칭성과 열역학」에서 다룬다.

마지막 차이점은 우리가 시간축을 따라 '움직이는' 것처럼 느낀다는 점이다. 우리는 멈출 수도, 뒤로 갈 수도 없다. 이것 역시 우리 경험상에서는 당연한 이야기처럼 들린다. 사건의 순서가 바로 시간의 정의이기 때문이다. 따라서 시간을 거슬러 간다는 것은 말이 되지 않는다. 시간을 거슬러 가려면 이미 겪은 것을 어떻게든 '역경험 unexperience'할 수 있어야 한다.

과거와 미래를 나누는 '지금' 또는 '현재 시점'이라는 개념도 시간축을 따라 움직이는 듯한 경험과 관련되어 있다. 물리학에는 시간의 흐름이나 '현재'와 같은 개념이 없다. 실제로 물리학의 가장 근본적인 수준에서는 시간과 공간을 거의 똑같이 취급한다. 그러나 공간을 경험하는 방식은 시간을 경험하는 방식과 전혀 다르다.

우리는 반드시 공간 속을 움직여야 할 필요가 없다. 가만히 서 있을 수도 있고 다른 방향으로 갈 수도 있다. 그래서 '여기'라는 개념은 '지금'이라는 개념과 전혀 다르다. 우리는 모두가 똑같은 '지금'을 경험한다고 생각하지만, '여기'에 대해서는 그렇게 생각하지 않는다. 또한 '여기'에 머무를 수는 있지만, '지금'에 머무를 수는 없다. 이것도 의식의 속성일까 아니면 물리학의 다른 요소에 의한 것일까? 이 질문에 답하려면 외부 세계의 여러 양상 가운데 특정한 시간 방향을 선호하는 것이 있는지 살펴보아야 한다.

시간 비대칭성과 열역학

앞서 우리는 당구공의 움직임이 시간에 대해 비대칭적임을 확인하였다. 실제 세계에서는 공이 느려지다가 결국에는 멈추기 때문이다. 그 과정을 영상으로 찍어 거꾸로 재생하면 멈춰 있던 공이 저절로 움직이기 시작하는 것처럼 보일 것이다! 그러한 일은 실제 세계에서 벌어지지 않으므로 영상이 역재생되었음을 눈치챌 수 있다. 공이 느려지는 것은 공이 구르는 당구대와 공이 뚫고 지나가는 공기가 원자라는 구조로 되어 있기 때문이다. 두 공이 부딪혀 당구대 위를 구르면 당구대와 공기의 원자도 움직이는데, 이로 인해 당구공의 규칙적이고 집단적인 회전 운동 에너지가 (우리가 열이라 느끼는) 원자의 무작위 운동으로 변환된다. 단, 이 모든 과정에서 물리학 법칙은 시간 역전 불변성을 따른다. 공이 멈추는 과정에서 공의 운동량은 당구대 천과 공기의 원자에게로 전달되는데, 이 장면을 아주 자세히 찍어서 거꾸로 재생하면 공이 저절로 움직인 이유가 납득이 갈 것이다. 같은 방향으로 움직이는 수많은 원자가 갑자기 한꺼번에 공에 부딪혀서 공을 구르게 만드는 모습이 보였을 것이기 때문이다. 이러한 일은 물리 법칙에 위배되지 않는다는 점에서 이론상 가능하기는 하지만 그 가능성은 매우 희박하다. 그래서 우리는 (적어도 시간이 일반적인 방향으로 흘러가는 세계에서는) 그런 일이 일어나지 않는다고 확신할 수 있다.

이처럼 세상의 여러 가지 물리 현상이 특정 시간 방향에 따라 일어나는 것처럼 보이는 것은 우리가 수조 개의 원자의 질서정연한 움직임만을 관찰할 수 있기 때문이다. 하지만 원자 간의 상호 작용으로 인해 그 움직임은 점점 뒤죽박죽되고 질서가 줄어든다. 간단한 예시로 상자에 칸막이를 설치하여 두 부분으로 나눈 뒤 왼쪽은 기체로 채우고 오른쪽은 진공으로 만들었다고 상상해 보자. 칸막이를 없앤 그 순간 우리는 모든 원자가 왼쪽에 있음을 안다. 원자의 위치 분포에 관해 엄청나게 많은 정보를 알고 있는 셈이다. 하지만 원자들의 초기 속도나 위치가 어떠했든 충분한 시간이 지나면 양쪽의 원자 수는 같아질 것이다. 우리는 이렇게 질서가 소멸하는 듯한 모습을 관찰함으로써 시간의 두 방향을 구분할 수 있다. '소멸하는 듯한'이라고 표현한 이유는 원자들의 움직임 속에는 '각각의 속도를 뒤집어 일정 시간이 지나면 모두 상자의 왼쪽에 모이게 된다'라는 질서가 여전히 숨어 있기 때문이다. 하지만 그러한 질서는 겉보기에 드러나지 않는다.

우주의 (겉보기) 질서가 언제나 감소한다는 것, 이것이 그 유명한 열역학 제2법칙이다. 사람들은 이 법칙을 물리 법칙 중 하나로 취급하며, 다양한 응용 분야에서도 널리 사용하고 있다. 그러나 열역학 제2법칙은 물리학의 기본 법칙에서 유도된 것이 아니라 현재 우리가 속한 세계의 특정 조건으로 말미암은 결과물이다. 세계가 점점 무질서해지는 것처럼 보이는 이유는 현재 세계의 질서가 너무 높기 때문이다. 애당초 질서가 어떻게 생겨났는지, 또한 물리학이 그 해답을 제공할 수 있는지 역시 매우 중요한 질문이다.

이와 관련된 수학적 사실을 짧게 살펴보자. 우리는 시간 역전에 불변하는 방정식을 따르면서도 그 자체는 시간에 비대칭적인 계를 쉽게 떠올릴 수 있다. 다음 미분방정식을 보자.

$$\frac{d^2w}{dt^2} = \lambda^2 w \qquad \text{수식 8.5}$$

이 방정식의 일반해는 $w = Ae^{\lambda t} + Be^{-\lambda t}$이며, A와 B는 임의의 상수이다. 이때 '경계 조건'을 적절히 설정하면 A를 0으로 만들 수 있다. 예를 들어 시간 t = 0일 때 $\frac{1}{w}\frac{dw}{dt} = -\lambda$라면 해는 다음과 같아진다.

$$w = Be^{-\lambda t} \qquad \text{수식 8.6}$$

이 함수는 시간에 따라 감쇠한다(그림 8.4). 즉, 이 계는 시간의 두 방향에 대해 다르게 행동한다. 만약 변수 w가 물리계 내부 질서도의 크기를 나타낸다면, 수식 8.6에 의해 그 계의 질서는 시간이 흐를수록 감소할 것이다(두말하면 잔소리겠지만, 실제 세계는 이보다 훨씬 더 복잡하다!).

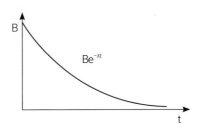

그림 8.4 이 함수는 시간 역전에 불변하는 방정식(수식 8.5)을 따르지만, 시간에 따라 '감쇠'하므로 시간 역전에 대하여 불변하지 않는다.

양자론으로 기술된 세계에서는, 즉 슈뢰딩거 방정식에 의한 시간 변화만을 고려하면, 열역학 제2법칙은 유도되지 않을 뿐 아니라 애초에 틀렸다는 결론이 나온다. 양자론에서 질서의 양(무질서도로 엄밀하게 정의된)은 시간에 따라 변하지 않는 상숫값이다.

열역학 제2법칙은 이처럼 불분명한 지위에 놓여 있지만, 우리가 속한 세상에 막대한 영향력을 행사하고 있다. 나를 둘러싼 만물이 변하고 스러지는 것은 이 법칙 때문이다. 우리가 세상을 인과적(원인이 결과에 선행한다)으로 해석하는 것 역시 열역학 제2법칙과 관련이 있다. 물론 여러분은 인과성이 단순히 우리의 '사고

방식'이 아니라 세계가 실제로 작동하는 방식이라고 주장하고 싶을 것이다. 이는 합리적인 주장이다. 가령 우리가 TV 프로그램을 시청하는 것은 그 전에 방송국 스튜디오에서 모종의 사건촬영이 일어났기 때문이고, 온실효과가 지구를 덥히는 것은 과거에 에어로졸이 사용되었기 때문이다. 서로 인과적 접점이 없는 우주의 각 부분이 균일하게 우주배경복사를 방출한다는 사실(4장 5절 「우주론의 표준모형」 참조)을 문제시하는 천문학자들의 모습에도 인과성에 대한 중시가 깃들어 있다. 우리는 현재 우주가 (미래가 아닌) 과거 우주의 결과물이라고 여긴다. 그러나 (인과적·결정론적 체계하에서) 기초물리학적 수준에서는 모든 것을 반대로 되돌릴 수 있다. 그렇다면 t=0일 때의 계에 관한 지식이 주어지면, 이후 시간 t < 0에 무슨 일이 일어날지뿐만 아니라 이전 시간 t < 0에 일어나는 일도 유추할 수 있다. 원인과 결과가 뒤집힐 수도 있는 것이다!

전자기 복사가 이에 대한 좋은 예시가 될 수 있다. 전자기학에서는 보통 (시간 불변적) 파동 방정식의 해解를 이른바 지연 파동retarded wave 해로 나타낸다. 이 해는 시간에 대해 비대칭적이며 전자기장의 원천source으로부터 방출되는 파동을 나타낸다. 혹자는 이것으로 인해 물리학에 시간의 방향 개념이 추가된 것이며, 이것이 과거와 미래에 대한 '물리학적 근거'라 해석하기도 한다(1988년에 출간된 한 책에서는 줄의 파동에 대한 방정식 풀이 앞에 다음과 같은 문구가 등장한다. "미래에 일어난 일이 과거에 일어난 일을 바꿀 수 없다는 것은 물리적 사실이다." 마치 물리적 사실이 방정식의 해에 영향을 줄 수 있다는 듯 말이다!). 하지만 이는 틀린 해석이다. 지연 파동에 초기 조건을 더한 것은 수학적 방정식의 고유한 해 중 하나일 뿐이다. 반대 방향으로 움직이는 선행 파동advanced wave에 최종 조건을 더한 것도 해가 될 수 있다.

우주를 (y,z축이 생략된) x,t 도표로 나타내면 이 상황을 좀 더 쉽게 이해할 수 있다. 이 도표에서 우주는 그저 존재할 뿐이며, 우리는 도표의 한 부분이 다른 부분을 야기한다고 생각하지 않는다. 물론 도표의 각 부분을 설명하는 방정식이 있기야 하겠지만, 어떤 한 부분이 다른 부분의 원인이 될 까닭은 없다. 이는 시간과 공간에 대한 우리의 인식 차이를 보여 주는 또 다른 예시다. 우주가 결정론적인지, 즉 t=0에서의 조건이 이후 모든 시점을 결정하는지를 논하는 책들은 무수히 많지만, x=0의 우주가 x〉0의 우주를 결정하거나 야기하는지에 대해서는 아무도 신경 쓰지 않는다.

하지만 어찌 되었든 우리는 지구 온난화가 에어로졸 사용의 원인이 아닌 결과라는 관점에서 벗어나기 어렵다. 이유는 두 가지다. 첫 번째 이유는 해당 방향으로 보았을 때 인과의 연쇄가 훨씬 단순하게 다가온다는 것이다. 에어로졸 가스가 대기 상층부로 올라가서 오존과 반응하는 과정을 추적하는 것이 그 반대보다 훨씬 쉽다. 에어로졸 사용을 야기한 모든 효과를 거꾸로 추적하려면 팔을 움직일 때 근육의 마찰 때문에 발생한 열에 의해 덥혀진 공기 분자의 움직임이라든가, 스프레이 캔을 들 때 운동량이 보존되도록 운동량을 제공한 발밑의 물체를 이루는 입자들의 움직임 등등 고려해야 할 것이 너무나 많다! 이는 다시금 열역학 제2법칙과 연결된다. 에 어로졸의 사용을 야기한 원자들의 움직임의 질서는 진짜 '원인'이라고 하기에는 너무 과한 우연으로 보인다. 우리에게 원인이란 단순해야 하고, 그 효과가 아주 멀리까지 미칠 수 있어야 한다. 그림 8.5에 나타나 있듯 일반적인 시간 방향에서는 하나의 선만 따라가면 특정 효과를 아주 쉽게 이해할 수 있는데, 그 과정을 반대로 이해하려면 모든 선을 다 따라가야 한다.

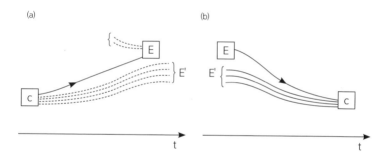

그림 8.5 (a) 일반적인 인과관계는 특정한 원인(C)이 하나의 결과(E)를 야기한다는 점에서 그 구조가 단순하다. 이때 다른 결과(E')들도 존재하고, E에도 여러 영향이 가해진다. (b) 시간을 역전하면 E가 C를 야기한다고 단정할 수 없다. C가 발생하려면 다른 E'도 일어나야 하기 때문이다.

두 번째 이유는 마음의 작동 원리와 관련이 있다. 원인과 결과라는 개념에는 의인화적인 관점이 어느 정도 포함되어 있다. 우리는 우리 자신이 미래에 어떤 일을 일으킬 수 있다고 생각한다. 그래서 외부 세계도 그럴 수 있을 거라고 여긴다는 것이다. 하지만 반대 해석도 얼마든지 있을 수 있다. 우리가 과거가 아닌 미래를 바꿀 수 있다고 여기는 것은 그것이 주로 보이는 자연적인 패턴이기 때문이라는 것이다. 여기서 우리는 자유의지 문제와 시간 문제를 합쳐서 생각할 수 있다. 그렇다면 목적이라는 개념(7장 6절 「목적과 설계」 참조)은 원인과 결과의 순서가 뒤집힌 것에 해당한다고 볼 수 있다. 내가 특정한 결과를 원하면 그 '최종 상태'라는 개념이 나로 하여금 변화를 일으켜 그것을 성취하게 만든다. 즉, 미래가 현재를 결정한 셈이다.

기억

8장 2절 「시간 경험」의 서두에서 언급했듯 우리는 과거를 기억하지만, 미래는 기억하지 못한다. 이는 가장 대표적인 시간 비대칭적 경험이다. 이것의 기원은 무엇일까?

뇌를 고전적 물리계로 바라본다면, 뇌는 매시간 단일 상태로 존재한다. 이 상태는 물리 법칙에 의해 과거 및 미래와 연결되어 있다. 뇌에 주어지는 외부 영향을 차단한다면 현재의 뇌 상태로부터 과거와 미래의 상태를 계산할 수 있다. 즉, 뇌의 과거와 미래를 유추할 수 있다. 이 단계에서는 모든 것이 시간에 대해 대칭적이다. 그러나 외부 세계의 영향이 중요해지기 시작하면 뇌의 상태만으로 아무것도 유추할 수 없게 된다. 간단한 예로 지금 내 방 창문 너머에는 한 남자가 잔디밭을 가로질러 걷고 있다고 가정해 보자. 이 사실은 현재 내 뇌의 상태에 영향을 준다. 하지만 나는 그 남자가 어디서 왔는지, 어디로 가는지 유추할 수 없다. 과거와 미래는 내가 자각하지 못하는 인자들에 의해 정해진다(그림 8.6 참조).

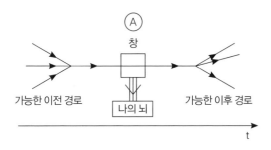

그림 8.6 A 위치에 사람이 있다는 지식만으로는 그 사람이 어디에서 왔는지 기억하거나 어디로 갈지 예측할 수 없다.

하지만 뇌는 외부 대상에 대한 기억을 간직할 수 있다. 그 원리를 이해하기 위해 단순한 형태의 '기억', 이를테면 사진으로 가득 찬 서랍을 떠올려 보자. 이 사진들은 시간 t_1의 사건(사진기 앞에 선 사람들)과 시간 t_1+T의 상태(사람들의 사진) 사이에 직접적인 상관관계를 만들도록 설계된 '기계'에 의해 생성된다. 따라서 이 사진들은 과거 일들에 대한 일차 증거로 활용될 수 있다. 이때 T는 사진이 현상되는 데 걸리는 시간에 해당한다. 이 과정은 그림 8.5(a)에 나타난 인과관계의 한 예시이기도 하다. 우리 뇌도 이런 식으로 과거의 이미지를 기록한다는 것을 우리는 그리 어렵지 않게 상상할 수 있다.

그러면 시간 역전 불변성이 깨진 것일까? 그렇지 않다. 이 '기계'

가 작동하는 방식은 여전히 완벽히 시간 불변적이기 때문이다. 하지만 초기 조건(빛에 노출되지 않은 필름 유화액, 카메라의 상태 등)이 특정 목적에 의해 설계되었다는 점에서 시간의 방향성이 개입된다. 컴퓨터의 메모리 역시 좋은 예시다. 특정 키를 누르면 컴퓨터의 일부분이 특정 상태가 된다. 이때 그 부분은 눌린 키와 고유한 연관성을 맺는다. 위에서 '설계'라는 단어를 쓴 것에 유의할 필요가 있다. 모든 것을 완전히 물리적으로 기술하려 했으나 그렇지 않은 개념이 도입된 것이다. 이를 이해하려면 역시 초기 조건을 필요로 하는 열역학 제2법칙에 의거한 설명이 도움이 될 수 있다(다음 쪽 참고).

일반 사진기와 반대로 미래의 사진을 찍는 기계를 설계하는 것도 가능해야 한다. 이 기계는 그림 8.7과 같이 작동할 것이다. 실제로 우리는 이를 사진이 아닌 '청사진' 또는 '계획'이라 부른다. 8.3절에서 본 것처럼, 마음속에서 미래 사건을 계획할 때 우리는 과거 사건을 기억해 내는 과정을 거꾸로 수행한다. 따라서 '목적'은 기억을 시간에 대해 뒤집은 것이다.

이 설명은 결국 하나의 의문점을 남긴다. 시간의 양방향에 대해 동등한 두 가지 과정이 있다는 게 물리학의 관점에서 보면 충분한 설명이 될지 모른다. 하지만 왜 우리는 '기억'과 '목적'을 전혀 다르게 지각하는 것일까? 기억과 목적은 단순히 같은 대상을 다르게 표현한 것이 아니다. 우리의 인식상에서 사진과 청사진은 전혀 다른 개념이다. 이는 왜일까?

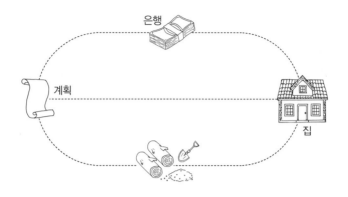

그림 8.7 계획은 미래를 찍은 사진과 같다. 지금 벽돌이 어떻게 놓여 있든, 돈이 있든 없든, 계획은 집을 만들어 낸다.

이 문제는 총 네 가지 방식으로 설명 가능하다. 첫째는 열역학 제2법칙과 연관 지어 설명하는 것이다. 언뜻 보기에는 기억 상태가 생성되면 질서가 증가할 것 같지만, 모든 것을 고려하면 오히려 질서가 감소해야만 한다. 다시 말해 뇌의 질서는 기억 작용을 이끌어 내기 위해 뇌 바깥의 질서가 감소한 양보다 훨씬 적게 증가한다. 따라서 기억의 작동 방식은 질서가 감소하는 열역학 제2법칙에 부합한다. 또한 이는 기억이 비가역적임을 의미하기도 한다. '기억을 없애는 것unmemorizing'(우리는 이를 망각이라 부른다)이 가능하기는 하지만, 그 과정은 기억이 형성되는 과정과 판이하다. 이에 관한 추가 논의는 호킹[1]을 참조하라.

두 번째 설명 방식은 앞서 이미 소개한 바 있다. 우리는 미래를 바꿀 수 있다고 믿지만, 과거를 바꿀 수 있다고는 믿지 않기 때문이라는 것이다. 물론 이는 또 다른 문제들로 이어진다. 예컨대 이 설명에서는 인과관계의 방향이 확실치 않다. 우리의 믿음 때문에 기억과 목적이 다른 것인가. 아니면 기억과 목적이 다르기 때문에 우리의 믿음이 다른 것인가?

세 번째는 양자론 속에 그 실마리가 있다고 보는 관점이다. 이에 관해서는 11장에서 다시 살펴본다.

마지막은 과거가 이미 '일어났다'는 '자명한' 답으로 되돌아오는 것이다. 이는 많은 사람의 확고한 신념이며 우리 마음속에서 과거와 미래를 구분 짓는 결정적인 기준이다. 그렇다면 이는 무엇을 의미하는가?

시간축에 따른 이동

내가 아주 어릴 때, 어머니는 우리 형제에게 피츠제럴드^{Fitzgerald}의 냉엄한 시구를 회초리 삼아 후회할 짓을 하지 말 것을 가르치시고는 했다.

움직이는 손가락이 쓴다, 썼다
그럼 아무리 빌고 재주를 부려도
단 한 줄도 되돌릴 수 없으리
눈물 흘린들 단 한 단어도 씻어낼 수 없으리

그런데 아인슈타인은 사망한 친구(미셸 베소 - 옮긴이)의 가족에게 보낸 추모 편지에서 다음과 같이 썼다.

과거, 현재, 미래 사이의 구분은 매우 끈질긴 환상입니다.

위 두 경구警句는 시간에 대한 두 가지 상반된 시각을 보여 준다. 전자는 의식이 시간을 지각하는 방식이고, 후자는 물리학에서 시간을 해석하는 관점에 해당한다.

우리는 우리 자신이 시간에 따라 움직인다고 여긴다. 그 과정에서 우리는 세상과 상호 작용한다. 때로는 세상을 바꾸기도 하고, 세상에 의해 바뀌기도 한다. 다시 말해 우리는 '현재'라는 것이 실재하고, 그 위치가 시간축을 따라 계속 움직인다고 생각한다. 전체 우주를 나타낸 x,t 도표에서 이것이 무엇을 의미하는지 살펴보자. 그림 8.8(a)에는 과거, 현재, 미래에 존재하는 **모든 것**이 나타나 있다. 그러나 이 그림에는 빠진 것이 있다. 바로 '현재'의 위치다. 이를 수정한 것이 오른쪽 8.8(b)이다. 여기서는 현재가 2022년 1월로 표시되어 있다. 바로 옆 8.8(c)에는 현재가 2032년으로 표시되어 있다. 그렇다면 (b)와 (c) 중 어느 것이 맞을까? 모든 것을 나타냈다는 도표가 어떻게 두 가지나 있을 수 있는 것일까? 만약 이 도표가 x와 y축에 대한 것이었다면, (b) 다음에 (c)가 온다고 보는 것이 타당할 것이다. 이 경우 '현재'라는 사물이 시간에 따라 움직이는 것처럼, 즉 공간상 위치가 바뀌는 것처럼 보일 것이다. 그러나 x,t 도표(y,z축이 생략되었음을 유념하라)에는 '현재'가 움직이게 만들도록 변화시킬 대상이 없다. 그렇다면 '현재'의 위치는 **무엇**의 함수여야 할까?

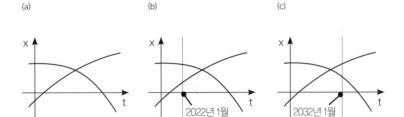

그림 8.8 (a) 어느 세계의 과거, 현재, 미래를 전부 나타낸 그림(이 세계는 아주 단순한 세계로, x축을 따라 움직이는 입자 두 개로만 이루어져 있다). (b)와 (c)에는 비슷한 그림에 '현재'라는 점이 추가되었다. 둘 중 어느 것이 맞을까?

유일한 방법은 이른바 '심리적' 시간이라는 개념을 도입하여, 시간축상의 나의 위치가 나의 심리적 시간에 의해 정해진다고 보는 것이다. 나는 시간축을 따라 항상 앞으로 나아가므로 이 함수도 계속 증가해야 한다. 그러면 그림 8.9에서처럼 심리적 시간이 변화함에 따라 나는 점점 넓은 시간 범위를 거치게 될 것이다. 내가 거쳐 간 시간은 '이미 일어난' 것들에 해당한다. 반대로 '아직 일어나지 않았다'는 것은 '아직 내가 도달하지 않았음'을 뜻한다.

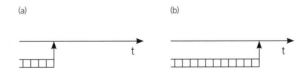

그림 8.9 심리적 시간이 증가함에 따라 '현재'가 시간축을 따라 움직이는 모습. (b)가 (a)보다 심리적으로 더 나중이다.

흥미롭게도 '시간 여행'이 등장하는 공상과학소설은 시간이 이렇게 두 종류로 나뉜다는 전제를 깔고 있다. 만리장성이 지어지는 장면을 보기 위해 과거로 돌아간다 해도 나 자신의 시간은 여전히 앞으로 흐른다. 그러므로 나는 시간 여행을 떠나기로 결심한 이후에 만리장성을 본다(그림 8.10(a)). 그렇지 않다면 내가 존재하지 않는 때로 거슬러 올라간 것이니 말이 되지 않는다. 한편 일어난 일을 되돌리고 싶을 때, 한 번 더 기회를 얻고 싶을 때는 우리의 관점에서 더 이른 시점으로 되돌아가는 상상을 한다(그림 8.10(b)). 두 과정 다 당연히 실현 불가능(일반상대성이론의 이른바 '웜홀'은 가능성이 다소 있어 보이지만)하다. 단, 8.10(c)처럼 '기억'을 사용하여 '현재'에 대한 집중을 과거의 어느 시점으로 옮겨가는 것은 가능하다.

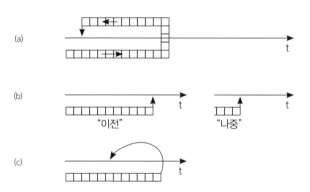

그림 8.10 시간 여행의 여러 형태. (a) 나중의 심리적 시간에 이전의 시간을 경험한다. (b) 이전의 심리적 시간에 해당하는 오른쪽 그림이 왼쪽보다 나중에 일어난다. 이 경우 '이후'가 무엇인지 이해하기 위해 또 다른 시간 개념이 필요하다. (c) 기억은 현재에서 과거로 집중을 옮기는 것에 해당한다.

시간축을 따라 이동하는 느낌은 책 읽기에 비유할 수도 있다. 매 순간 우리는 특정 페이지의 일부분만을 읽을 수 있다. 책 전체 내용의 극히 일부만을 자각하는 것이다. 단, 이 비유에는 우리 경험의 매우 중요한 요소인 자유의지 경험이 빠져 있다. 우리는 책을 읽을 뿐만 아니라 쓰기도 한다! 시간과 자유의지 개념은 서로 밀접하게 연관되어 있다. 우리가 자유의지 문제로 골머리를 앓는 것은 시간에 대해 무지하기 때문이기도 하다.

시간과 공간

8장 1절「시간과 물리 법칙」에서 살펴본 것과 달리, 시간은 공간과는 전혀 다른 여러 특징이 있다. 시간은 방향이 있으며, 흐르고, '현재'가 존재한다. 목적, 기억, 인과성과도 공간과는 다른 방식으로 연관되어 있다. 어쩌면 우리는 일부 조건에서만 나타나는 환상과도 같은 특수상대성이론의 미려한 '대칭성'에 속은 것일지도 모른다. 또한 우주에는 다른 것보다 우선시되는 고유한 정지 좌표계가 있을지도 모른다. 양자론은 그러한 가능성을 오히려 지지한다. 우주론에도 우주배경복사가 등방^{모든 방향에 대해 대칭}이 되는 좌표계와 같이, 선호되는 좌표계가 존재한다. 하지만 이것이 시간이나 양자론과 어떠한 관련이 있는지(있기는 할지)는 확실치 않다.

실제 우주가 시공간이 아닌 공간에만 존재하며, '시간'은 그저 파생된 개념이라는 (특수상대성이론의 관점에서 볼 때) 극단적인 관점도 있다. 이는 호킹[1]을 비롯한 학자들이 우주 파동함수를 탐구하는 과정에서 제시된 관점이다. 이 우주 파동함수는 전체 우주를 완벽히 기술하지만, 시간 변수에 전혀 의존하지 않는다. 다시 말해 상수이다. 그렇다면 우리 눈에 우주는 왜 변화하는 것처럼 보일까? 이것을 설명하기 위해서는 양자론에 관해 알아야 하므로 잠시 뒤 10장 7절 「시간과 양자역학」에서 다시 살펴보기로 하자.

9장
진리

사실과 항진명제

예수를 십자가형에 처한 로마 총독 폰티우스 필라투스[빌라도]는 예수에게 "진리가 무엇인가?"라고 물은 것으로 유명하다. 이에 관한 해석은 분분하다. 그는 예수에 관해 전해 들은 이야기 중 무엇이 사실인지를 물은 것일까, 아니면 진리의 본질에 관한 좀 더 근본적인 질문을 던진 것일까? 이 장에서 우리가 던질 질문은 후자에 해당한다. 진리라는 개념은 무엇을 뜻하는가? 결론부터 말하자면, 우리는 흔히 **진리**가 우리와 별개로 실재하는 확실한 무언가로 여기지만, 진리 역시 의식이 있어야 출현할 수 있다.

우선 '진리'에도 여러 종류가 있다. 사물에 대한 명제는 참일 수도, 거짓일 수도 있다. 예를 들어 "나는 지금 앉아 있다"는 명제는 참이다. 하지만 이것이 반드시 참이어야 할 이유는 없다. 이와 비슷하게 "대부분의 나뭇잎은 녹색이다"는 "22+32는 54다"와는 달리 관찰을 통해서만 참임을 추론할 수 있다. 이러한 진리를 우리는 **사**

실적 진리factual truth라 부른다. 이에 대한 추가 논의는 카Carr[1]를 참고하라. 사실적 진리의 범주를 정확하게 정의하기는 어렵다. 주어진 사실이 반드시 참 또는 거짓인지, 아니면 우리의 가정에 따라 달라지는지 알 수 없기 때문이다. 예를 들어 나뭇잎이 녹색인 것은 엽록소의 화학 구조 때문이며, 우리의 물리 법칙하에서 그러한 구조의 분자는 반드시 녹색을 띨 수밖에 없다. 카의 정의에 따르면 사실적 진리들은 비수학적·비언어적·비논리학적 진리들이다.

이와 반대 개념이 **항진명제**tautology다. 항진명제는 특정 대상에 관한 진술뿐만 아니라 참이라 가정된 다른 명제에 논리, 수학 규칙, 단어의 의미를 적용하여 연역한 것도 포함한다. 예를 들어, a, b, c 가 일반적인 숫자라고 가정하면 다음 명제는 참이다.

만약 a 〉 b이고 b 〉 c라면 a 〉 c이다.

이 명제의 진위는 ("나는 앉아 있다"라는 명제와는 달리) 다른 어떤 것에도 의존하지 않는다. 1, 2, 3 등 어떠한 숫자를 집어넣어도 이 명제는 참이다.

다른 예를 들어 보자.

만약 A가 B 혹은 C이고
A가 B가 아니라면
A는 C이다.

가령 A가 나의 형이 태어난 곳이고, B는 미얀마, C가 중국이라고 해 보자. 이 명제에 의하면 나의 형은 미얀마나 중국 중 한 군데에서 태어났는데, 미얀마를 제외하면 중국에서 태어났을 수밖에 없다. 이는 확실히 참인 명제다. 그런데 내가 아는 지식에 근거하자면 실제로는 첫 번째 공리가 틀렸다.

이처럼 항진명제조차 단어의 의미나 수학적 기호 등 다른 무언가에 의해 진위가 결정되지 않냐고 이의를 제기할 수 있다. 하지만 여기서 중요한 것은 서술된 명제의 의미의 진위이다. 그 명제의 의미는 표현에 사용된 기호와 무관하게 존재한다.

항진명제는 논리학과 수학의 기본 바탕이다. 항진명제의 크나큰 장점은 확실성이다. 항진명제는 논박할 필요도 없고, 부정확한 근거나 기억에 의존하지도 않는다. 평면 위 원의 둘레가 지름의 π배라는 사실은 설령 내가 그것을 잊어버리더라도 여전히 참이며, 다른 그 무엇에 의해서도 달라지지 않는다. 그래서 어떤 이들은 인생과 사회의 주요 결정을 항진명제의 수준으로 환원하여 모든 문제를 논쟁이 아닌 계산으로 해결하려는 시도에 매료되기도 했다. 철학자 라이프니츠와 데카르트(5장 6절 「이원론」 참조)도 그들 중 일부였다. 하지만 당연하게도, 이러한 시도는 실패로 끝났다.

하지만 사고에 적절한 논리적 근간을 마련하려는 시도는 거기서 멈추지 않았다. 일부 사람들은 내부적으로 모순적인 명제^{역설}가 가진 의의에 주목했다.

역설

역설과 관련된 문제의 시작은 고대 그리스의 시인 에피메니데스 Epimenides로 추측된다. 그는 다음과 같이 썼다.

크레타인은 언제나 거짓말을 한다.

이 명제의 신뢰도는 우리가 에피메니데스를 얼마나 잘 아느냐에 따라 달라질 것이다. 그런데 에피메니데스 본인이 크레타인이라는 사실을 접하고 나면 우리 머릿속은 복잡해진다. 에피메니데스의 발언은 특정 국가 비하로 비칠 우려가 있으니 이번에는 다음의 역설을 살펴보자.

이 문장은 참이 아니다.

이 문장은 분명 무언가를 말하고 있기는 한데, 참도 거짓도 될 수 없다(직접 시도해 보라). 어떻게 이러한 모순이 생겨날 수 있을까?

내 마음속 이론물리학자는 이러한 종류의 역설은 신경 쓸 필요가 없다고 말한다. 위 문장은 자기 자신 이외에 아무것에 대해서도 말하고 있지 않다. 무언가가 스스로에 관해 역설적인 말을 한들 무슨 상관이란 말인가? 이는 마치 아무것과도 상호 작용하지 않는 입자와 같다. 그런 걸 왜 신경 써야 한다는 말인가? 그렇지만 많은 논리학자, 수학자, 철학자들은 나처럼 생각하지 않았다. 그러니 이 책에서는 이들의 생각을 따라가 보도록 하자.

그 무의미함은 차치하더라도, 위 문장이 우리를 혼란스럽게 만드는 두 가지 요인이 더 있다. 첫 번째는 스스로에 관해 언급하는 '자기지시성'이다(이것과 의식의 관련성을 알아챈 독자들도 있을 것이다. 의식에 관한 생각은 자기 자신을 가리킬 수밖에 없으므로). 당연하게도 자기지시성을 없애려면 위 문장을 다음과 같이 두 문장으로 풀어 쓰면 된다.

아래 문장은 참이 아니다.
위 문장은 참이 아니다.

그러나 역설은 여전히 남아 있다. 이제 이 두 문장은 '닫힌 고리'를 이루었다. 이는 자기지시성을 지닌 것과 다를 바 없다.

역설을 해결하는 한 가지 방법은, 참 거짓에 관한 명제를 세울 수 있는 대상의 범주를 정확히 정의한 뒤, 명제 자체는 그 범주에 포함되지 않는다고 정하는 것이다. 그렇다면 자기지시적 명제는 허용되지 않으므로 문제가 해결된다. 하지만 이런 식의 정의는 필요치 않다. 수학자 괴델[2]이 자기지시적 명제의 논리학적 기초를 마련하는 데 성공했기 때문이다. 괴델의 이론에서는 자기지시적 명제가 허용된다. 따라서 우리는 이 방법으로도 역설을 빠져나갈 수 없다. 괴델은 연구를 통해 이러한 역설적 명제들이 문제를 일으키는 이유가 그것들이 '진리'의 개념에 관해 말하기 때문임을 확인하였다.

괴델의 연구를 살펴보기 전에, 우선은 공리계라는 개념에 대해 알아야 한다.

공리계

공리계는 공리의 집합과 규칙의 집합에 의해 정의된다. 공리는 어떤 이론에서 증명 없이 참으로 받아들이는 명제를 말하며, 영어 문장이나 수식처럼 특정한 기호의 집합 형태를 띤다. 규칙은 이 기호들을 조작^{대입 또는 추론}하여 새로운 명제를 만드는 방법을 알려 준다. 이 명제들은 공리로부터 유도되었으므로 역시 '참'이며, 정리 theorem라 불린다.

이를 잘 보여 주는 좋은 예시는 체스 게임이다. 체스에서는 모든 말의 배치가 명제에 해당하며, 가능한 모든 배열이 하나의 형식 체계(규칙에 따라 공리로부터 정리를 추론할 수 있는 논리 체계 - 옮긴이)를 이룬다고 볼 수 있다. 체스의 유일한 공리는 맨 처음 말을 배치하는 방식이다. 이는 임의의 기호 언어로 어렵지 않게 서술할 수 있다. 규칙은 체스 말을 움직일 수 있는 방식에 해당한다. 이를 기호 언어로 나타내는 것은 조금 복잡하긴 하겠지만 역시 가능하다. 정리는 시작 상태(공리)에서 출발하여 이동 규칙에 따라 도달할 수 있는 말의 위치에 해당한다. 따라서 체스 게임 중 모든 말의 위치는 이 공리계의 참인 명제, 즉 정리이다. 정리를 증명하는 데는 '사고'가 필요치 않다. 정리는 완전히 자동으로 증명할 수 있으며, 이를 위한 컴퓨터 프로그램도 쉽게 짤 수 있다.

물론 이 체계 내의 모든 가능한 명제가 참인 것은 아니다. 처음 위치로부터 도달할 수 없는 말의 배열도 있기 때문이다. 나는 지난주 아내와 체스를 두었다. 분명 내가 유리한 게임이었다. 내 말들이 아내의 킹의 숨통을 조여 가고 있었다! 그런데 몇 통의 전화를 받고 물 한 잔 먹고 돌아왔더니 갑자기 나의 우세가 온데간데없이 사라졌다. 그 이유는 몇 수 지나지 않아 곧 밝혀졌다. 아내의 비숍이 둘다 흰 칸 위에 있었던 것이다!(두 비숍은 처음에 서로 다른 색깔의 칸 위에서 시작하며 대각선으로만 갈 수 있으므로, 이는 저자의 아내가 반칙을 쓴 것이다 – 옮긴이) 그러한 명제는 정리가 아니다.

우리는 이 마지막 문장에 적힌 사실이 체스라는 논리 체계상에서 참임을 곧바로 알 수 있다. 그러나 흥미롭게도 정리를 만들어 내는 컴퓨터 프로그램은 이것의 진위를 절대로 판정할 수 없다. 물론 그 프로그램은 같은 편 비숍 두 개가 흰 칸 위에 서 있는 명제를 절대로 만들어 내지 않을 것이다. 그러나 이 프로그램은 그 명제가 불가능하다는 것을 알려 주지 않는다. 아주 오랜 시간 동안 프로그램을 돌려도 그러한 명제가 나오지 않는 걸 보고 추정은 할 수 있겠지만, 확실히 알 수는 없다. 위 사실이 참이기는 하지만 정리가 아니기 때문이다. 즉, 규칙에 따라 도달 가능한 명제(말의 위치)가 아니기 때문이다. 우리가 그것이 참임을 안 것은 규칙을 사용해서가 아니라 규칙에 관해 생각했기 때문이다. 현재 수준의 '멍청한' 컴퓨터로는 그러한 결론에 절대로 도달할 수 없다! 이러한 명제는 특정 수학적 구조에 포함된 명제가 아니라 해당 구조에 관한 명제인, 이른바 메타수학meta-mathematics적 명제이다.

여기서 우리는 메타수학과 역설의 관련성을 엿볼 수 있다. 메타수학적 명제는 자기지시적 명제와 비슷하다. 메타수학적 명제를 어떻게 수학적 명제처럼 취급할 수 있는지 그 방법을 제시한 것이 괴델의 커다란 업적이었다.

괴델의 정리

이 이야기는 올바른 논리적 구조 위에 수학을 위치시키려던 학자들의 노력에서 시작된다. 수학을 특정 공리와 연역 규칙의 집합으로 정의하려는 발상은 고대 그리스의 유클리드Euclid까지 거슬러 올라간다. 형식논리학이 발전하고 무한의 개념을 수학에 포함할 필요성이 대두되면서, 20세기 초 화이트헤드와 러셀은 모든 수학의 원리를 집대성하는 작업에 착수했다. 1910년 둘은 그 결과를 총 세 권으로 나누어 『수학 원리Principia Mathematica』[3]라는 제목으로 출간하였다. 이 책은 아마 지구상에서 가장 '읽기 힘든' 책 중 하나일 것이다!

둘의 노력에도 불구하고 문제는 해결되지 않았다. 수학자 힐베르트Hilbert는 수학이라는 구조가 내부 모순이 없는지를 보여야 한다고 지적했다. 다시 말해 주어진 공리와 규칙하에서 서로 모순되는 정리가 유도될 가능성이 없음을 증명해야 한다는 것이었다. 간단한 산수로 예를 들자면, 두 숫자 a와 b가 a ⟨ b를 만족할 때 b ≤ a라는 결론이 나오게 하는 다른 산술 연산자의 집합이 없음을 증명해야 하는 것이다. 이러한 무모순성consistency 문제는 수학이 추상적이기 때문에 발생한다. 물리 이론처럼 경험적인 대상에 관한 이론에서 발생할 수 있는 모순은 그 물리계를 제대로 묘사하지 못하는 것뿐이다. 왜냐하면 물리계 자체는 존재한다는 사실만으로도 무모순성을 어느 정도 담보하기 때문이다. 대략적으로 말하자면 공리가 많아질수록 이들 간에 모순이 발생할 가능성도 증가하므로, 무모순성 조건은 허용 가능한 공리의 개수를 제한한다.

그렇다고 공리의 수가 무한정 작아질 수 있는 것도 아니다. 공리계는 '완전'해야 한다. 즉, 주어진 이론 내에서 모든 참인 명제들을 공리계로부터 유도하여 증명할 수 있어야 한다. 그런데 공리에 의해 유도될 수 있다는 것이 참인 명제의 정의라면 왜 이것이 문제가 되는 것일까? 사실 이 문제는 생각보다 그리 간단하지 않다. 바로 여기서 등장하는 것이 괴델의 불완전성 정리다.

모순이 없고 산술 규칙을 포함할 정도로 복잡한 유한히 기술 가능한 형식 체계에는 반드시 정리가 아닌 참인 명제가 존재한다.

이는 모든 진리는커녕 산수에 대해서조차 완전한 논리적 기반이라는 것은 존재할 수 없음을 말해 준다.

이것의 의의를 더 다루기 전에 괴델의 정리를 간략히 증명해 보

자. 실제 증명은 수 쪽에 달하므로 여기서는 간단한 증명 방식만 살펴본다(형식적인 증명을 제외한 추가적인 논의는 네이글Nagel과 뉴먼Newman,[4] 호프스태터Hofstadter,[5] 러커Rucker,[6] 펜로즈Penrose[7]를, 기술적 내용을 포함한 해설은 코헨Cohen[8]을 참조하라).

증명의 첫 단계는 모든 명제를 숫자로 매핑mapping, 지도화하는 것이다. 우리는 이 숫자를 그 명제의 괴델수라 부를 것이다. '매핑'이라는 말은, 마치 지도상의 한 점이 지표면의 특정 위치를 나타내는 것처럼 각각의 수가 특정 명제를 가리키게 대응시킨다는 의미이다. 대응 방법은 여러 가지다. 한 가지 방법은 모든 명제를 영어 문장으로 적은 뒤에 27진수(각 알파벳은 1~26으로, 공백은 0으로 표현)로 바꾸는 것이다. 예를 들어 "I am나는 존재한다"라는 명제는 $(9 \times 27^3) + (0 \times 27^2) + (1 \times 27) + (13) = 177,187$이라는 괴델수로 나타낼 수 있다. 이렇게 하면 모든 명제를 특정 수와 연결 지을 수 있다. 하나의 명제가 여러 방식으로 표현될 수 있는 경우 그중에 가장 작은 숫자를 택하여 하나의 명제에 하나의 수만 대응되게 만든다.

이 과정을 거꾸로 하면 모든 수를 고유한 문자열로 변환할 수 있다. 대부분의 문자열은 무의미한 글자의 나열이겠지만, 그중에는 이론의 정리나 공리도 있을 것이고 정리나 공리는 아니지만 유의미한 명제도 있을 것이다. 이때 "x는 정리의 괴델수이다"라는 명제를 $P(x)$로, "x는 정리의 괴델수가 아니다"는 $\sim P(x)$로 나타내자.

이제 어떤 변수 var에 대한 명제들을 생각해 보자(예: "var는 홀수이다", "var는 18 이상 39 이하이다" 등). 이 명제들도 저마다 괴델수가 있을 것이다. 그러면 여기서 "var는 홀수이다"라는 명제를 X(var)로 나타내고, 명제 X(var)의 괴델수를 x로 나타내 보자. 그렇다면 명제 X(x)는 "'var는 홀수이다'라는 명제의 괴델수는 홀수이다"가 된다. 이때 X(x)의 괴델수를 [x]라고 하자. 그러면 연산자 […]는 특정한 정수를 다른 정수로 매핑할 것이다.

마지막으로 ~P([var])를 문장으로 쓴 명제를 E(var)라 하고, 그 명제의 괴델수를 e라 하자. 그러면 E(e)는 ~P([e])와 같다. 하지만 물결표 연산자(~)의 정의에 따르면, ~P([e])는 "E(e)는 정리가 아니다"라는 명제와 같다. 따라서 우리는 다음을 증명하였다.

E(e) ↔ E(e)는 정리가 아니다.

(양쪽 화살표 "↔"는 양변이 논리적으로 동치임을 의미한다 – 옮긴이)

괴델수를 매기는 절차를 생각해 보면 이 체계에서는 "이 명제는 정리가 아니다"와 같은 명제도 허용된다. 에피메니데스의 역설과 마찬가지로 이 명제 역시 자기지시적이지만, 이제는 진리의 개념이 '정리냐 아니냐'로 대체되었기 때문에 역설 자체는 사라졌다. 하지만 우리는 E(e)가 참인지 아닌지는 따져볼 수 있다. 먼저 E(e)가 정리가 아닌 것은 확실하다. 이를 증명하기 위해 E(e)가 정리라고 가정해 보자. 그렇다면 우변이 거짓이 되므로 동치 관계에 의해 좌변 역시 거짓이 된다. 그렇다면 E(e)는 정리이지만 거짓이다. 그러나 무모순적 체계에서는 거짓인 정리는 존재할 수 없다. 따라서 우리는 E(e)가 정리가 아님(우변이 참임)을 알 수 있다. 그렇다면 동치 관계에 의해 E(e) 역시 참이다. 우리는 참이면서도 정리가 아닌 명제 E(e)를 찾은 셈이다!

이쯤 되니 어딘가에서 속은 기분이 들어서 더 자세히 살펴보고 싶어진 독자들도 있을 것이다. 하지만 수많은 학자도 위 증명의 결함을 찾으려 머리를 싸맸으나 모두 실패했다는 점을 밝혀 둔다. 더욱 상세한 내용을 알고 싶은 독자들은 위에 소개된 문헌들을 참조하라.

1931년 발표한 괴델의 정리를 본 당시 논리학자와 수학자들은 뒤통수를 세게 얻어맞은 듯한 충격에 빠졌다. 괴델의 정리는 수학을 모순 없는 논리적 토대 위에 세우겠다는 학자들의 희망을 깡그리 앗아갔다. 이는 양자론이 물리학에 가한 충격에 비견할 만하다. 단, 양자론은 이후에 유의미한 실험 결과와 이론적 진보로 이어졌지만, 괴델의 경우는 그러지 못했다. 괴델의 정리는 수리논리학의 향배를 바꾸었고, 그 결과는 다양한 형태로 표현 및 일반화되었다 (가령 호프스태터[5]와 러커[6]를 보라).

어떻게 보면 괴델은 수학이 규칙 적용을 반복하다 보면 언젠가 끝나는 것이 아니라, '창의적인' 지적 활동으로서 지속되리라는 확신을 안겨 주었다. 수학자라는 직종 역시 컴퓨터로 대체되지 않고 계속 남아 있을 것이다!

바로 위 문장 속에는 수학자가 단순한 컴퓨터가 아니라는 믿음이 내포되어 있다. 이 모든 내용이 의식 연구와도 모종의 관련이 있을지도 모르는 이유다. 앞서 보았듯 모든 이론에는 우리 눈에는 참으로 보이지만 컴퓨터는 절대로 증명할 수 없는 참인 명제가 존재한다. 의식은 모든 논리 체계에서 (체계의 규칙만을 따르는) 컴퓨터가 절대 발견할 수 없는 것들을 알아낼 수 있는 듯하다. 이를 문자 그대로 받아들인다면 컴퓨터가 결코 의식을 모델링할 수 없다고 결론지을 수 있다. 실제로 철학자 루카스[Lucas][9]는 "괴델의 정리가 '메커니즘적 관점'이 틀렸음을, 즉 정신을 기계로 설명할 수 없음을 증명하는 듯하다"고 말했다. 이 관점은 루카스[10] 및 펜로즈의 저서 『황제의 새 마음』[7]에도 나타나 있다. 이에 대한 반박은 화이틀리[Whiteley][11] 굿[Good][12,13] 웨브[Webb][14] 호프스태터[5]를 보라.

하지만 내가 보기에 이 논증도 '기계'와 같은 단어의 의미를 어떻게 정의하느냐에 달려 있다. 루카스는 기계를 규칙에 따라 정리에 도달할 수는 있지만, 결과를 '보지는' 못하는 존재로 정의한다. 나는 어딘가에 편히 기대앉아 문제를 쓱 훑어보고 무언가가 참임을 깨달을 수 있지만, 기계는 그러지 못한다. 왜일까? 그 이유는 당연히 나에게 의식이 있기 때문이다(아니, 그 자체가 이유는 아니다. 다만 의식이 있다는 사실과 관련이 있는 것은 맞다). 따라서 루카스의 논증은 곧 기계에 의식이 없다는 주장이지, 증명은 아니다(단어들을 더 잘 정의하지 않는 한 이를 "증명"하는 것은 거의 불가능해 보인다!). 내가 알고리즘을 뛰어넘을 수 있게 하는 그 무언가를 어째서 '기계'에 장착할 수는 없는 것일까? 이 질문은 왜 기계에 의식을 불어넣을 수 없느냐는 물음과도 당연히 연관되어 있다.

루카스에 대한 반론으로 호프스태터는 사실 인간도 컴퓨터와 마찬가지로 한계가 있다고 주장한다. 그에 의하면 모든 논리 체계는 언제나 확장될 수 있다. 체계가 확장되면 기존에는 정리가 아니었던 참인 명제가 정리가 될 수 있다(괴델의 정리에 의해 확장된 새로운 체계에도 정리가 아닌 참인 명제가 새로이 생겨날 것이다). 그는 인간이 확장된 체계 속의 컴퓨터처럼 동작하고 있으므로 컴퓨터를 능가하는 힘을 지닌 것이라고 주장한다. 우리가 발견한 모든 진리에 대해 우리는 그것을 정리의 형태로 도출하는 프로그램을 짤 수 있다. 그리고 이 과정은 무한히 반복될 수 있다. 그는 결국에는 모든 것이 너무 복잡해져서 컴퓨터가 증명할 수 없는 결과를 찾을 수 없게 될 거라고도 말한다. 아주 꼼꼼히 뜯어본 것은 아니지만, 내가 보기에 호프스태터의 논증은 핵심에서 아주 살짝 벗어난 것 같다. 우리 인간은 진리 개념을 갖고이해하고 있다. 의식이 없는 한 컴퓨터는 이 개념을 가질 수 없다. 자유의지, 빨간색의 느낌, 아름다움과 마찬가지로 진리, 또는 진리를 알아보는 것은 의식이 있어야 존재할 수 있는 의식의 성질 중 하나다.

물리학자 티플러[15]도 펜로즈의 책 『황제의 새 마음』에 관한 서평에서 비슷한 논증을 폈다. 그는 인간이 있어야 의미가 존재할 수 있다는 펜로즈의 주장에 반대하면서 다음과 같이 썼다. "인간의 뇌에서 실행되는 프로그램의 의미는 일정 부분 우리의 진화 역사에서 비롯되었다 - 우리 조상의 DNA에는 다양한 프로그램이 무작위적으로 코딩되어 있었고, 그중에 유의미한 프로그램이 보존되었다 …

(이것이 유의미함의 의미이다) … " 하지만 이는 그의 논리를 크게 약화시키는 주장이 아닐 수 없다. 과연 그가 말한 게 사실일까?

우리는 일상에서 컴퓨터를 자주 의인화한다. 그래서 컴퓨터가 '멍청한 짓을 해서' 업무를 망쳐 놓으면 화를 낸다(사실 잘못된 명령을 내린 건 우리다). 내가 그런 뜻의 명령을 내릴 리가 없다는 걸 컴퓨터는 왜 '알지' 못할까! 아닌 게 아니라 컴퓨터는 정말이지 아무것도 '알지' 못한다.

> … 컴퓨터는 진리를 판단할 방법이 없다. 오직 규칙을 따를 뿐이다. 컴퓨터에게는 괴델의 논증의 타당성이 '보이지' 않는다. 의식이 없는 한 컴퓨터는 아무것도 '보지' 못한다! 괴델의 증명 절차 – 또는 임의의 수학적 절차 – 의 타당성을 판단하려면 의식이 있어야 하는 듯하다. 의식 없이 규칙을 따를 수 있지만, 최소한 어느 단계에서라도 그 의미를 의식하지 않고 그 규칙의 정당성을 어떻게 알 수 있을까?[16]

양자론에서도 물리계가 무언가를 '안다'고 말하는 것이 다소 부적절하다. 이에 관해서는 11장 7절 「지식과 양자론」을 참조하라.

괴델은 참인 명제와 정리가 서로 다름을 지적함으로써 에피메니데스 류의 역설을 해결했다. 자동적인 알고리즘적 절차(이것이 컴퓨터가 가진 능력의 전부다)로는 오직 정리만을 도출할 수 있지만, '진리'는 이보다 더 넓은 범주이다. 명제가 '참인지 거짓인지'를 알아내는 것은 '정리인지 아닌지'를 알아내는 것보다 더 큰 작업이다.

　이 절에서는 오직 스스로에 관한 내용만을 담고 있는 명제의 지위에 관해 살펴보았다. 이는 엄밀한 수학의 결과물이다. 따라서 그것이 어찌 보면 자명하고 하찮게 느껴지는 것도 놀라운 일은 아니다. 하지만 이 문제는 다음 절에서 살펴볼 훨씬 더 중요한 주제와 밀접하게 연관되어 있다.

기계의 말은 참인가?

3장 3절「기계가 의식을 가질 수 있는가?」에서 언급했듯, 컴퓨터가 "저는 의식이 있어요"라는 메시지를 출력한다 해도 우리는 그 말을 믿지 않는다. 기계가 설계된 방식과 입력된 프로그램이 그 메시지가 출력된 원인이기 때문이다. 그 메시지는 기계의 심적 상태에 관해 아무것도 말해 주지 않는다. 이는 컴퓨터가 거짓말을 하려 했기 때문이 아니다. 컴퓨터는 단어의 의미도, 참 거짓의 개념도 전혀 알지 못한다. 그저 지시받은 대로 메시지를 출력할 뿐이다!

이제 나 자신에게 중요한 질문을 던져 본다. 과연 위와 같이 컴퓨터가 내놓은 메시지를 진지하게 받아들이는 게 애초에 가능하기는 할까? 달리 말하자면 "너는 의식이 있니?"라는 질문에 대한 내 컴퓨터의 답변이 의식과 조금이라도 관련되어 있다고 내가 받아들이려면 컴퓨터는 어떠한 속성을 지녀야 할까? 의식적인 컴퓨터를 만드는 것이 가능하다고 믿는 사람들은 이 질문에 반드시 답해야 한다. 그런데 내가 보기에 이 문제는 만족스러운 해결책이 없는 것 같다. 나는 컴퓨터가 출력하는 답이 항상 프로그램에 의해 결정되리라는 사실을 알고 있다. 물론 컴퓨터의 답을 정확히 예측하기가 불가능할 수도 있겠지만, 이는 문제가 안 된다. 예를 들어 컴퓨터가 의식이 있느냐는 질문을 들었을 때 엄청나게 복잡한 계산을 수행한 뒤 그 결과가 40 이상이면 "예"를, 그렇지 않으면 "아니요"를 출력하도록 프로그램되었다고 가정해 보자. 그렇다면 컴퓨터가 내놓은 답은 계산에 관한 정보를 제공할 뿐, 의식에 관해서는 아무것도 알려 주지 못할 것이다!

이와 유사하게 컴퓨터에 난수 발생기를 설치하면 질문에 대한 답이 프로그램에 의해 결정되지 않게 만들 수도 있다. 그렇다면 컴퓨터는 날마다 다른 답을 내놓을 것이다. 한 가지 답만 내놓는 것보다는 약간의 다양성이라도 있는 게 낫다. 하지만 이 역시 참인 답을 구하는 데는 도움이 되지는 않는다. 내 질문에 대한 답은 분명히 존재하며 난수와는 아무 관련이 없다! 나의 사건으로는 스스로 의식이 있다고 나를 설득하는 컴퓨터는 절대 만들 수 없을 것 같다. 따라서 의식적 컴퓨터를 만드는 것도 불가능할 거라고 말하고 싶다. 하지만 세 가지가 내 발목을 잡는다. 첫째, 무언가가 '절대 불가능'하다고 말하는 것은 보통은 그 사람의 상상력 부족을 나타낼 뿐이라는 거다. 둘째, 진정한 의미의 양자 컴퓨터가 구현된다면 얘기가 달라질 수도 있다. 이 컴퓨터에서는 미시적 양자 사건에 의해 출력 값이 정해지기 때문에 양자론의 불확실성과 비국소성이 개입할 수 있다. 다시 말해 양자 컴퓨터는 그것을 이루는 기계 부품 바깥(단순한 쿼크와 렙톤 그 이상)으로부터의 영향에 대하여 '열려 있을' 것이다. 이에 관해서는 이후 장들에서 더 살펴보자.

마지막 이유는 내가 제대로 된 이유 없이 나 자신과 타인에게 의식이 있다고 믿는다는 것이다. 내가 만약 그 이유를 알았다면 의식적인 컴퓨터를 만드는 것도 가능했을 것이다.

물론 타인과 내가 충분히 비슷하므로 의식이 있다는 타인의 말을 믿을 수 있다고 주장할 수도 있다. 그렇더라도 "나는 왜 내가 의식이 있다고 믿는가" 하는 질문이 남는다. 이 질문에 대한 가장 간단한 답은 그게 내가 실제로 경험하는 바에 해당한다는 것이다. 그런데 정말 나에게 이렇게 말할 권리가 있는가? 여기서 잠시 물리주의와 결정론적 관점을 취해 보자. 그렇다면 내가 말한 "나는 의식이 있다"라는 명제는 컴퓨터가 내놓은 메시지와 그 의의가 별반 차이가 없다. 내가 그 명제를 말한 것은 그 명제가 참이어서가 아니라, 뇌를 구성하는 입자들이 적절한 방식으로 움직여서 나로 하여금 그 단어들을 뱉게 했기 때문이다. 이는 우주가 생겨날 때의 초기 조건, 또는 내가 만들어지고 프로그램된 방식의 결과물일 뿐이다.

이 논증은 물리주의를 반박하는 근거로 자주 활용되었다. 예컨대 스윈번[17]은 다음과 같이 말한다.

부수현상론은 문제를 오히려 악화시킨다는 점에서 자멸적이다. 부수현상론이 참이라면, 그것을 받아들일 타당한 이유가 사라진다.

부수현상론에서는 판단(나의 믿음을 스스로에게 의식적으로 표현하는 것)이 뇌의 상태에 의해 야기된다고 말한다. 그러한 뇌 상태는 또 다시 다른 뇌 상태에 의해 야기되며, 모든 뇌 상태는 궁극적으로 신체 외부의 다른 물리적 상태에 의해 야기된다. 즉, 판단이 이성 적인 사고의 연쇄에 의해 형성되는 것이 아니라고 말한다. 이때 어 떠한 나의 믿음 B가 그러한 인과적 연쇄를 통해 형성되었다고 믿 는 것은 B의 타당성을 전혀 훼손하지 않는다. 내 앞에 탁자가 있다 는 나의 믿음 B가 일련의 뇌, 신체, 신체 외부의 원인에 의해 야기 되었다고 믿는 것도 B의 타당성을 훼손하지 않는다. 탁자가 내 앞 에 있다는 사실이 B의 원인 중 하나이며, B가 거짓이었으면 B를 믿지 않았을 것임을 알기 때문이다. 그러나 B의 원인 가운데 심적 요소가 없다고 믿는 경우, B는 지각적 또는 반¼지각적semi-perceptual 믿음이라는 범주에 속하게 된다. 이 범주에 속한 믿음은 주변 환경 에 대한 비논리적 반응이며, 다른 믿음에 의해 정당화되어서 갖게 되는 것이 아니다. 이러한 믿음들이 다른 논리적 믿음의 토대를 이 루고 있다―는 것이 보통의 생각이다. 그러나 부수현상론이 참이 라면, 그 생각은 틀린 것이 된다. 모든 믿음이―우주론, 양자물리 학, 논리학, … 부수현상론 그 자체까지도―다른 믿음이 아닌 환경 에 대한 직관적 반응에만 근거하게 될 것이다.

부수현상론(5장 4절 「유물론」 참조)에 대한 이러한 비판은 물리주 의 및 결정론에도 똑같이 적용된다. 이 논쟁은 에피쿠로스까지 거슬러 올라간다. 추가 논의는 포퍼와 에클스[18]와 혼더리치[19]를 참조하라. 혼더리치가 약점을 발견하기는 하였으나, 이 논증은 매우 설득력 있다. 오히려 설득력이 너무 강해서 문제다! 내가 나의 판단을 중시하는(중시해야 할) 이유는 무엇인가? 나는 나의 판단이 합리적인 논거에 기반하고 있다고 믿는다. 특히 나 자신에 관한 명제를 말할 때 그 명제가 실제로 일어나는 일들과 상관되어 있다고 믿는다. 내가 고의로 거짓말을 할 수 있다는 사실은 오히려 내 명제와 실제의 상관성을 다시 한번 확인시켜 주는 증거다. 거짓말을 할 경우 나는 내 명제가 거짓임을 스스로 알고 있을 것이다. 사실 간 또는 명제 간의 상관관계는 실제 세계에서도 아주 흔하게 나타난다. 예를 들어 매주 일요일 나의 집 앞에는 그 전날 특정 시간대에 플라스틱 공이 특정한 선을 통과한 것과 정확히 상관된 검정 잉크의 특정 패턴이 찍힌 종이 – 축구 경기 결과가 적힌 신문 – 가 배달된다. 신문을 구성하는 원자는 물리 법칙을 전혀 위배하지 않았다. 하지만 의식이라는 개념을 도입하지 않고서는 무엇이 그 상관관계를 야기하는지 설명하기 어렵다(7장 5절 「자유의지의 기원」 참조).

호킹[20] 역시 'TOE'와 관련하여 비슷한 문제를 제기한 바 있다. 호킹은 TOE가 그것을 평가하는 사람까지도 설명해야 하며, 따라서 그 사람이 TOE를 믿을지 안 믿을지까지도 결정해야 한다는 점을 지적했다. 그렇다면 그 사람에 관한 평가가 긍정적이든 부정적이든, 과연 우리는 그 평가를 얼마만큼 신뢰할 수 있을까? 호킹은 참인 사실과 상관된 믿음을 가진 체계가 자연선택될 수 있으며, 이를 바탕으로 의식적 체계가 진리의 개념을 획득한 과정을 설명할 수 있다고 주장한다. 그의 말대로라면 컴퓨터가 처절한 생존 경쟁과 도태 과정을 겪으며 수백만 년간 발전한다면 그때는 자신이 의식이 있다는 컴퓨터의 말을 믿을 수 있을 것이다. 하지만 내가 과연 그 말을 '믿게' 될까, 아니면 내가 듣고 싶어 할 말을 선택한 거라 생각할까? 어쨌든 궁극적으로는 그 답변 선택 과정도, 그렇게 해서 선택된 답도 물리 법칙들을 따를 것이다. 어쩌면 진리를 추구하는 것이 물리 법칙들의 성질일지도 모른다는 희망찬 생각을 하며, 이 장을 마친다!

10장
양자론

이 장에서는 기초 양자론 가운데 특히 의식과 관련된 부분들을 간단히 소개한다. 이 책에는 수학이 거의 등장하지 않는다. 단, 관심 있을 독자들을 위해 그림의 캡션에 일부 수식을 기재해 놓았다. 기초 양자론에 대한 더 자세한 소개는 나의 책 『양자 세계의 신비 The Mystery of the Quantum World 』[1]를 참조하라. 다른 개론서로는 데스파냐,[2] 폴킹혼,[3] 그리빈Gribbin,[4] 레이Rae[5]를 추천한다. 양자론을 제대로 배워보고 싶은 독자를 위해서는 지금도 상당히 많은 책이 출간되어 있다. 단, 서드버리[6]를 제외한 대부분의 책에서는 해석 문제를 상세히 다루지 않는다. 양자론의 기초를 제대로 닦고 싶다면 존 벨 John Bell의 논문집[7]도 읽어보기를 권한다.

물질-파동 이중성

4장 3절 「양자 혁명」에서 살펴본 대로, 양자론은 물리학에 일대 혁명을 일으켰고 20세기 물리학의 눈부신 발전을 불러왔다. 하지만 그 대가도 있었다. 실제로 무슨 일이 일어나는지 알 수 없게 되었다는 것이다! 한 예로, 전자, 중성자 등 기존에 입자라고 여겨졌던 것들에서 빛이 파동이라는 증거였던 간섭 현상이 똑같이 관찰되었다.

그림 10.1은 저속 중성자를 이용한 최근의 한 실험 결과를 나타낸 것이다. 중성자 빔이 중간에서 둘로 갈라져 각각 다른 경로를 타고 탐지기로 들어온다. 그림 4.4의 간섭 실험과 달리 두 경로의 길이는 같다. 따라서 두 파동은 동일하므로 서로를 보강한다. 그러나 한 경로에 무언가를 집어넣으면 경로의 길이가 달라져 상쇄 간섭이 일어날 수 있다. 그러면 단위 시간당 탐지기에 도달하는 중성자의 개수(계수율)는 경로 길이의 변화량에 따라 달라질 것이다. 그림

에 나타난 것처럼 실제로 이러한 간섭이 예측값과 똑같이 일어났다. 관련 실험에 관한 더 자세한 내용은 그림 10.1의 캡션과 라우치 Rauch[8]를 참조하라.

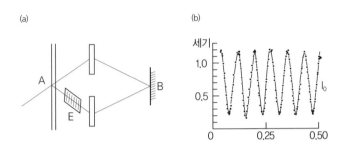

그림 10.1 (a) 중성자 간섭 실험. 중성자 빔이 A에서 둘로 갈라졌다가 B에서 다시 합쳐진다. 물질 E는 경로 차, 이른바 '위상 변이'를 발생시킨다. (b) 위상 변이에 따른 계수율의 변화. 실제 실험 결과(점)와 양자론을 통한 예측값(선)이 완벽하게 일치한다. 간섭의 효과가 나타났다는 증거다.

중성자를 일반적인 (고전적인) 입자로 바라보면 이 행동을 설명할 수 없다. 아래쪽 경로를 완전히 막으면 위쪽 경로를 따르는 입자들만, 위쪽 경로를 막으면 아래쪽 경로를 따르는 입자들만 검출기에 들어갈 것이다. 이때 아래쪽 경로를 막았을 때의 빔의 세기를 $N_{위}$, 위쪽 경로를 막았을 때의 빔의 세기를 $N_{아래}$라 하자. 그렇다면 아무 경로도 막지 않았을 때의 빔의 세기는 $N_{위}+N_{아래}$가 되어야 한다. 이를 다시 한번 곱씹어 보라. 이 결과는 도저히 틀릴 수가 없다! 단하나의 가능성은 중성자들이 '서로의 진로에 태클을 걸 수도' 있다는 것인데, 중성자가 한 번에 하나씩 발사되도록 장치를 조절하면 해결할 수 있다. $N_{위}$와 $N_{아래}$ 둘 다 양수이므로, 두 경로가 모두 열려 있으면 하나만 열려 있을 때보다 빔의 세기가 강할 '수밖에' 없다. 하지만 실험 결과는 그렇지 않았다.

그렇다면 최소한 일부 상황에서는 입자라고 여겼던 것들이 실제로는 파동처럼 행동한다고 보아야 한다. 같은 이유로 빛이 파동 현상이라고 결론 지었었기 때문이다(4장 1절 「고전 시대」 참조). 하지만 우리가 이것들을 입자로 '착각했다'고 하기에는, 이들이 왜 사진 유제(필름 사진의 감광재로 쓰이는 혼합액 ─ 옮긴이)에 궤적을 남기고, 검출기 화면을 번쩍이게 만들며, 다른 입자와 부딪혔을 때 운동량 보존 법칙을 따르는지 등을 설명하기 어렵다. 더군다나 빛도 때로는 입자처럼 행동하는 것으로 알려져 있다(이 입자를 광자라 부른다). 만약 빛의 입자성이 파동성보다 먼저 밝혀졌더라면 물리학의 역사는 지금과 매우 달랐을 것이다.

다소 아이러니한 사실은, 완전한 형태의 양자론(광전 효과가 발견된 1905년 당시에는 없었음)으로 원자를 기술하면 광전 효과의 실험 결과를 광자의 개념 없이도 설명할 수 있다는 점이다. 광자의 존재를 직접 실험으로 증명한 것은 상당히 최신의 일이다.[9] 이 실험에 대한 설명은 그림 10.2를 참조하라. 이들은 같은 광원으로 간섭 현상까지 관찰하여, 한 실험에서 입자-파동 이중성을 한꺼번에 보여 주었다.

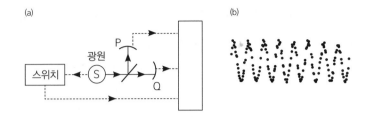

그림 10.2 (a) 광원이 광자 두 개를 방출한다. 첫 번째 광자는 실험 장치의 스위치를 켠다. 두 번째 광자는 계수기 P와 Q 중 하나에만 유입되는 것으로 드러났다. 빛이 파동이었다면 일부는 투과하고 일부는 반사되어 두 계수기에 한꺼번에 들어갔을 것이다. (b) 계수기 대신 거울을 두면 간섭 무늬가 나타난다. 이는 빛이 파동으로 행동했을 때 나타나는 결과다.

 이제부터 양자론이 어떻게 이러한 모순된 실험 결과를 설명하기 위한 형식주의(현상을 표현하는 공식에 관한 특정한 형식 체계 – 옮긴이)를 제공하는지 살펴볼 것이다. 물론 양자론이 모순을 해결한 것은 아니다. 이 모순은 양자론의 '해석' 또는 '측정' 문제라는 이름으로 여전히 남아 있다. 우리는 이 문제가 이론적인 것이 아니라, 실험상의 문제임을 유념해야 한다. 오래전 아인슈타인은 "양자론은 더 큰 성공을 거둘수록 더욱 우스꽝스러워 보인다"고 말했다.[10] 그 이후에도 양자론의 성공은 계속되었다. 만약 양자론이 오늘날 과학적 기준으로도 여전히 우스꽝스럽다면 그것은 우리가 사는 세상이 우스꽝스럽기 때문일 것이다! 이제부터 이 양자론을 함께 들여다보자. 양자론의 해석에 관한 논의는 11장을 참조하라.

양자론의 파동함수

양자론이 만들어진 것은 위에서 소개한 입자-파동 이중성 및 관련 실험 결과들을 설명하기 위해서였다. 가장 초기의 양자론은 몇 가지 잠정적 아이디어뿐이었지만, 점차 정교하고 포괄적인 이론으로 거듭났고 원래 설명하려던 영역보다 훨씬 더 넓은 곳에서 성공적으로 활용되고 있다. 이 절에서는 양자론의 핵심 특징들을 소개하고 양자론이 10장 1절 「물질-파동 이중성」의 실험적 모순을 어떻게 설명하는지 살펴본다.

먼저 전자 하나로 구성된 물리계를 생각해 보자. 고전물리학적으로 이 계를 기술하려면 특정 시간에 전자가 어디에 있는지 알아야 한다. 변수 $\mathbf{x}$가 위치라면 이 변수에 대한 구체적인 값이 필요하다. 일반적으로 입자의 위치는 시간에 따라 달라진다. 따라서 우리는 입자의 궤적을 $\mathbf{x}(t)$로 나타낼 수 있다. 사실 여기서 $\mathbf{x}$는 3차원 공간상의 위치를 나타내는 벡터량이다(즉, 세 개의 좌푯값이다. 8장 1절

「시간과 물리 법칙」 참조). 하지만 그냥 숫자라고 생각해도 이해하는 데는 지장이 없다.

양자론의 서술 방식은 이와 사뭇 다르다. 양자론에서는 전자를 파동함수로 나타낸다. 파동함수는 공간상의 모든 지점에 대하여 특정 값을 가지며, 보통 그리스 문자 ψ ^프사이로 나타낸다. 파동함수는 시간과 공간의 함수이므로 $\psi(\mathbf{x},t)$로 나타낼 수 있다. 특정 시점의 계의 상태는 공간상의 모든 지점에서의 ψ의 값에 의해 정의된다. 이 값들은 양수나 음수, 0일 수도 있으므로 간섭의 가능성이 존재한다 (일반적으로 ψ는 허수 성분도 갖는 '복소수'이지만, 여기서는 이해를 돕기 위해 실수부만 고려한다).

특정 시점의 계의 상태는 그 계의 동역학^시간에 따른 변화에 관해서는 아무것도 말해 주지 않는다. 고전물리학에서는 뉴턴의 운동 법칙에 동역학에 관한 내용이 담겨 있다. 간단히 말해 힘을 가하면 입자는 가속된다는 것이다. 이를 식으로 적은 것이 수식 8.1이다. 양자론에서는 뉴턴의 법칙 대신 슈뢰딩거 방정식(수식 8.2)이 쓰인다. 슈뢰딩거 방정식에도 힘에 해당하는 항이 존재하며, 시간에 따라 파동함수가 어떻게 변화하는지 알려 준다. 그러므로 시간 t_0일 때 모든 $\mathbf{x}$에서의 ψ를 알고 있으면 슈뢰딩거 방정식을 사용하여 이후 모든 시간에 대해 ψ를 계산할 수 있다. 그림 10.3에는 파동함수의 예시와 시간에 따른 변화가 나타나 있다.

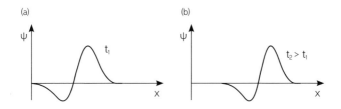

그림 10.3 1차원 직선을 따라 움직이는 입자의 파동함수. (a) 시간 t_1에서의 파동함수. (b) 이후 시간 $t_2 > t_1$에서의 파동함수. 이 경우, 입자의 '평균' 위치(10장 3절 「파동함수의 확률 해석」 참조)가 오른쪽으로 이동했다.

그런데 이건 어디까지나 파동에 대한 기술이다. 우리가 기술해야 할 것은 (아직 우리가 입자라고 믿고 있는) 전자다. 파동함수의 값을 안다고 치자. 그러면 전자는 어디에 있는가?

파동함수의 확률 해석

정통 양자론에서는 파동함수가 전자에 대한 완전한 기술이라고 본다(비정통 양자론은 11장 5절 「숨은 변수 모형」 참조). 따라서 전자의 '위치'라는 것은 실제로 존재하지 않는다. 양자론이 파동-입자 이중성의 역설에 구애받지 않는 것은 양자론에는 고전적 입자에 대응하는 대상이 없으며 오직 파동만이 존재하기 때문이다. 단, 이 파동함수들은 여전히 고전적이고 결정론적인 파동 방정식을 따른다.

하지만 우리는 실제로 입자의 위치를 '관찰' 또는 '측정'할 수 있다. 양자론은 이를 설명하기 위해 한 가지 규칙을 덧붙인다. 특정 지점에서 입자가 발견될 확률이 해당 지점의 파동함수의 제곱에 비례한다는 것이다. 바로 이 규칙(또는 이 규칙의 필요성)이 모든 해석 문제를 일으킨 장본인이다. 이 규칙을 더 엄밀히 나타내면 다음과 같다.

전자의 위치를 측정할 때 위치 **x**가 나올 확률은 해당 위치 **x**에서의 $|\psi|^2$값에 비례한다.

확률이 음수가 될 수 없듯 파동함수의 제곱도 음수가 될 수 없음에 유의하라. 이 규칙은 파동함수의 진폭이 큰 곳에 입자가 위치할 가능성이 크다는 것을 뜻한다(그림 10.4). 위치는 연속 변수이므로 정확히 특정값을 얻을 확률은 엄청나게 낮다. 따라서 우리는 확률을 좀 더 세밀히 정의할 필요가 있다. 그림 10.4의 캡션을 참고하라.

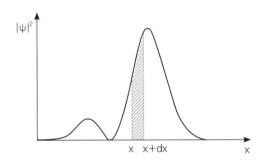

그림 10.4 그림 10.3(a)에 나타난 파동함수의 $|\psi|^2$를 그린 그래프. 파동함수가 '규격화 normalize'되어 입자가 공간 내 어딘가에 존재한다는 전제하에, 입자가 x와 x+dx 사이에서 발견될 확률은 빗금 친 영역의 넓이에 비례한다. 규격화란 공간 전체에 대한 적분값을 1로 만드는 것을 뜻한다($\int |\psi|^2 dx = 1$).

이제 여기서 간섭 효과가 어떻게 발생할 수 있는지 살펴보자. 공간 내 특정 영역의 파동함수가 ψ_1과 ψ_2라는 두 성분의 합이라고 가정해 보자. 예를 들어, 이중 슬릿 실험에서 각 경로의 성분이 ψ_1과 ψ_2에 해당한다. 그렇다면 전체 파동함수 ψ는

$$\psi = \psi_1 + \psi_2 \qquad\qquad \text{수식 10.1}$$

와 같고, 확률 분포는

$$|\psi^2| = |\psi_1 + \psi_2|^2 \qquad\qquad \text{수식 10.2}$$

와 같다. 당연하게도 $|\psi_1 + \psi_2|^2$는 대부분 $|\psi_1|^2$과 $|\psi_2|^2$의 합과 **다르다.** 예를 들어 $\psi_1 = 3$이고 $\psi_2 = -2$이면 $|\psi_1|^2 + |\psi_2|^2 = 9 + 4 = 13$이지만 $|\psi_1 + \psi_2|^2 = 1^2 = 1$이다. 좀 더 현실적인 예시로, 그림 10.1을 살펴보자. 각각의 중성자 빔이 ψ_1과 ψ_2라면, E가 일으킨 위상 변이(x)로 인해 B에서 $\psi_2 = e^{ix}\psi_1$가 된다. 따라서 계수율은 $|\psi_1 + \psi_2|^2 = |\psi_1|^2|1 + e^{ix}|^2 = 2|\psi_1|^2(1 + \cos x)$가 된다. 여기서 주목해야 할 아주 중요한 사실은 양자론에서는 확률이 아니라 파동함수를 서로 더한다는 점이다. 확률은 파동함수의 제곱이므로 항상 음수가 아니다. 이것이 양자론적 확률과 간섭이 일어나지 않는 일반적인 고전적 확률의 차이다.

위치를 측정했을 때 나올 수 있는 값들의 범위는 파동함수의 형태에 의해 결정된다. 그림 10.5(a)처럼 파동함수가 뾰족한 모양이면 가능한 값의 범위도 좁고, 10.5(b)처럼 넓게 퍼져 있으면 위치의 불확정성도 크다.

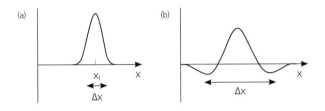

그림 10.5 (a) x_1 가까이에서 발견될 가능성이 매우 큰 입자의 파동함수. 불확정성은 파동함수의 폭(Δx)에 비례한다. (b) 위치의 불확정성이 큰 입자의 파동함수.

우리는 위치 이외에 다른 양도 측정하거나 관찰할 수 있다. '운동량'을 예로 들어 보자(고전역학에서 운동량은 속도와 질량의 곱으로 정의된다). 이번에도 우리는 파동함수로부터 특정 결괏값이 측정될 확률을 계산할 수 있다. 운동량의 확률에 관한 정확한 식은 위치에 관한 식보다 더 복잡한데, 궁금한 독자들은 그림 10.6의 캡션을 참조하라. 어쨌거나 계산해 보면, 위치의 불확정성이 낮은 파동함수(그림 10.5(a))는 운동량의 불확정성이 높고(그림 10.6(a)), 운동량의 불확정성이 낮은 파동함수(그림 10.6(b))는 위치의 불확정성이 높다(그림 10.5(b)). 이처럼 위치에 관한 지식과 운동량에 관한 지식이 서로 균형을 이루는 것을 **하이젠베르크의 불확정성 원리**라 부르며, 다음 부등식으로 나타낼 수 있다.

위치의 불확정성 × 운동량의 불확정성 ≥ $\hbar$　　　　　수식 10.3

여기서 $\hbar$는 $h/(2\pi)$를 줄인 것이며, h는 4장 3절 「양자 혁명」에서 소개된 플랑크 상수다.

지금까지의 내용은 전체 양자론의 극히 일부일 뿐이다. 양자론의 다양한 적용 사례를 이해하려면 이것보다 훨씬 더 자세한 내용을 알아야 한다. 하지만 우리의 목표는 양자론을 전부 이해하는 게 아니다. 양자론이 실재의 본질에 대한 우리의 이해를 어떻게 뒤바꾸어 놓았는지를 논하기에는 이만큼의 지식으로도 충분하다. 다가올 10장 4절「양자론과 결정론」부터 10장 7절「시간과 양자역학」까지 이에 관해 다룰 것이다.

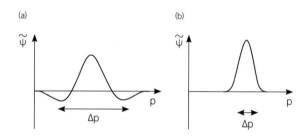

그림 10.6 그림 10.5의 두 파동함수에 대한 $\tilde{\psi}(p) = \dfrac{1}{\sqrt{2\pi}} \int \exp(ipx/\hbar)\, \psi(x)\, dx$의 실수부.[†]

---

† $|\bar\psi(x)|^2$가 위치 분포를 나타냈듯, $|\bar\psi(p)|^2$는 운동량의 분포를 나타낸다. 따라서 우리는 (a)의 운동량이 (b)에 비해 더 넓게 퍼져 있음을 알 수 있다. 이것이 불확정성 원리(수식 10.3)이다. 운동량의 평균값은 $\int p|\bar\psi(p)|^2 dp$ 이며, 이를 계산하면 $\int \psi(x)^*(-i\hbar\frac{\partial}{\partial x}\psi)\,dx$ 를 얻을 수 있다. 따라서 우리는 운동량 p를 연산자 $-i\hbar\frac{\partial}{\partial x}$ 로 나타낼 수 있다. 이처럼 양자론에서 모든 관찰가능량은 연산자로 표현될 수 있다. 물리량을 관찰했을 때 하나의 값만 나오게 하는(확률이 1) 상태를 그 연산자의 '고유상태^{eigenstate}'라 부른다.

양자론과 결정론

앞서 보았듯 특정 시점의 파동함수가 주어지면 과거와 미래의 모든 시점에 대해서도 파동함수가 하나로 결정된다. 이러한 점에서 양자론은 고전물리학과 마찬가지로 결정론적이다. 그러나 우리는 파동함수 그 자체를 측정(관찰)하지 않는다. 또한 일반적으로 파동함수는 우리가 실제로 측정하는 물리량(전자의 위치)에 대해서 정확한 결괏값이 아니라, 다양한 결과 중 특정값이 나올 확률을 알려줄 뿐이다. 정통 양자론의 주장대로 파동함수가 물리계에 관한 모든 정보를 담고 있다면, 실험의 결과를 정확히 예측한다는 것은 불가능하다.

단, 유의할 점이 두 가지가 있다. 첫째, 예측 불가능성은 계산이나 측정의 정밀성과는 전혀 관련이 없다. 실제로 무언가를 무한히 정확하게 계산·측정하는 것은 불가능하므로 고전물리학 역시 매우 제한된 영역만을 예측할 수 있다. 그러나 양자론의 예측 불가능성은 고전물리학에서는 찾아볼 수 없는 질적으로 다른 현상이다. 이는 실험의 초기 조건을 얼마나 정확하게 아는지, 계산을 얼마나 정밀하게 하는지와는 무관한 문제다. 우리의 지식의 양과 관계없이 우리가 사는 세계 그 자체가 예측 불가능하다는 것이다.

둘째, 정확한 예측이 아예 불가능한 것은 아니다. 한 가지 실험 결과를 정확히 알 수 있는 특수한 파동함수도 있기 때문이다. 가령 전자의 파동함수가 한 점을 제외한 모든 지점에서 0이라면, 전자는 그 지점에 존재한다. 이때 우리는 입자가 위치의 '고유상태eigenstate'에 있다고 부른다(그림 10.6 캡션 참조). 하지만 일반적으로 물리계가 우리가 관찰하는 물리량의 고유상태에 있는 경우는 거의 없다.

입자가 장벽을 뚫고 통과하는 터널 효과는 양자론의 비결정성을 잘 보여 주는 사례다. 고전물리학에서는 입자와 장벽의 성질에 의해 입자가 장벽을 통과할지(언덕을 넘을지) 여부가 결정된다. 그러나 양자론에서는 우리에게 주어진 것은 파동함수의 행동뿐이다(그림 10.7 참조). 따라서 우리는 측정을 통해서만 입자가 장벽을 통과했는지 아닌지를 알 수 있다. 측정을 반복하면 입자가 통과한 횟수와 통과하지 못한 횟수의 비율은 장벽 좌우의 파동함수 넓이의 비율에 가까워진다. 이처럼 양자론에서는 입자가 장벽을 통과할 확률을 정확히 예측할 수 있지만, 특정 입자가 장벽을 통과할지 아닐지는 알 수 없다.

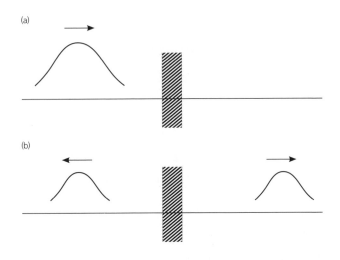

그림 10.7 장벽에 의한 파동함수의 변화. (a) 파동 묶음(하나로 덩어리져 움직이는 파동 -옮긴이)이 장벽에 접근하고 있다. (b) 파동의 일부는 장벽에 반사되고 일부는 투과한다. 장벽 왼쪽에 대해 |ψ|²를 적분하면 반사 확률을 구할 수 있다.

이 절의 결론을 다시 요약해 보자. 정통 양자론이 맞다면, 우리는 아무리 간단한 실험에 대해서도 이론상 그 결과를 알 수 없다. 참으로 놀라운 발견이 아닐 수 없다. 하지만 양자론의 여러 미스터리 가운데 가장 중요한 것은 따로 있다.

양자론과 외부 실재

양자론은 무엇이 존재하는지 알려 주지 않는다. 단지 우리가 관찰할 때 무슨 일이 일어날지를 (보통의 경우 확률적으로) 알려 줄 뿐이다. 이를 다시 한번 고전물리학과 비교해 보자. 고전물리학에서는 전자를 위치 $\mathbf{x}(t)$로 기술한다. 이는 시간 t일 때 입자가 $\mathbf{x}$에 있으며 그때 우리가 입자를 관찰하면 $\mathbf{x}$에서 발견될 것임을 의미한다. 반면에 양자론은 파동함수로 입자를 기술한다. 우리가 관찰하기 전에 입자의 위치는 없다.

다시 한번 강조하지만, 이는 측정 이전에 우리가 입자의 위치를 모른다는 뜻이 아니다. 물론 고전물리학에서는 입자가 특정 지점에 있다는 것은 알지만 그 정확한 위치는 알지 못하는 상황이 자주 연출된다. 이중 슬릿 실험이 고전물리학과 양자론의 차이를 극명히 보여 준다. 만약 전자가 실제로 둘 중 하나의 궤적을 따라 움직였다면, 우리가 그 경로를 알더라도 간섭 현상을 설명할 길이 없다.

다시 말해 고전적 확률 이론은 물리계에 관한 우리의 지식만을 다루므로 간섭을 설명하지 못한다. 반면 양자역학의 파동함수는 외부 세계에 존재하는 실제 물리량이다. 정통 양자론에서는 파동함수가 외부 세계이다.

이 지점에서 여러 가지 질문을 떠올릴 수 있다. '관찰'한다는 것은 무엇을 의미하는가? 관찰은 어떻게 물리적 실재, 즉 파동함수를 변화시키는가? 위 문단만 읽으면 마치 관찰이 위치를 정하는 것처럼 보인다. 그런데 측정 장비의 무슨 특성이 그러한 일을 가능케 할까? 또, 위치가 정해진 직후 파동함수의 모양은 어떠할까? 장벽에 접근하는 입자(그림 10.7)를 다시 생각해 보면 이 질문들은 다음과 같이 요약될 수 있다. 장벽 통과 여부에 관한 결정을 강제하기 위해 우리는 물리계에 무엇을 해 주어야 하는가? 또한 결정 이후 파동함수는 어떻게 되는가? 장벽 좌우측 중 한 곳에 위치한 하나의 뾰족한 봉우리 형태로 바뀌는가? 이러한 파동함수의 변화는 '붕괴' 또는 '환원'이라 불린다. 이 변화가 실제로 일어나는가에 대한 논쟁은 11장 2절 「정통 해석」에서 더 자세히 살펴본다.

우리가 관찰할 때 무슨 일이 일어날지 알려 주는 이론이 양자론이라면, 양자론은 위 질문들도 답할 수 있지 않을까? 어느 정도는 그렇다. 문제는 그 답을 납득하기 어렵다는 것이다. 양자론으로 모든 계를 기술하는 한, 위 문단에 언급된 방식으로의 관찰은 불가능하다. 이는 놀라운 결론이지만 그 이유를 이해하기는 어렵지 않다. 앞서 언급했듯 양자론에서 시간에 따른 계의 상태는 결정론적인 슈뢰딩거 방정식에 의해 변화한다. 결정론적인 방정식에서는 절대로 확률적, 즉 비결정론적 특성이 생겨날 수 없다. 다른 무언가가 필요하다는 뜻이다. 11장에서 살펴보겠지만 이 '무언가'를 무엇으로 간주하느냐에 따라 양자론의 여러 '해석'이 나뉘게 된다.

양자론과 국소성

    양자론의 세 번째 특징인 비국소성은 과학적 사고방식의 가장 기초적인 전제를 위협한다. 과학자들은 임의의 작은 공간에서 짧은 시간 동안 벌어지는 사건을 탐구함에 있어, 멀리 떨어진 곳에서 일어나는 다른 사건들을 무시할 수 있다고 가정한다. 같은 조건에서 실험을 재현할 수 있다는 것이 과학적 방법론의 토대이므로 위의 가정은 반드시 필요하다. 물론 모든 조건을 같게 만드는 것은 불가능하지만, 만약 그 실험이 국소적 조건에만 영향을 받는다면 실험과 관계된 조건들을 통제하는 것만으로도 충분할 것이다. 예를 들어 물의 열용량(온도를 1도 올리는 데 드는 열량 – 옮긴이)을 측정할 때 우리는 가령 목성 위성들의 위치 따위가 실험 결과를 바꿀 거라고는 생각지 않는다. 그래서 실험 장비의 주변 온도와 기압 정도만을 통제하는 것으로 충분하다고 생각한다.

    그러나 양자론은 이러한 국소성 가정을 두 가지 방식으로 무너뜨린다. 그림 10.3의 예시에서, 입자를 관찰했는데 임의의 위치 x에서 발견되었다고 가정해 보자. 그러면 우리는 입자가 x가 아닌 다른 곳에는 존재하지 않는다는 사실을 알게 된다. 이는 나머지 모든 지점에서도 무언가가 (즉시?) '발생했음을' 뜻한다. 이번에는 그림 10.7의 장벽 실험을 예로 들어 보자. 관찰 결과 입자가 장벽을 통과한 것으로 드러났다면, 그 즉시 우리는 입자가 반사하지 않았음을 알게 된다. 그렇다면 반사된 입자에 해당하는 파동함수 봉우리는 사라지거나(이것이 파동함수의 붕괴) 더 이상 입자가 발견될 확률을 상징하지 않아야 한다(이는 양자론의 규칙을 위배한 것이다).

비국소성이 발생하는 두 번째 방식은 둘 이상의 입자가 포함된 물리계에서 나타난다. 이해를 돕기 위해 입자 두 개로 이루어진 계를 떠올려 보자. 이 계를 기술하는 파동함수는 위치 변수 두 개에 의해 정해진다. 즉 $\psi(\mathbf{x}_1, \mathbf{x}_2, t)$로 나타낼 수 있다. 그런데 이 파동함수는 아주 특이하다. 이 함수는 '어떤 것'의 공간상 분포를 기술하지 않는다. 하나의 지점만 가지고는 값이 정의되지 않기 때문이다. ψ의 값을 정의하려면 두 개의 위치, 다시 말해 6차원 '공간'의 위치가 필요하다. 이로부터 우리는 '물리적' 대상을 공간상 위치를 가진 대상으로 정의하려는 시도 자체가 잘못되었음을 유추할 수 있다(혼더리치[11]를 보라). 나는 파동함수가 물리적 대상이라 생각하지만, 파동함수는 분명히 국소적 조건에 의해서만 정해지지 않는다.

위치 두 개에 의해 정해지는 파동함수의 실질적인 의의는 두 입자가 아무리 멀리 떨어져 있더라도 첫 번째 입자의 위치에 따라 두 번째 입자 위치의 확률 분포가 달라진다는 것이다. 이때 두 입자의 위치가 상관 효과를 보인다고 말한다(얽힘entanglement이라는 단어가 쓰이기도 한다). 이 상관관계는 양자 세계의 비국소성을 미려하게 보여준 **벨 정리**[12]의 토대가 되기도 했다.

벨 정리를 이해하기 위해 입자의 속성 가운데 가능한 값이 두 개밖에 없는 속성이 있다고 가정해 보자. 위치는 무한히 다양한 값을 가질 수 있으므로 이렇게 하면 문제가 훨씬 간단해진다. 이러한 속성의 대표적인 예는 '스핀'이다. 특정한 축에 대해 전자의 스핀을 측정하면 +1/2나 −1/2의 두 값만이 나온다. 위 가정을 만족하는 속성의 구체적인 성질은 중요치 않으니, 앞으로는 이 속성을 스핀으로 부르고, 두 값은 간단히 +와 −로 나타내겠다. 두 입자의 스핀을 연속해서 측정하였을 때 가능한 결과는 (+,+), (+,−), (−,+), (−,−), 이렇게 총 네 가지이며, 각각의 확률은 파동함수를 통해 알 수 있다. 첫 번째 입자에서 +가 나올 확률이 두 번째 입자의 결괏값과 독립일 때, 두 스핀은 서로 무관uncorrelated하다. 하지만 이러한 경우는 드물다. 이와 반대로 두 입자의 스핀의 합이 반드시 0이 되어야 하는 상황도 있다. 그러면 가능한 결과는 (+,−)와 (−,+)밖에 없다. 이때 스핀은 완벽한 상관관계에 있다. 하나가 양수이면 나머지 하나는 음수여야 하고, 둘 다 양수이거나 음수일 가능성은 없기 때문이다.

이른바 아인슈타인−포돌스키Podolsky−로젠Rosen(EPR) 역설의 (데이비드 봄에 의해) 개선된 버전에서 바로 이 상황을 활용하고 있다.

두 전자의 스핀의 합이 0이고 서로 멀리 떨어져 있다고 하자. 이때 어느 한 전자의 스핀을 특정축에 대해 측정하면 나머지 전자는 겉으로는 아무 영향도 받지 않은 듯 보이지만 즉시 그 축에 대한 스핀이 결정된다. 아인슈타인 등은 이것이 측정 이전에 스핀이 이미 물리적 실재의 일부로서 존재한다는 증거라고 주장했다. 하지만 이는 불가능하다. 그 실험을 다른 임의의 축에 대해서 실시했어도 같은 결과가 나왔을 것이므로. 모든 축에 대한 전자의 스핀값이 이미 정해져 있다는 결론이 나기 때문이다. 그러나 양자론의 불확정성 원리에 의해 전자의 상태는 모든 방향에 대해 정확한 스핀값을 가질 수 없다(운동량과 위치를 한꺼번에 정확히 알 수 없는 것과 같은 원리다). 더 상세한 설명은 그림 10.8 및 그 캡션을 참조하라.

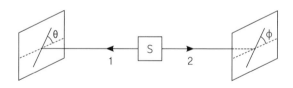

그림 10.8 EPR 실험의 봄 버전. 스핀의 합이 0인 두 입자가 S에서 방출된다. 한 입자의 스핀이 +라면 나머지 입자의 스핀은 −이다. 방향 θ에 대해 입자 1의 스핀을 측정했을 때 +가 나왔다면, 입자 2는 방향 φ = θ에 대하여 −의 스핀값을 갖게 된다. 따라서 우리는 입자를 전혀 건드리지 않고 임의의 방향에 대한 스핀을 알아낼 수 있다. 아인슈타인, 포돌스키, 로젠은 이것이 입자의 스핀값이 모든 방향에 대하여 정해져 있음을 뜻한다고 해석했다. 그러나 이는 불확정성 원리에 위배된다. 벨 부등식에 관한 본문 설명에서는, 위 실험을 각각 두 가지의 θ와 φ(θ$_a$,θ$_b$,φ$_a$,φ$_b$)를 사용하여 총 네 가지 각도 조합에 대하여 수행했다고 가정한다.

그렇다면 이 상황에서 입자 1의 스핀을 서로 다른 두 가지 방향에 대해 측정하는 것을 상상할 수 있다. 그런데 이것은 실제로 불가능하다. 한 가지 방향에 대한 스핀을 측정하면 두 입자 간의 상관관계가 무너질 수밖에 없고, 두 번째 측정을 한다고 해도 입자 2에 대한 정보를 얻을 수 없기 때문이다. 그러므로 이 실험만으로는 국소성의 원칙이 무너졌다고 볼 수 없다.

그러나 1964년 벨이 국소성 가정을 적용했을 때 EPR 형태의 실험에서 연속적인 측정의 제한 조건('벨 부등식')이 발생함을 증명하면서 상황이 바뀌었다. 이 부등식은 실험을 여러 번 반복했을 때 그 평균값에 관한 것이다. 그래서 하나의 입자에 대해 다양한 방향으로 여러 번 스핀을 측정할 수 없다는 사실이 문제가 되지 않는다. 벨은 양자론의 예측이 이 제한 조건을 위배한다는 것을 보였다.

벨 부등식의 증명 과정이나 자세한 소개를 알고 싶지 않은 독자들은 곧장 수식 10.5로 건너뛰어도 무방하다. 그렇다면 이제 다시 스핀의 합이 0인 두 입자가 멀어지고 있는 상황을 생각해 보자(그림 10.8). 국소성 가정은 일정한 시간이 지나면(예를 들어 입자들이 서로 수 킬로미터 떨어지면) 두 입자가 서로 독립적으로 된다는 것이다. 다시 말해 각각의 입자에 미래 행동을 가능한 범위 내에서 최대한 결정하는 모든 정보가 담겨 있다는 것이다. '가능한 범위 내에서 최대한'이라고 명시한 것은 입자의 행동에 무작위 요소가 섞일 여지를 남겨 두기 위해서이다. 이 경우 입자는 그 행동의 확률을 결정하는 규칙을 담고 있을 것이다.

그런데 실험 결과에 의하면 입자 1과 2의 스핀을 같은 축에 대해 측정하면 항상 반댓값이 나온다. 두 스핀의 합이 0이 되어야 하므로 입자 1의 스핀이 +이면 입자 2의 스핀은 반드시 −이다. 그런데 우리가 입자 1의 스핀을 잴지 말지, 잰다면 어느 방향으로 잴지 미리 정한 것이 아니기 때문에 국소성 가정에 의해 입자 2는 모든 방향에 대한 스핀값을 담고 있어야 한다. 따라서 스핀 방향과 관련해서는 무작위 요소가 있을 수 없다(이 사실은 부등식 증명에는 불필요하지만, 문제를 좀 더 간단하게 만들어 준다).

이때 H라는 물리량이 두 입자를 완벽히 기술한다고 가정해 보자. 그렇다면 위 문단에 의해 H는 모든 방향에 대한 입자의 스핀을 말해 준다. 특정한 H에 대하여, 방향 θ_a에 대한 입자 1의 스핀을 $S(H,\theta_a)$, 방향 ϕ_a에 대한 입자 2의 스핀을 $S(H,\phi_a)$라 하자. 두 입자의 스핀은 + 또는 −이다. 표 10.1은 입자 1과 2의 스핀을 각각 두 가지 방향 $(\theta_a,\theta_b,\phi_a,\phi_b)$으로 쟀을 때 가능한 S의 가짓수들을 전부 보여 주고 있다. 이 16개의 열 중에는 H에 대응하는 것이 반드시 존재한다.

이제 특정한 H에 대하여 다음의 실험을 네 번 연속으로 수행할 수 있다고 가정하자. 입자 1과 2의 스핀을 각각 방향 θ_a와 ϕ_a에 대하여 측정하고 두 스핀의 곱 $P(a,a)$를 기록해 둔다. 스핀이 같으면 +1, 다르면 −1이다. 이와 같은 방식으로 방향 (θ_b, ϕ_b), (θ_a, ϕ_b), (θ_b, ϕ_a)에 대해서도 실험을 반복하고 그때마다 스핀의 곱 $P(b,b)$, $P(a,b)$, $P(b,a)$를 기록한다. 이제 F라는 값을 다음과 같이 정의하자.

$$F(H, \theta_a, \theta_b, \phi_a, \phi_b) = P(a,a) + P(b,b) + P(a,b) - P(b,a) \qquad \text{수식 } 10.4$$

우변에서 처음 세 항은 더하고, 마지막 항은 뺀다는 점에 유의하라. P의 값들이 대체로 H에 의해 정해질 것이므로 F 역시 H의 함수라 볼 수 있다. 그래서 F의 변수 가운데 H도 추가된 것이다. 모든 경우에 대하여 계산해 보면, F는 항상 +2 또는 −2이다(표 10.1).

표 10.1 스핀 측정 결과

θ_a	+	+	+	+	+	+	+	+	−	−	−	−	−	−	−	−
θ_b	+	+	+	+	−	−	−	−	+	+	+	+	−	−	−	−
ϕ_a	+	+	−	−	+	+	−	−	+	+	−	−	+	+	−	−
ϕ_b	+	−	+	−	+	−	+	−	+	−	+	−	+	−	+	−
F	+2	+2	−2	−2	+2	−2	+2	−2	−2	−2	+2	+2	−2	+2	−2	+2

그러나 우리는 H를 모르기 때문에 네 번 측정하는 동안 H가 일정하게 남아 있을지 알 수 없다. 그래서 실제로는 이 실험을 수행할 수 없다. 하지만 그 대신 네 가지 각도 조합에 대해서 동일한 횟수로 여러 번 실험을 반복할 수는 있다. 그러면 결과적으로 표 10.1의 모든 열에 대한 평균값을 구하는 셈이 된다. 이러한 F의 평균값을 $\bar{F}(\theta_a, \theta_b, \phi_a, \phi_b)$라 부르자. 물론 우리는 H의 분포를 모르기 때문에 정확한 $\bar{F}$를 계산할 수 없다. 그러나 $\bar{F}$는 총 16개의 +2 또는 −2를 평균 낸 것이므로, 반드시 +2와 −2 사이여야 한다. 즉, 절댓값이 2 이하여야 한다. 정리하자면 실험으로 측정 가능한 물리량 $\bar{F}$는 다음 부등식을 만족해야 한다.

$$-2 \leq \overline{F} \leq +2 \qquad \text{수식 10.5}$$

이것이 벨 부등식의 한 형태이다.

위 부등식은 겉으로는 간단해 보이지만. 양자론이 예측한 것과 어긋난다. 실제로 일부 각도 조합에 대해서는 물리량 F의 예측값이 $2\sqrt{2}$가 되어 부등식 10.5를 만족시키지 않는다. 따라서 양자론은 국소성을 위배한다. 이것이 바로 벨 정리이다.

이 발견은 많은 학자의 관심을 촉발했고 지금도 연구가 진행 중이다. 한편으로는 부등식을 증명하는 데 필요한 조건들을 위에서 소개한 것보다 훨씬 더 엄밀하게 정의하려는 시도들이 있었다.[13] 다른 한편으로는 실제 세계가 양자론이 예측한 대로 행동하는지, 아니면 양자론을 따르지 않고 국소성을 유지하는지 밝히려는 실험도 있었다. 이들 중 가장 훌륭한 실험은 프랑스 파리에서 수행된 아스페Aspect 교수 연구진의 실험이었다. 실험의 결론은 명확했다. 양자론이 예측한 바대로였다. 이 실험에 관한 자세한 소개와 참고문헌은 나의 이전 책[1]을 참조하라.

벨 정리의 발견. 그리고 뒤이은 실험 검증 과정은 물리학사에 길이 남을 매우 흥미진진한 사건이었다. 이 발견은 양자물리학 이외의 분야에도 막대한 파장을 가져올 것으로 예상된다. 언젠가는 이 발견의 진정한 의미가 드러날 날이 올 것이다!

시간과 양자역학

이 장을 마치기 전에 시간에 관한 나의 어쩌면 모호하고 사변적일 수 있는 세 가지 견해를 밝히고자 한다. 셋은 모두 국소성 문제와 어느 정도 관련되어 있지만, 서로 간에 직접적인 관련은 없다.

첫째, 공간뿐만 아니라 시간에도 비국소성을 도입해야 할 수 있다. 앞서 우리는 $\psi(\mathbf{x}_1, \mathbf{x}_2, t)$의 꼴을 가진 파동함수를 예시로 들었다. 이 함수는 두 개의 위치값과 한 개의 시간값에 의해 결정된다. 그런데 이러한 물리량은 비상대론적 물리학에서는 말이 되지만, 특수상대성이론과는 들어맞지 않는다. 불행하게도 지면 관계상 상대론적 양자론(이 존재하기는 하는지)까지 다루기는 어렵겠지만, 확실한 것은 상대론적 양자론에서는 시간 변수가 두 개인 함수가 쓰일 가능성이 크다는 것이다. 그러면 고정된 초기 시간에서의 물리계를 논하려 할 때 문제가 발생할 수 있다.

둘째, EPR 상황에서의 비국소성에 관한 학자들의 논의는 주로 하나의 사건에서 이후의 사건으로 '신호'가 전송된다는 아이디어에 기초하여 전개되고 있다. 그런데 여기에는 이원론적 사고방식이 깔려 있다. 신호가 전송된다는 것은 두 가지를 전제한다. 첫째, 시간 T_1에 특정 장소 A에서 어떤 행위를 수행하는 자유 행위자free agent가 존재한다는 것이다. 둘째는 그 행위의 효과가 다른 장소 B에 도달하기까지 유한한 시간이 걸린다는 것이다. 이때 행위의 효과가 B에 도달하는 시간 T_2는 다음과 같이 나타낼 수 있다.

$$T_2 \geq T_1 + \frac{L}{c}$$ 수식 10.6

L은 A와 B 사이의 거리이고 c는 빛의 속도이다(여기서는 신호가 빛보다 빠르게 전달될 수 없다는 특수상대성이론의 결론을 적용하였다). 그런데 엄밀히 말하자면 완전히 결정론적인 세계에는 그러한 자유 행위자가 존재하지 않는다. 우리가 자유 행위라 부르는 것들은 실제로는 과거의 여러 원인으로 인해 발생하며, 이 원인들은 자체적으로 B에 메시지를 보낼 수 있다. 따라서 B에서의 효과는 위 부등식의 제한 조건보다 더 빨리 발생할 수 있다. 역설적으로 완전히 결정론적인 세계에서는 인과성이라는 개념이 그 의미를 잃어버린다. 그 세계는 그저 존재한다. 사건 간의 상관관계는 존재하지만, 한 사건이 다른 사건을 '야기'한다고 볼 수는 없다. 일요일 조간신문이 나의 대문 앞에 도착하기까지는 몇 시간이 걸리겠지만, 그 전날 내가 축구 경기장에 있었다면 신문에 적힌 결과를 미리 알았을 것이다

(반면 우리는 경기의 결과가 신문에 특정 숫자가 적히도록 '야기했다'고 믿는다. 이 역시 합리적인 해석이다).

벨 부등식을 검증하는 데 쓰인 EPR 실험 장치 역시 실험이 수행되기 오래전에 고안되고 설치되었다. 또한 장치의 설정값이 진정하게 무작위로 정해지지도 않는다. 따라서 이 실험은 비국소 효과를 엄밀하게 증명한 것이 아닐 수 있다. 이에 대한 해결책으로 스핀 측정 장치의 설정값을 지구와 인과적으로 접촉한 바 없는, 아주 멀리 떨어진 은하에서 오는 신호를 사용하여 수정하자는 제안도 있었다. 그러한 실험에서는 양자론과 어긋나는 결과가 나올까? 이곳 더럼 대학에서 나의 학생 L. 하디[L. Hardy]가 연구 중인 또 다른 아이디어는, 진정한 의미의 자유로운 행위자가 결정론적 물리 세계 외부에 존재하고 이 행위자들의 '정신 행위[mind-act]'가 EPR 실험의 설정에 영향을 끼친다는 것이다. 그들이 정신 행위가 벨 부등식을 따른다고 가정하면 이것이 양자론을 위배하는 원인이 될 것이다(이러한 실험은 이원론을 엄밀하게 검증하는 방법이 될 수도 있다. 그러나 시간적 규모가 워낙 달라서 실제 실험을 수행하기는 매우 어려울 것으로 예상된다).

마지막으로 지적하고 싶은 것은 파동함수가 시공간 속의 대상($\mathbf{x}$와 t의 함수)이라는 인식 자체가 틀렸을 수도 있다는 점이다. 실제로는 파동함수가 시간의 함수가 아닐지도 모른다. 완전한 우주 파동함수 수준에서는 시간이 존재하지 않을지도 모른다! 언뜻 기괴하게도 들리는 이러한 발상은, 호킹의 저술[14,15]에서도 언급된다.

시간의 함수가 아닌 파동함수가 어떻게 시시각각 변화하는 세상을 기술할 수 있을까? 그 해답은(해답이랄 것이 있다면) 파동함수가 입자의 위치와 같은 수많은 물리적 상황을 담고 있고, 그 물리적 상황들이 대부분 서로 상관되어 있다는 점에 있다. 파동함수의 여러 부분 가운데 우주의 반지름이 작은(작은 값들을 중심으로 봉우리를 이루는) 부분들에서는 입자들이 은하를 이룰 가능성이 거의 없다. 그러나 우주의 반지름 평균값이 훨씬 더 커지면 은하가 존재할 경향성이 커진다. 거기서 더 커지면 사람을 발견할 가능성도 생길 수 있다. 따라서 우리는 우주의 반지름을 일종의 시곗바늘로 취급할 수 있다. 그렇게 되면 세계는 '시간', 즉 시곗바늘의 위치에 따라 변화할 것이다.

수식을 이해할 수 있는 독자들을 위해, 아주 흥미로운 간단한 예를 소개하고자 한다.[16] 질량이 각각 M과 m인 자유 입자 두 개로 이루어진 1차원 '세계'를 상상해 보자. 이 입자들이 에너지 고유상태에 있다면 파동함수는 다음 식을 만족한다.

$$\left(-\frac{\hbar^2}{2M}\frac{\partial^2}{\partial x^2} - \frac{\hbar^2}{2m}\frac{\partial^2}{\partial y^2}\right)\Psi(x,y) = E\Psi(x,y)$$

수식 10.7

x와 y는 각 입자의 위치를 가리킨다. 다음과 같은 '경계 조건'도 부여하자.

$$\Psi(x, y = 0) = e^{iKx} e^{-\alpha x^2}$$

수식 10.8

이 경계 조건은 두 입자 간의 상관관계를 조성한다.

이제 질량이 M인 입자의 위치를 일종의 시계로 만들어 보자. 이 입자는 자유롭게 움직이기 때문에 등속 운동을 한다. 그렇다면 그 운동량($\hbar$K)은

$$\frac{dx}{dt} = \frac{\hbar K}{M}$$

수식 10.9

로 나타낼 수 있다. 식에 '시간' 변수가 도입된 것이다. 이를 이용하여 우리는 수식 10.7을 다음과 같이 고쳐 적을 수 있다.

$$i\hbar \frac{\partial Y}{\partial t} = -\frac{\hbar^2}{2m} \frac{\partial^2}{\partial y^2} + \left(\frac{K^2}{2M} - E \right) Y + \frac{1}{2M} \frac{\partial^2 Y}{\partial x^2}$$

수식 10.10

여기서 $Y = e^{-iKx}\psi$는 질량이 m인 입자의 파동함수에 해당한다. 질량 M이 매우 클 경우, 무시 가능한 마지막 항을 제외하면 이 방정식

은 본래의 시간 의존적 슈뢰딩거 방정식과 동일하다. 이는 시간 독립적 방정식으로부터 '시간'이라는 물리량을 만들어 낸 것처럼 보인다.

나 역시 이것의 함의를 정확히 알지는 못한다. 여기서 우리가 도입한 t라는 물리량이 실제 우리가 경험하는 시간과 관련이 있는지, 또한 이 모형을 상대론과 결합할 수 있는지 검토가 필요하다. 이러한 접근법이 시간과 공간을 차별화한다는 점에서 만족스러울 수도 있다. 하지만 그것조차도 확실한 것은 아니다. 이러한 방식으로 시간을 기본 물리량에서 소거할 수 있다면 공간도 차원 하나(또는 전부)를 소거하지 못할 이유가 없기 때문이다.

11장
양자론은 무엇을 뜻하는가?

해석 문제

연거푸 언급한 것처럼 양자론은 전례 없을 정도로 성공적인 이론이다. 비록 양자론의 예측은 상식에 어긋났지만, 관찰 결과는 늘 이론과 합치하였다. 우리는 양자론을 활용하여 에너지 준위와 산란 과정 등 원자의 다양한 성질을 정확하게 계산할 수 있었다. 실전에서는 원자가 복잡해질수록 계산 역시 급속도로 어려워지지만, 단순한 경우에 한해서는 특수상대성이론이나 중력을 고려할 필요가 없다면 한치의 모호함도 없이 계를 기술할 수 있다. 그러나 외부 세계에서 실제로 무슨 일이 일어나는지에 관해 양자론이 어떤 식으로 설명하는지 들춰 보면 사정이 전혀 다르다. 거기에는 오직 혼돈과 논란만이 있을 뿐이다! 이것이 양자론의 해석 문제다. 이 문제에 관해서는 수많은 학자가 당황스러울 정도로 다양한 '해답'을 내놓고 있다. 이 문제는 20세기 초에 처음 제기됐지만 여전히 해결되지 않았으며, 최근 들어 다시금 학자들의 주목을 받고 있다. 이 장에서 해석 문제를 전부 다루는 것은 불가능하겠지만, 핵심 쟁점을 짚어 보고 가장 유력한 해석도 소개하고자 한다. 양자론에 대한 해석은 크게 세 부류로 나눌 수 있다(물론 다른 식의 분류도 가능하다. 가령 벨[1]은 여섯 가지, 서드버리[2]는 아홉 가지로 나눈다).

첫 번째 부류는 현재 양자론이 (조금) 틀렸다는 관점이다. 이 관점에 따르면 현재 양자론은 약간의 보정이 필요하다. 간단한 물리계에서는 이 보정으로 인한 차이가 나타나지 않지만, 더 복잡한 물리계(모든 측정 장치)에서는 결과가 완전히 뒤바뀔 수 있다. 또는 특정 종류의 계에만 양자론에는 포함되지 않은 부가적인 효과가 작용할 수도 있다. '정통' 해석을 지지하는 사람들은 보통 부가적인 보정을 괘념치 않고, 심지어 그 필요도 인정하지 않는다. 하지만 정통 해석 역시 이 첫 번째 부류에 속한다고 보는 것이 타당하다. 왜냐하면 정통 해석에서는 파동함수가 늘 슈뢰딩거 방정식을 따르는 것이 아니라 관찰 시 반드시 붕괴하기 때문이다. 정통 해석에 관해서는 11장 2절 「정통 해석」에서 더 자세히 살펴본다. 11장 3절 「양자 측정의 주체는 무엇인가?」에서는 보정 항으로 제시된 것들을 소개한다.

두 번째 부류는 양자론이 정확하지만 불완전하다는 관점이다. 파동함수는 늘 슈뢰딩거 방정식에 따라 변화하지만, 파동함수만으로는 계를 완전히 기술할 수 없으며 이른바 숨은 변수들이 더 필요하다는 것이다. 그런데 숨은 변수라는 표현은 그다지 적절하지 않다. 우리가 살펴볼 모형에서는 우리에게 친숙한 개념인 입자의 위치가 바로 숨은 변수에 해당하기 때문이다. 이 모형은 고전적인 실제 입자라는 개념을 다시 도입하고 있다. 그런데 이 경우 입자들은 부가적인 힘의 영향을 받게 된다. 이에 관해서는 11장 5절 「숨은 변수 모형」에서 더 자세히 살펴본다.

마지막 부류는 이른바 다多세계 해석이라고 불리는 모형이다. 하지만 내가 보기에 다세계라는 이름은 오해를 불러올 수 있는 부적절한 명칭이다. 다세계 해석은 양자론을 토대로 제시된 실재에 대한 설명 가운데 가장 독특하다. 그러나 정통 양자론의 형식주의를 가장 착실하게 따르는 해석이기도 하다. 다세계 해석은 양자론이 가능한 범위 내에서 최대로 정확하고 완전하다고 가정한다. 이 해석은 11장 6절 「다세계 해석」에서 살펴본다.

양자론의 매력(?) 중 하나는 어느 한 해석을 선택할 때 가장 그럴듯한 선택지를 고를 필요가 없다는 점이다. 모든 해석이 말이 안 되기 때문이다. 어떤 해석을 받아들이든 이 세계가 실제로 그렇다는 것을 인정하기 쉽지 않다. 10장 1절 「물질-파동 이중성」에서의 표현을 다시 쓰자면, 모든 해석이 다 '어리석어' 보인다. 우리가 아직 생각지 못한, 기존의 선택지보다도 더 괴상한 해석도 있겠지만, 어쨌거나 이 해석들 안에 정답이 있어야만 한다. 유의해야 할 사실은 우리는 어디까지나 양자론의 체계 내에서 논의를 전개하겠지만, 해석 문제는 단순히 특정 이론의 문제가 아니라 세계에 대한 실험 및 관찰과 관련된 문제라는 점이다. 가령 양자론이 소위 앙상블이라 불리는 다수의 동일한 복사본에 적용된다고 가정함으로써 이론상의 난점을 제거하더라도 "관찰을 어떻게 설명할 것인가" 하는 실제 문제를 해결하는 데는 도움이 되지 못한다.

정통 해석

이 절에서는 일반적으로 정설로 받아들여지고 있는 해석을 소개한다. 하지만 어디까지가 정통 해석인지는 전혀 제대로 정의되지 않았다. 현재 활동 중인 양자물리학자 중 대다수는 정통 해석을 지지한다고 말하지만, 실제로는 각각 입장이 다르다! 놀랄 일은 아니다. 이 해석은 양자론의 태동기에 새로운 이론과 응용을 형식적·수학적으로 기술하는 과정에서 만들어졌기 때문이다. 이 해석은 코펜하겐 대학의 보른Born, 하이젠베르크, 보어에 의해 구축되었기 때문에 '코펜하겐 해석'이라고도 불린다.

정통 해석의 핵심 특징은 다음과 같다.

(1) 정통 양자론에서는 "이론엔 문제가 없으니 이유는 묻지 말고 그냥 이론을 써라!"라는 계율을 암묵적으로 받아들이고 있다. 물론 이는 아주 지혜롭고 유용한 격언이었다. 많은 사람이 이 계율에 따라 양자론을 다양한 분야에 적용하는 데 성공했다. 초기 양자론

이 가파른 진전을 이룩하고 그때까지 미스터리로 여겨졌던 여러 효과를 예측하는 데 성공함에 따라 그 기초에 대한 고민은 수그러들었다. 너무 많은 질문을 던지면 새로운 것을 받아들이고 배우는 능력이 떨어지는 보수주의자로 비칠 수 있었다. 당시 학자들은 양자론의 해석과 관련된 질문이 '형이상학' 분야에 속한다고 느꼈다. 그 질문을 실제로 고민했던 일부 학자들도 보어와 그의 동료들이 문제를 해결한 것 같다는 막연한 느낌을 받고서는 그 문제에 더 이상 시간을 쏟지 않았다. 20세기 후반기 최고의 이론물리학자인 겔만[3]은 다음과 같이 말했다. "(양자론의) 적절한 철학적 설명을 제시하는 일이 이렇게나 늦어진 것은 닐스 보어가 그 작업이 50년 전에 이미 끝났다고 이론물리학자 한 세대를 통째로 세뇌했기 때문이다."

(2) 학자들은 실증주의적이고 반反실재론적인 당시 철학적 유행과 맞물려 양자론의 형식주의 이면에 깔린 실재의 본질에 대하여 전반적으로 무관심했다. 양자론을 현실적인 용어들로 쉽게 기술하기 힘들다는 점도 이러한 풍조에 한몫했다. 1958년에 와서도 보어[4]는 다음과 같이 썼다. "양자 세계란 존재하지 않는다. 추상적인 양자물리학적 서술만이 있을 뿐이다." 양자론은 이미 올바른 답을 내놓았다. 한낱 이론으로부터 그 이상 무엇을 기대할 수 있겠는가?

(3) 보어는 상보성complementarity이라는 단어와 개념을 자주 사용했다. 특정 상황에서는 위치와 속도처럼 명백히 입자스러운 변수들로 '입자'를 기술하는 것이 가능하다. 하지만 파동스러운 속성을

사용하여 입자를 기술하는 게 더 나을 때도 있다. 이러한 상보성은 일상에서도 자주 일어난다. 책을 서술할 때 내용을 택할지 두께를 택할지는 그 책을 읽을 것인지 아니면 인테리어 소품으로 사용할지에 따라 달라진다. 그러나 양자론에서는 두 가지 서술 방식이 서로 호환 불가능하다는 점이 다르다. 즉 두 방식 다 각자의 측면에서는 유효하지만, 그 둘을 합치는 것은 절대로 불가능하다. 계에 대한 두 가지 상보적 서술을 한꺼번에 묘사하는 방법은 없다. 이쯤 되면 정통 해석은 우리가 양자론을 제대로 이해하지 못했음을 자백하는 공허한 횡설수설로 들리기 시작한다. 일반적으로 두 서술이 상보적이라면 서로 모순되어서는 안 된다!

(4) 디랙[5]이 보여 준 양자론의 형식주의는 더할 나위 없이 아름답고 훌륭했지만, 어딘가 옹색한 부가적인 규칙을 하나 더 필요로 했다. '측정'이 일어날 때 무언가 모호한 일이 일어난다는 것이었다(10장 5절 「양자론과 외부 실재」 참조). 하지만 양자론의 초창기에는 측정 장치를 고전물리학으로 기술할 수 있다고 눈가림하는 것이 가능했다. 사람들이 자주 잊는 사실인데, 미시적microscopic(나노 수준보다 큰 마이크로미터 단위의—옮긴이) 대상에 양자론을 적용하게 된 것도 엄청난 학문적 발전이 있고 나서야 가능해진 일이다. 따라서 초창기 학자들은 고전적 관점으로 측정을 기술하는 데 거리낌이 없었다(측정은 언제나 거대한 물리계를 필요로 했으므로). 이러한 고전적 계는 '당연히' 고정된 위치 등을 가지며, 입자 파동 이중성의 적용 대상이 아니었다.

심지어 폰 노이만von Neumann[6]이 양자계는 위의 규칙을 요하는 종류의 측정을 절대로 할 수 없다(이에 관해서는 다음 절에서 자세히 살펴보자)는 것을 증명한 이후에도 한동안 이러한 상황은 변하지 않았다. 학자들은 커다란 물체는 양자론을 따르지 않는다는 막연한 느낌만으로 문제를 회피할 수 있었다. 그러나 이제는 그러한 회피가 더 이상 불가능하다. 설령 커다란 물체가 양자론을 따르지 않는다는 게 사실이더라도 그에 대한 이유, 그리고 양자론 대신에 어떤 규칙을 따르는지도 제시해야 한다.

(5) 이것이 타당한 의문이 아닐 수도 있지만, 정통 해석에서는 파동함수의 지위와 의미가 다소 불확실하다. 간섭 실험의 결과만 놓고 보면 파동함수는 바닷물의 일렁임과 같이 외부 세계의 일부인 것처럼 보인다. 그렇지 않다면 무엇이 간섭을 일으키는지 설명할 수 없기 때문이다. 실제로 우리가 살펴볼 모든 해석은 파동의 '존재론적 실재성'을 인정하고 있다. 그러나 정통 해석에서는 파동함수가 '측정'이 일어날 때 갑작스럽게 도약한다는 미심쩍은 특징을 지니고 있다.

이 도약(파동함수의 '붕괴' 또는 '환원')이 필요한 이유를 다시 한번 살펴보자. 10장 3절 「파동함수의 확률 해석」의 장벽 실험에서 관찰 결과 입자가 장벽을 통과했다고 가정해 보자. 이것의 실제 의미를 풀어서 설명하자면 적절히 배치된 형광 스크린에 나타난 섬광을 우리 눈으로 보았다는 것이다. 어떻게 보면 이것은 단순히 내가 입자가 통과한 것을 관찰했다는 것보다 더 많은 것을 시사한다. 입자가 실제로 통과했어야 한다는 것이다(이에 대한 반론은 11장 5절 「숨은 변수 모형」 참조). 정통 해석에 의하면 파동함수가 물리적 상황에 대한 완전한 기술이므로 파동함수 자체에 입자가 통과한 사실이 나타나야 한다. 즉, 파동함수가 모종의 방식으로 그림 10.7(b)의 형태에서 그림 11.1의 형태로 환원되어야 한다. 이후에 나 혹은 다른 사람이 한 번 더 측정하더라도 결과는 변하지 않는다. 다시 말해 입자가 통과했다는 관찰을 하고 나면 반대편에 입자가 있을 가능성은 0이 된다. 양자론의 표준적 가정에 의하면 이는 반대편의 파동함수가 0이라는 것을 의미한다.

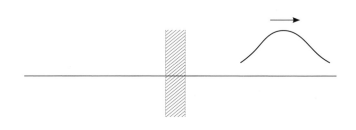

그림 11.1 그림 10.7(b)의 파동함수에서 입자가 통과한 것으로 관찰되었을 때의 붕괴된 파동함수의 모습.

물론 이러한 효과는 고전 확률론으로도 설명할 수 있다. 파동함수가 실제 물리량이 아니라 단지 계에 대한 우리의 지식을 나타낸다고 해석하는 것이다. 예를 들어 어느 물체가 1번 상자에 들어 있을 확률과 2번 상자에 들어 있을 확률이 각각 50%라는 사실을 우리가 알게 되었다고 가정해 보자. 이 정보는 각각의 상자에서 같은 높이의 봉우리를 이루는 확률 분포 함수의 형태로 기술될 수 있다. 1번 상자를 열어 보았는데 그 안에 물체가 있었다면, 2번 상자의 확률 함수는 그 즉시 0이 된다. 하지만 바뀐 것은 우리의 지식뿐이다. 우리가 들여다보기 전에도 물체는 이미 1번 상자 안에 있었기 때문에 실제 세계는 관찰 전후로 아무것도 변화하지 않았다.

그렇지만 양자론의 상황은 이와 전혀 다르다. 파동함수가 물리계 그 자체이기 때문이다. 우리가 보기 전에 입자가 실제로 통과했는지 아닌지를 따지는 것은 옳지 않다. 만일 그랬다면 간섭이 일어나지 않았을 것이다(11장 3절 「양자 측정의 주체는 무엇인가?」 참조).

흥미롭게도, 파동함수의 개념을 고안한 슈뢰딩거 본인은 파동함수의 붕괴를 아주 싫어했다.[7] 양자론의 실질적 표현이자 과학 전반에 대한 해답을 가져다준, 자신의 이름을 딴 그 방정식을 만든 것도 슈뢰딩거 자신이었다. 하지만 1926년 보어와 하이젠베르크를 만나기 위해 코펜하겐을 방문한 그는 이렇게 말했다고 한다. "이 빌어먹을 양자 도약이 사실이라면 양자론에 발을 담근 게 너무도 후회될 것 같네."

이것이 정통 해석의 상황이다. 정통 해석은 무엇이 언제 어떻게 '측정' 효과를 야기할 수 있는지 말해 주지 않는다는 점에서 불완전하다. 11장 3절 「양자 측정의 주체는 무엇인가?」에서는 이 질문에 관한 답을 살펴본다. 벨[1]은 측정 문제를 무시하고 모순(위 3번 항목)을 최대한 활용하려는 '낭만적인' 태도를 '실용적' 해석이라 부르

기도 했다. 코펜하겐 해석에 대한 추가 설명은 스탭[Stapp][8]을 참조
하라.

양자 측정의 주체는 무엇인가?

이 절에서는 양자계, 즉 슈뢰딩거 방정식으로 기술되는 계가 왜 스스로 측정을 일으킬 수 없는지 살펴본다. 또한 물리 법칙에 수정을 가하여 측정을 가능케 하려는 학자들의 여러 시도도 소개한다. 이 절에는 다른 절보다 수학적인 내용이 불가피하게 더 많이 등장한다. 그러나 수식들은 본문의 설명을 기호로 나타낸 것에 불과하다.

자유도가 두 개인 계, 예를 들어 전자를 생각해 보자. 전자는 세로 방향으로 스핀을 쟀을 때 둘 중 하나의 값만을 가질 수 있다. 이 값을 각각 +와 −로 부르자. 그렇다면 이 계를 가장 일반적으로 서술하는 방법은 + 상태와 − 상태가 각각 특정 비율로 혼합된 파동함수로 나타내는 것이다. 디랙은 파동함수를 |⋯>라는 기호로 표기했다(브라−켓 표기법이라고도 불린다−옮긴이). 이 표기법을 적용하면 계의 파동함수는 다음과 같이 쓸 수 있다.

$$|\psi>=\alpha|+>+\beta|->$$ 수식 11.1

세로 방향으로 스핀을 측정하면 +와 −가 나올 확률은 각각 $|\alpha|^2$과 $|\beta|^2$이다. 사실 이것이 수식 11.1이 담고 있는 내용 그 자체다. 측정하면 임의의 결과가 나오기는 할 것이므로 두 확률의 합은 1이 되어야 한다. 즉, $|\alpha|^2+|\beta|^2=1$이다.

이때 슈테른–게를라흐Stern-Gerlach 장치로 전자의 스핀을 측정한다고 가정해 보자. 이 장치는 세로로 불균일한 자기장을 가하여 스핀 +인 전자는 위로, − 인 전자는 아래로 휘게 만든다. 장비의 세세한 정보나 작동 원리는 여기서 중요치 않다. 장치를 통과한 뒤의 전자를 기술하기 위해서는 전자가 움직이는 방향과 관련한 변수를 파동함수에 추가해야 한다. 전자의 스핀이 +였다면 측정 이후의 상태는 |+,up>이 될 것이고, 스핀이 − 였다면 |−,down>이 될 것이다. 이는 '측정 장치가 잘 작동한다'를 다르게 표현한 것에 지나지 않는다. 수식 11.1의 상태에 있었던 전자는 최종적으로 슈뢰딩거 방정식의 선형성에 의해 위로 움직이는 + 스핀 전자와 아래로 움직이는 스핀 전자로 이루어진 파동함수를 갖게 된다.

$$|\psi> = \alpha|+,up>+\beta|-,down>$$ 수식 11.2

첫 번째로 눈에 띄는 것은 우리의 측정이 '완벽'했다는 것이다 (이러한 측정은 오직 학부 이래로 실제 실험을 해 본 적이 없는 이론물리학자

만이 할 수 있다!). 그 이유는 |+,down>이나 |−,up> 항이 없으므로 스핀 방향과 전자가 움직인 방향이 서로 완벽한 상관관계를 이루고 있기 때문이다. 그런데 더 중요한 사실은 아직 양자 측정이 일어나지 않았다는 것이다. 위 식은 아직 두 가지 스핀을 모두 포함하고 있다. 측정이 일어나면 하나의 특정한 답이 나와야 한다. 즉, 파동함수는 하나의 항만으로 이루어져야 한다. 파동함수는

$$|\psi> = |+,up>$$ 수식 11.3a

이거나

$$|\psi> = |−,down>$$ 수식 11.3b

둘 중 하나여야 한다.

우리가 아직 전자가 위로 갔는지 아래로 갔는지 '관찰'하지 않았기 때문에 측정이 일어나지 않았다고 생각할 수도 있다. 이 문제를 해결하기 위해 입자가 위로 가면 켜지고 아래로 가면 꺼지는 검출기를 설치했다고 생각해 보자(물론 이 검출기의 상세한 특성은 중요치 않다). 이제 파동함수는 이 검출기를 기술하는 인자도 포함해야 한다. 맨 처음 검출기가 off 상태에 있고 검출기가 제대로 작동한다면 파동함수는 다음과 같이 변할 것이다.

$$|\psi\rangle = \alpha|+, up, on\rangle + \beta|-, down, off\rangle \qquad \text{수식 } 11.4$$

하지만 아직도 우리는 결괏값이 하나로 고정되는 제대로 된 양자 측정을 하지 못했다. 이러한 방식으로는 두 가지 가능성 중 하나만 있는 파동함수를 얻을 수가 없다. 이유는 간단하다. 파동함수를 기술하는 데 쓰이는 방정식이 결정론적이므로 둘 중 **하나만** 있는 결과는 절대로 얻을 수 없다. 이로써 우리는 양자론에 의해 기술되는 양자계는 스스로 측정할 수 없다는 중요한 결론에 도달했다.

수식 11.4와 같이 둘 이상의 가능성이 선형적으로 중첩된 파동함수를 순수pure 상태라 부른다. 반면 수식 11.3처럼 하나의 선택지만 남은 파동함수는 혼합mixed 상태라 부른다. 위 결론을 다시 적자면, 슈뢰딩거 방정식하에서는 순수 상태가 혼합 상태가 될 수 없다. 순수 상태에서는 각 부분 간에 간섭이 일어날 수 있으므로 두 상태는 서로 완전히 다른 물리계이다. 실전에서는 매우 단순한 미시적 계가 아니면 이 간섭을 관찰하기 어렵다. 많은 학자가 지적한 대로 거의 모든 실제 상황에서는 주변 환경의 효과(위 예제에서는 무시된)에 의해 '결깨짐decoherence'이 일어나 간섭이 발생하지 않는다. 하지만 결깨짐 역시 측정 문제를 해결해 주지는 않는다.

따라서 우리는 파동함수를 환원시키고 싶으면 어떻게든 이론을 수정해야 한다는 것을 알 수 있다. 이때 수정된 이론은 다음의 조건을 만족해야 한다.

(1) 파동함수가 양자론의 확률 규칙에 따라 환원될 수 있어야 한다. 위의 예시의 경우 |+,up,on>가 나올 확률은 $|\alpha|^2$, |−,down,off>가 나올 확률은 $|\beta|^2$여야 한다.

(2) 환원은 측정 대상이 되는 물리량과 호환 가능해야 한다. 만약 위치를 측정하였다면 환원된 파동함수는 위치에 해당하는 특정한 값을 가져야 한다(양자론에서는 수학적으로 측정 가능한 모든 물리량에는 대응되는 연산자가 있다. 그러므로 환원된 파동함수는 그 연산자에 대한 고유 벡터여야 한다).

스핀 예시를 다시 생각해 보자. 수식 11.1에 나타난 스핀이 아닌, 다른 방향에 대해 측정한 스핀으로도 계의 상태를 정의할 수 있다. 이 상태를 |+>'와 |−>'로 나타내면, 수식 11.1의 일반적 상태는 다음과 같이 표현할 수 있다.

$$|\psi> = \alpha'|+>'+\beta'|−>' \qquad 수식\ 11.5$$

수식 11.1과 11.5는 동일한 상태를 기술하고 있다. 다만 다른 기저basis를 사용하면서 기술 방식도 달라진 것뿐이다(하나의 벡터를 다양한 좌표계로 나타낼 수 있는 것과 같은 원리다). 따라서 우리는 전자의 파동함수가 하나의 특정한 스핀 축으로만 환원한다고 말할 수 없다. 수식 11.1의 우변 중 하나로 환원될지, 11.5의 우변 중 하나로 환원될지 알 수 없기 때문이다.

(3) 파동함수의 환원은 매우 적절한 속도로 이루어져야 한다. 파동함수가 환원되는 속도는 우리가 일반적으로 무언가 관찰했을 때 그 즉시 결과가 나온다고 느끼게 할 만큼 빨라야 한다. 하지만 속도가 너무 빠르면 슈뢰딩거 방정식의 보정 항이 커지므로 원자의 에너지 준위나 중성자의 간섭 등 양자론의 주요 예측이 무너지지는 않을 만큼 천천히 일어나야 한다.

그런데 모든 측정 체계는 아주 크다. 즉, 수많은 원자로 이루어진 거시적 물체다. 그래서 우리는 이들이 위 세 조건을 만족할 거라 기대해 봄 직하다. 가령 1킬로그램의 물질 속에는 대략 10^{25}개의 원자가 있다. 따라서 원자 몇 개 수준에서는 무시 가능하지만 거시적 장치에서는 지배적인 효과를 일으키는 항을 추가할 수 있다. 그 효과가 원자의 개수나 물체의 질량에 대략 비례한다면 말이다. 그렇게 하면 입자 한 개가 붕괴하는 데는 우주의 나이보다 더 오래 걸리지만 모든 측정 장치에서는 거의 즉시 붕괴가 일어나도록 만들 수 있다.

우리는 결국 특정한 거시적 물체의 위치를 측정하는 것이기 때문에 (2)번 조건 역시 만족하게 만들 수 있다. 따라서 우리는 거시적 물체의 파동함수가 특정한 위치(약간의 '오차'를 포함한)에 해당하는 파동함수로 급속하게 붕괴하도록 만들어야 한다. 예컨대 위의 전자 스핀 예시에서 'on' 상태와 'off' 상태는 궁극적으로 계기판 바늘의 서로 다른 위치에 대응한다. 따라서 바늘이 특정 위치로 환원되면 전체 파동함수는 |+,up,on⟩ 이나 |-,down,off⟩ 둘 중 하나

가 되어야 한다. 전자의 스핀은 측정 장치가 설정한 축(자기장의 방향)에 대해서만 정해진다.

이러한 수정된 버전의 슈뢰딩거 방정식에는 반드시 '추계推計적인stochastic' 또는 무작위적인 항이 있어야 한다. 그렇지 않으면 우리의 의도와 달리 그 결과는 결정론적이 될 수밖에 없기 때문이다. 또한 (1)번 조건을 만족하려면 방정식은 비선형적이어야 한다.

이러한 필요 조건들을 만족시키는 해결책의 간단한 예시로서 기라르디Ghirardi, 리미니Rimini, 베버Weber가 발표한 소위 GRW 모형에 관한 벨의 설명을 한번 들어보자.[1,9,10] GRW 모형의 핵심 아이디어는 어떠한 시간 간격에 대해서든 입자가 특정 위치로 '도약'할 확률이 있고, 위치별 상대적 확률은 해당 위치의 파동함수의 진폭 제곱에 비례한다는 것이다. 이 확률값은 너무 작아서 하나의 입자에서는 거의 도약이 발생하지 않는다(그래서 중성자는 완벽한 간섭 패턴을 나타낸다). 그러나 거시적 물체의 경우에는 도약이 한 번 일어나기까지 걸리는 시간이 입자 수에 반비례한다. 따라서 하나의 입자가 도약할 때 전체 파동함수가 환원된다고 가정하면(아래 참조), 거시적 물체의 파동함수는 사실상 즉시 환원된다. 관심이 있는 독자들을 위해 관련 수식을 조금 소개하고자 한다. 그렇지 않은 독자들은 다음 세 문단을 건너뛰어도 무방하다.

N개의 입자로 된 계는 $\psi(\mathbf{r}_1, \mathbf{r}_2, \cdots, \mathbf{r}_N)$으로 기술할 수 있다. 이 파동함수는 단위 시간마다 N/τ의 확률로 새로운 파동함수

$$\psi' = \frac{\rho(|\mathbf{R}-\mathbf{r}_n|)\,\psi(\mathbf{r}_1,\cdots)}{\phi_n(\mathbf{R})} \qquad \text{수식 11.6}$$

로 도약한다. 여기서 τ는 알맞게 설정된 자유 변수이며, n은 1과 N 사이에서 무작위로 선택된다. 함수 ρ는 괄호 안이 0이 되면 최댓값이 되는 봉우리 형태이며, 그 너비 역시 자유 변수이다. 이 너비는 0이 아니며, 따라서 파동함수는 위치의 정확한 고유상태가 아니라 근사 고유상태로 환원된다. 규격화 인자 φ는 다음과 같이 정의된다.

$$|\phi_n(\mathbf{R})|^2 = \int d^3\mathbf{r}_1\ldots d^3\mathbf{r}_N |\rho(|\mathbf{R}-\mathbf{r}_n|)\psi|^2 \qquad \text{수식 11.7}$$

이 함수는 붕괴 중심의 분포를 결정하기도 한다. 붕괴 중심은 $|\phi_n(\mathbf{R})|^2$에 의해 나타난 분포 내에서 무작위로 선택된다.

모형에서는 시간 상수 τ의 값을 약 10^{15}초(=1억 년)로 추정하고 있다. 그렇다면 원자 몇 개로 이루어진 계에서는 사실상 아무 일도 일어나지 않을 것이다. 그러나 10^{22}개의 입자로 이루어진 계에서는 10^{-7}초 내에 최소한 하나의 입자가 도약할 것이다. φ의 봉우리의 너비는 약 100나노미터로 추정된다. 이는 거시적 물체의 국소성을 설명할 수 있을 만큼 충분히 작은 값이다.

입자 하나의 도약이 어떻게 전체 파동함수의 환원을 야기할 수 있을까? 입자 스핀 측정 예시를 다시 생각해 보자. 측정 장비의 on, off 상태가 계기판 바늘의 두 가지 눈금 위치에 해당한다고 가정하자. 환원이 일어나기 전 파동함수는 수식 11.4의 형태를 띤다. 그러나 약 1마이크로초 내에 바늘의 원자 중 하나가 도약할 것이다. 만약 1번 입자가 도약했다면 파동함수에 $\rho(|\mathbf{r}_1 - \mathbf{R}|)$이 곱해지게 된다. 그렇다면 수식 11.4는 다음과 같이 변한다.

$$|\psi> = \alpha\rho(|\mathbf{r}_1 - \mathbf{R}|)|+, up, on> + \beta\rho(|\mathbf{r}_1 - \mathbf{R}|)|-, down, off>$$

수식 11.8

이때 수식 11.7의 $\phi_n(\mathbf{R})$은 on 또는 off 눈금 위치 부근을 제외하고는 값이 0에 가깝다. 가령 무작위 과정에 의해 $\mathbf{R}$이 on 눈금 위치로 선택되었다고 가정해 보자. ρ의 봉우리 너비가 두 눈금 위치 간의 간격보다 작다고 가정하면 ρ와 off 눈금 위치는 서로 '겹치지' 않을 것이다. 그렇게 되면 입자가 어디로 도약하든($\mathbf{r}_1$의 좌푯값이 무엇이든) 수식 11.8의 우변 두 번째 항은 0이 된다. $\mathbf{r}_1$이 $\mathbf{R}$과 가까우면 파동함수 |off>가 0이 되고, off 눈금 위치와 가까우면 ρ이 0이 된다. 따라서 우변 두 번째 항은 언제나 0이 되어 사라진다. 그러면 스핀 방향이 하나만 남는다. 드디어 파동함수의 환원을 이루어낸 것이다.

이 증명에 대한 세부 사항은 앞서 인용된 원 논문을 참조하라.[1,9,10] 이 방법은 별문제 없이 잘 작동하는 것 같다. 하지만 자연이 이렇게 이상한 방식으로 행동한다는 게 믿기 어렵다. 따라서 이 증명은 기존의 사고를 얼마나 많이 비틀어야 파동함수가 환원되는 방법을 고안할 수 있는지를 보여 주는 사례로 받아들이면 좋을 것 같다. 또한 이 증명은 시간 규모 τ와 함수 ρ의 너비라는 새로운 기본 상수 두 개를 추가해야 한다는 점에서 매력이 떨어진다. 하지만 그러지 않고 파동함수 환원을 설명할 방법이 있을지는 모르겠다.

물론 GRW 모형은 파동함수 환원의 동역학적 이론을 제공하지는 않는다. 환원의 동역학을 설명하려면 도약이 일어난다고 단순히 가정만 하는 것이 아니라, 그 원리와 이유를 설명할 수 있어야 한다. 다시 말해, 수정된 슈뢰딩거 방정식으로부터 환원 과정을 유도할 수 있어야 한다.

펄Pearle[11]은 슈뢰딩거 방정식에 비선형적이고 추계적인 항을 추가하면 파동함수가 항상 한 가지 측정가능량에 대하여 하나의 정해진 값에 해당하는 형태로 환원되게 만들 수 있음을 보였다. 하지만 이 모형은 그 물리량을 어떻게 선택할지에 대한 설명이 없고, 거시적 계라고 해서 환원이 빠르게 일어나지 않는다는 단점이 있었다. 최근에는 GRW 모형과 펄의 모형의 특성을 결합하려는 시도도 있었다.[12,13] 또한, 이 부가적인 추계적 항의 물리적 기원을 찾으려는 노력도 있었다.[14-19] 아직 걸음마 단계이기는 하지만, '측정'의 어떤 특징이 파동함수의 환원을 가능케 하는지를 모색한 사람도 있었다.[20-23]

파동함수 환원에 관한 모형은 오늘날 활발히 연구되고 있는 주제다. 이 모형들이 어떻게 특수상대성이론과 EPR적 비국소성도 함께 만족시킬지 보는 것도 백미일 것 같다.[1,13,24] 또 하나 고려할 점은 시간 역전에 대한 불변성이다. GRW 모형의 도약은 이 불변성을 위배한다. 어쩌면 이것이 우리가 시간의 방향성을 느끼며 살아가는 원인일 수도 있다. 반면, 비슷한 효과를 일으킨다고 주장하는 추계적 방정식은 시간에 대칭적인 것처럼 보인다. 시간 역전과 추계적 과정에 대한 논의는 청Chung과 월시Walsh[25] 및 윌리엄스Williams[26]를 참조하라.

의식과 파동함수 붕괴

11장 3절 「양자 측정의 주체는 무엇인가?」의 서두에서 우리는 양자론에서 시간에 따른 계의 변화는 결정론적이며, 양자론만으로는 측정과 관련된 파동함수의 확률적 환원을 설명할 여지가 없음을 확인하였다. 하지만 우리는 실제로 측정을 할 수 있으며 그에 따라 고유한 결과를 얻는다. 측정이 적절하게 이루어졌다는 전제하에 우리는 오직 하나의 결과만을 자각한다. 이 자각이 아니었다면 양자론의 서술만으로도 모든 것이 완벽했을 텐데 말이다. 수식 11.1과 같이 두 스핀값이(또는 장벽을 통과한 입자와 장벽에 반사한 입자가) 중첩된 파동함수는 실재한다(간섭 현상이 일어나므로). 양자론의 선형성에 의해 수식 11.2와 11.4 역시 마찬가지다. 측정 장치를 포함한 전체 계는 여러 상태가 중첩된 것으로 기술된다. 여기서 한발 더 나아가 우리 스스로 이 물리 과정의 일부에 포함되어 보자. 파동함수 속에 '나^{Me}'를 집어넣어 보자. 이와 관련한 내 두뇌의 상태는 단 두 가지, Me⁺와 Me⁻뿐이다. 둘은 각각 입자의 스핀이 +임을 확인한 '나'와 -임을 확인한 '나'에 해당한다(물론 내가 그것을 구체적으로 관찰하는 방식은 중요치 않다). 그렇다면 완전한 파동함수는 다음과 같은 형태를 띤다.

$$|\psi> = \alpha|+,up,on,Me^+>+\beta|-,down,off,Me^->$$ 수식 11.9

하지만 나는 오직 하나의 결과만을 경험한다. 그러므로 이 파동함수는 나의 경험을 제대로 기술하지 못한다. 따라서 받아들일 수 없다.

이러한 사고의 흐름을 따라가다 보면, 의식이 결과를 자각할 때만 파동함수 환원이 일어난다는 결론에 도달하게 된다. 유명한 물리학자 중에는 폰 노이만과 위그너[27]가 이 가능성을 진지하게 검토했다. 하지만 이 주장을 받아들인다 해도 파동함수 환원을 가능케 하는 의식의 성질이 물리적(슈뢰딩거 방정식에 새로운 항을 추가하여 서술 가능한 구조나 입자)인지, 아니면 물리학 너머의 무언가인지 곧바로 알 수는 없다. 그러나 후자가 좀 더 자연스러운 가설 같기는 하다. 후자의 가설을 받아들이면, 물리학 내부에서 파동함수의 환원을 설명할 필요가 없다. 물리학은 곧 슈뢰딩거 방정식이기 때문이다.

여기서 잠시 이 가설의 함의를 곱씹어 보자. 예컨대 전자 스핀 실험에서 전자의 경로를 사진판을 사용하여 기록했다고 가정해 보

자. 환원이 일어나지 않는 한 그 사진판의 파동함수는 한쪽이 검어진 상태와 반대쪽이 검어진 상태가 중첩되어 있다. 그 판을 서랍에 넣고 몇 년간이나 두더라도 어느 쪽에 자국이 남았을지는 불확실하다. 누군가가 판을 쳐다보고 자국을 의식할 때 비로소 두 상태 중 하나가 된다. 이것이 정말 납득할 만한 설명일까?

전자가 통과하면 총이 발사되는 장치 안에 고양이를 넣는다고 상상하면 더 극적인 상황을 연출할 수도 있다. 이것이 바로 그 유명한 슈뢰딩거의 고양이 예시다. 이 경우 파동함수에는 죽은 고양이와 살아 있는 고양이가 함께 담겨 있을 것이다. 고양이가 죽었는지 살았는지 논하는 것은 의식이 그 상태를 관찰한 이후에야 가능하다. 그전까지는 죽은 상태와 산 상태가 중첩되어 있다!(물론 고양이가 의식이 있다면, 자신의 생사를 스스로 결정할 수 있을 것이다. 하지만 굳이 위험을 무릅쓸 이유가 있을까?)

이러한 관점에서는 우리가 아는 세상은 의식이 만들어 낸 것이다. 의식이 없으면, 가령 지구상에 의식적 존재가 출현하기 전에는, 환원되지 않은 파동함수가 존재하는 전부였을 것이다. 어떤 입자도 '핵붕괴'하거나 산란하지 않았을 것이다. 아니, 입자라는 것 자체가 없었을 것이다. 생명의 탄생 가능 여부를 결정하는 중요한 요소인 우주의 '진공 상태'라는 것조차 관찰되지 않은 이상 하나로 고정되지 않을 것이다. 그렇다면 우리는 관찰을 통해 우리가 존재하기에 적합한 환경을 창조한 셈이 된다. 관찰에 필요한 조건을 관찰 자체가 만들어 낸 것이다! 이 문제는 4장 6절 「미해결 문제들」에서 다룬 인류 원리 문제와도 관련되어 있으며, 추후 또다시 등장할 것이다.

물리학자들 대부분은 이 절의 내용에 동의하지 않을 것이다. 하지만 그 이유는 제대로 된 논리보다는 편견에 근거한 경우가 더 많은 것 같다. 만일 양자론 문제를 진지하게 생각해 본 이들만을 대상으로 조사한다면 반대 비율은 훨씬 적아질 것이다(물론 동의하는 사람들이 양자론을 더 많이 탐구했을 수는 있다). 11장 6절 「다세계 해석」과 12장에서는 이 절의 아이디어를 살짝 바꾼 개선된 버전을 소개할 것이다.

숨은 변수 모형

　어쩌면 10장 1절 「물질-파동 이중성」에서 우리가 고전적 입자 (잘 정의된 궤적을 따르는)라는 개념을 너무 쉽게 포기한 것은 아닐까? 그래야만 했던 이유를 다시 생각해 보자. 10장 1절 「물질-파동 이중성」의 논증에서 두 경로 중 하나로 움직이는 입자는 다른 경로의 개폐 여부를 '알 수' 없으므로 다른 슬릿에 영향을 받지 않는다고 암묵적으로 가정하였다. 기존에 알려진 물리적 힘만 놓고 보면 이 가정은 옳다. 하지만 간섭 현상은 두 경로의 개폐 여부에 따라 달라지는 새로운 힘이 존재한다는 증거일 수도 있다. 그렇다면 이 힘에 대한 규칙을 찾을 수 있을까? 이 힘을 뉴턴의 운동 법칙에 집어넣어서 간섭 모양이 나오도록 입자의 궤적을 바꿀 수 있을까? 물론 결정론의 부재도 염두에 두어야 한다. 에너지가 같더라도 어떤 입자는 장벽을 통과하고 어떤 입자는 튕겨 나온다. 뉴턴의 법칙으로 입자들의 움직임을 기술한다면 각 입자는 물리적 상황이 동일한데도 불구하고 다른 힘을 받은 것이라 보아야 한다. 어떻게 이것이 가능할까?

드브로이–봄de Broglie-Bohm의 숨은 변수 이론에서는, 물리계의 고전적 기술 방식에 양자론적 파동함수 요소를 추가하는 것을 그 해답으로 제시한다. 이 파동함수는 두 경로의 개폐에 따라 달라지므로 비결정론적인 겉보기 효과를 일으킬 수 있다(이것이 '겉보기'에 불과한 이유는 특정 시점에 입자의 파동함수와 위치, 속도를 안다면 궤적을 정확하게 계산할 수 있기 때문이다).

어떻게 이 모형을 양자론과 들어맞게 만들 수 있는지 보려면 약간의 수학을 사용해야 한다. 먼저 양자론의 예측은 통계적이라는 사실을 기억하자. 즉, 시간 t_0에 위치 x에서 입자를 발견할 확률이 $|\psi(x,t_0)|^2$라면, $|\psi(x,t_1)|^2$은 시간 t_1에 위치 x에서 입자를 발견할 확률이다. 드브로이–봄 모형에서는 이 함수들이 고전적 입자의 실제 분포를 나타낸다고 본다. 그러므로 시간 t_0에 입자들이 $|\psi(x,t_0)|^2$의 형태로 분포되어 있었다면, 시간 t_1에는 분포가 $|\psi(x,t_1)|^2$이 되도록 입자들이 움직여야 한다. 그렇다면 이러한 요구사항으로부터 입자의 속도에 대한 식을 다음과 같이 나타낼 수 있다.

$$v(x) = \mathrm{Re}\left\{ \left(\frac{-i\hbar}{m} \frac{\partial \psi(x,t)}{\partial x} \right) / \psi(x,t) \right\} \qquad \text{수식 11.10}$$

이때 m은 입자의 질량이고, Re는 괄호 안의 허수부를 버리고 실수부를 남긴다는 뜻이다. 그림 10.6의 캡션을 보면 운동량 p(=vm)에 해당하는 연산자는 $\rho = -i\hbar \frac{\partial}{\partial x}$ 였다. 따라서 우리는 다음과 같이 쓸 수 있다.

$$mv(x) = \mathrm{Re}\left\{ \frac{p\psi(x,t)}{\psi(x,t)} \right\} \qquad \text{수식 11.11}$$

이는 수식 11.10과 똑같이 들어맞는다(당연하지만 여기서 p는 연산자이므로 ψ를 단순히 약분할 수 없다).

입자의 가속도를 구하려면 속도를 시간으로 미분하고 슈뢰딩거 방정식으로 ψ의 미분항을 없애면 된다. 수식으로 쓰면 다음과 같다.

$$m\frac{dv}{dt} = -\frac{\partial V}{\partial x} - \frac{\partial Q}{\partial x} \qquad \text{수식 11.12}$$

이때 V는 퍼텐셜이며, Q는 다음과 같이 정의된다.

$$Q = \frac{1}{2m}\mathrm{Re}\left\{ \frac{p^2\psi}{\psi} - m^2 V^2 \right\} \qquad \text{수식 11.13}$$

이 식은 마지막 항만 제외하면 일반적인 뉴턴의 운동 법칙과 같은 형태다. 이 항은 파동함수에 따라 달라지는, 부가적인 양자 '힘'이다.

이 양자 힘은, 세계를 기술함에 있어 드브로이-봄 모형과 고전 물리학의 유일한 차이점이다. 드브로이-봄 모형은 완전히 실재론적이며 결정론적이다. 이 모형이 외부 세계를 기술하는 방식은 우리가 세계를 지각하는 (고전적) 방식과 거의 같다. 이 이론은 정통 양자론의 모든 예측과도 들어맞으며, 그 어떠한 모호함도 없고, 부가적인 해석을 요하지도 않는다.

이 모든 장점에도 불구하고 물리학계의 시선은 곱지 않다. 이는 사회학적 원인도 다소 있다. 학자들은 폰 노이만이 결정론적인 숨은 변수 이론이 틀렸음을 증명했다고 오랫동안 막연하게 생각하고 있었다. 하지만 벨은 폰 노이만의 정리가 물리적으로 비현실적인 조건을 상정하지 않는 한 숨은 변수 이론과는 무관하다는 것을 증명했다.[1] 이는 물리학에는 정리가 없다는 것, 정리는 오직 수학의 전유물이라는 것을 보여 준 흥미로운 사건이었다. 이 말을 최근에 켄트Kent 대학에서의 강연 중에 했더니 청중 중 한 명이 내가 이미 벨 정리(10장 6절 「양자론과 국소성」 참조)를 소개하지 않았느냐고 물어 왔다. 물론 벨 정리는 같은 사실을 보여 주는 또 다른 예시다. 물리 세계는 그 가정을 만족하지 않는다는 것이다.

학자들이 드브로이와 봄의 숨은 변수 이론을 받아들이기 힘들어 하는 이유는 몇 가지가 있다. 우선 부가적인 양자 힘은 너무도 이상한 존재다. 이 힘은 오직 적당한 경계 조건을 상정하고 입자가 매우 이상한 궤적을 따라간다고 가정할 때만 실험 결과와 들어맞는다.[28] 또한 이 힘은 기존에 알려진 다른 힘들과 달리 계 내부의 다른 입자의 위치에 의해 달라지지 않는다. 파동함수가 매우 작으면 양자 힘은 무한히 커질 수 있다. 다시 말해 계가 속박 에너지 고유상태에 있을 때 양자 힘이 다른 모든 힘을 상쇄하여 계는 오히려 속박 상태에서 풀려난다. 물론 이것들 중 어느 하나도 확실하지는 않다. 어쩌면 '합리적임'에 대한 우리의 일반적인 기대가 틀렸을지도 모른다.

숨은 변수 이론에서는 양자론의 비국소성을 다소 어색하고 불쾌한 방식으로 설명한다. 그래서 학자들은 이것이 숨은 변수 이론이 틀렸다는 증거라고 오해하기도 한다(물론 이것이 문제점인 것은 맞다). 수식 11.13에서 파동함수가 여러 입자에 대한 것이라고 상상해 보자. 그렇다면 특정 위치에서 입자 하나에 가해지는 힘은 나머지 수많은 위치에서 무슨 일이 일어나고 있느냐에 따라 달라질 것이다. 벨은 바로 이 명백한 비국소성 때문에 이 모형이 비로소 양자론을 '완성'했으며, EPR 문제(10장 5절 「양자론과 외부 실재」)도 해결(아인슈타인에게는 최악의 방식으로)했다고 평가했다. 이 모형은 그가 벨 정리를 발견하는 단초를 제공하기도 했다(때때로 벨 정리는 '국소적인 결정론적 이론은 양자론과 완전히 합치할 수 없다'는 식으로 서술되기도 한다). 하지만 나는 이것이 비국소 모형을 거부할 이유로는 적절치 않다고 생각한다. 비국소성은 단순히 모형에 의해 도입된 것이 아니라 이 세계 자체의 속성이다.

사람들이 숨은 변수 이론을 선호하지 않는 또 다른 이유는 이상한 형태의 비대칭적 '이원론'의 성격을 띠기 때문이다. 숨은 변수 이론은 뉴턴의 운동 법칙에 따라 움직이는 친숙한 고전 입자들의 세계와 양자론의 파동함수의 세계를 한꺼번에 포함하고 있다. 입자의 존재나 움직임과 관계없이 파동함수는 존재하며 시간에 따라서 알아서 변화한다. 두 세계는 오직 위에서 소개된 양자 퍼텐셜에 의해서만 상호 작용할 수 있다. 따라서 양자 세계는 입자 세계를 바꿀 수 있지만, 그 반대는 성립하지 않는다(슈뢰딩거 방정식은 입자의 위치를 '모른다'는 사실을 상기하라). 물리학에서는 이러한 상황이 생기면 의심부터 하라고 말한다.

더욱 이상한 점은 두 세계의 초기 조건이 서로 무관하다는 사실이다. 빅뱅 당시의 파동함수가 입자의 위치와 특정한 관련성을 가져야 할 이유는 없다. 파동함수로부터 계산한 평균 에너지조차 입자들의 위치 및 속도로 계산한 것과 다를 수도 있다. 또한 실험할 때 우리는 파동함수를 직접 알지 못하므로 파동함수가 입자에 미치는 효과를 예측할 방법이 없다. 적어도 이론상으로는 이 효과는 아무 값이나 될 수 있는 것이다.

파동함수의 환원이 배제된 모든 모형이 그러하듯 드브로이-봄 모형도 물질 세계의 엄청난 '중복성redundancy'을 전제하고 있다. 예를 들어 슈뢰딩거의 고양이 실험에서 고양이가 죽지 않았다고 가정해 보자. 물론 이 모형에서 그 과정은 전적으로 결정론적으로 벌어진다. 파동함수 가운데 죽은 고양이에 해당하는 부분은 사라지지 않고 남아 있으며, 그 미래 결과 역시 모두 벌어질 것이다. 따라서 파동함수는 고양이 주인이 새로운 고양이를 사는 가능성까지 모두 포함하는 것이다. 파동함수 속에는 이 모든 '다른 세계'들까지도 존재한다. 우리가 '실재'의 개념을 숨은 변수, 즉 입자의 위치로 한정해야만 이 세계들은 진짜가 아니게 된다.

드브로이-봄 모형을 특수상대성이론과 결합하는 것은 상당히 어렵다. 하지만 이것이 드브로이-봄 모형에게 딱히 불리한 상황은 아니다. 모든 형태의 양자론이 상대론과 잘 섞이지 않기 때문이다. 숨은 변수 이론의 상대론적 버전은 바우만[Baumann][29]과 벨[1]이 제시한 바 있다. 이 모형의 함의와 추가 참고문헌은 봄과 하일리[Hiley][30]를 참조하라.

마지막으로 의식 문제와 관련되어 있을 수도 있는 한 가지 사항을 언급하고자 한다. 이 절에서 소개된 모형은 고전물리학과 매우 비슷하다. 20세기 물리학의 핵심인 양자론이 단지 기존의 고전물리학에 아주 미스터리한 비국소적 '힘'을 새로 추가한 결과일 뿐이라고 이 모형은 말한다. 이 힘은 입자의 움직임에 영향을 주지만, 입자 자체에 의해 발생하지는 않는다. 19세기 물리학의 관점에서 이 힘은 물리 세계 바깥의 존재다. 과연 19세기 물리학자 중에 그 누가 이러한 것이 존재할 수 있을 거로 생각했을까?

다세계 해석

다세계 해석은 에버렛Everett[31]의 논문에서 시작되었다(다세계 해석이란 이름은 나중에 붙었다). 에버렛은 양자론을 우주에 적용하는 것, 그리고 '우주 파동함수'와 같은 아이디어에 관심이 있었다 (양자론은 미시적 계를 위해 설계되었고 또 거기서만 검증되었으므로, 이는 잘못된 확대 해석으로 치달을 위험이 있었다). 하나의 파동함수에 모든 것을 집어넣는다면 관찰하고 파동함수를 환원시킬 주체가 남지 않는다. 따라서 해석 문제는 더욱 풀기 어려워진다. 이에 대해 에버렛은 파동함수가 절대로 환원하지 않는다는 가정을 세웠다. 그는 다음과 같이 주장했다.

파동함수의 시간에 따른 변화는 오직 항상 슈뢰딩거 방정식에 따라 일어난다.

위 주장에 의하면 11장 3절 「양자 측정의 주체는 무엇인가?」에서 보았듯 파동함수 환원은 일어날 수 없다. 에버렛은 이것을 제외한 나머지 부분에서는 정통 양자론을 착실히 따랐다.

다세계 해석은 모든 모형 가운데 발상과 개념에 있어서 가장 경제적이다. 앞서 우리가 이 해석을 암묵적으로 무시했던 것은 사실과 들어맞지 않는 것처럼 보였기 때문이다. 수식 11.9를 그대로 다시 가져와 보자.

$$|\psi> = \alpha|+, up, on, Me^+> + \beta|-, down, off, Me^->$$

수식 11.14

나는 11장 4절 「의식과 파동함수 붕괴」에서 수식 11.9에 대하여 "이 파동함수는 나의 경험을 제대로 기술하지 못하므로 받아들일 수 없다"고 설명했다. 그런데 이것이 사실일까? 전자나 사진판, 고양이가 중첩 상태에 놓일 수 있다면 나의 뇌가 그와 유사한 중첩 상태가 될 수 없을 까닭은 무엇인가? 내가 하나의 결과만을 본다는 것이 그 이유였다. 하지만 이것이 수식 11.14와 정말로 양립 불가능한가? 그 해답은 '경험'이라는 말이 무엇을 뜻하느냐에 따라 달라질 것이다(이는 이 문제가 의식과 깊은 관련이 있음을 시사하며, 간단한 문제가 아님을 뜻하기도 한다). 만약 나의 의식이 전체 장면을 조망할 수 있다면, 그러니까 파동함수를 볼 수 있다면 그 파동함수 속에 나의 경험에 해당하는 것은 없을 것이다. 즉, 결과를 인식한 나와 인식하지 못한 나가 구별되지 않을 것이다. 파동함수는 '나'가 결과를 모르는 상태에 있기를 바라지만, 나는 내가 그렇지 않다는 것을 안다. 그러나 실제의 나는 전체 파동함수를 조망할 수 없다. 나는 파동함수 밖의 존재가 아니라 파동함수의 일부분이다. 특정 결과를 본 나(Me^+)는 나머지 결과를 본 나(Me^-)를 절대로 인식할 수 없다. 이는 양자론으로부터 유도되는 간단한 결론이다. 단, 엄밀히 말하자면 이 결론은 사실이 아닌데 이론상으로는 두 명의 나(Me)가 서로 간섭할 수 있기 때문이다. 하지만 앞서 보았듯 사람 크기의 거시적 계의 경우에 이 효과는 무시 가능하다. 그렇다면 결과적으로 두 명의 '나' 모두 실재한다고 말할 수 있다. 세계(혹은 나만의 세계?)가 둘로 갈라진 것이다.

이것이 이 해석에 '다세계'라는 이름이 붙은 이유다. 관찰 결과에 따라 세계가 둘 이상의 가지로 갈라지는 것처럼 보이기 때문이다. 물론 실제로는 파동함수를 위와 같이 전개한다고 해서 세계에 어떤 일이 일어났다는 뜻은 아니다. 위 표현은 고유한 파동함수를 간편하게 적기 위한 방편일 뿐이며 다른 방식으로도 얼마든지 전개할 수 있다. 이 부분에서 다세계 해석이라는 명칭은 오해를 불러일으킬 수 있다. 그래서 일각에서는 '단일 세계의 다중 시각many views of one world'과 같은 식으로 부르자고 제안하기도 했다.[32,33]

에버렛의 가정을 받아들이면 몇 가지 이점이 뒤따른다. 첫째, 관찰(파동함수를 환원)할 수 있는 계와 없는 계의 차이를 신경 쓰지 않아도 된다. 둘째, 슈뢰딩거 방정식에 다른 항을 추가하지 않아도 된다. 셋째, '관찰자' 개념을 도입하지 않아도 된다. 파동함수는 환원하지 않았지만, 가령 '당신'도 나와 동일한 계를 관찰한다고 해서 문제가 되지 않는다. 이를 확인하기 위해 파동함수에 당신(Y)을 파동함수에 다음과 같이 추가해 보자.

$$|\psi> = \alpha|+, up, on, Me^+, Y^+> + \beta|-, down, off, Me^-, Y^->$$

수식 11.15

+ 스핀을 본 '나'는 똑같이 + 스핀을 본 '당신'과만 소통할 수 있고, 그 반대도 마찬가지다. 따라서 '우리'는 언제나 같은 결과를 볼 것이다.

다세계 모형은 비국소성 문제도 (최소한 일정 부분은) 해결한다. 슈뢰딩거 방정식은 많은 변수를 담고 있지만 어디까지나 고전적인 파동 방정식이며, 따라서 국소적이다. 그런데 다세계 모형에서는 멀리 떨어진 곳의 파동함수가 환원되는 것으로 인한 비국소성은 문제가 되지 않는다. 환원 자체가 일어나지 않기 때문이다.

11장 5절 「숨은 변수 모형」에서 지적한 것처럼 환원이 일어나지 않는 파동함수는 모든 부분이 존재하며 시간에 따라 발달해 나간다. 그러나 숨은 변수 모형과 달리 다세계 모형에서는 파동함수의 모든 부분이 (존재론적인 의미에서) 동등하게 실재한다. 우리가 경험하는 세계는 존재하는 실재의 총체 중 극히 일부에 불과하다. 이는 코페르니쿠스로부터 시작된, 인간을 우주의 중심에서 멀어지게 만든 일련의 사건들(지동설, 진화론, 무의식의 발견 등 – 옮긴이)의 연장선으로 보이기도 한다. 우리는 우주의 중심이 아닐 뿐만 아니라 파동함수에 있어서도 극히 일부에 불과한 것이다! 이 모형은 생명의 탄생을 위해 필요한 우연들을 이해하는 데도 도움을 준다(4장 6절 「미해결 문제들」의 인류 원리 참조). 환원이 일어나지 않는 파동함수 속에는 스핀이 다르게 측정된 부분뿐만 아니라 은하가 없거나, 아니면 아예 입자가 아예 없는 등 물리학적·우주론적으로 현재 우리가 관찰하는 세계와 상황이 전혀 다른 부분들도 포함되어 있을 것이다. 은하 속에서 우리는 생명이 존재할 수 있는 특정 지역(적당한 항성의 적당한 행성)에 살고 있다. 마찬가지로 우리는 파동함수의 특정 '부분' 속에 사는 것이다. 파동함수의 다른 부분들, 예컨대 '진공'의 값이 다른 부분들에서는 자연상수의 값들이 달라서 생명이 일어날 수 없을지도 모른다. 아마도 대부분의 파동함수는 생명에 적합하지 않을 것이다. 어쩌면 우리는 파동함수의 값이 매우 작은 곳에서만 존재하는 것일지도 모른다. 어느 외부 관찰자가 (정통 양자론에서의) 측정할 수 있다면 생명이 있는 우주를 발견할 확률은 상상하기 힘들 만큼 적을 것이다. 이는 대부분 행성이 생명에 적합하지 않은 것과 마찬가지다. 우주에 수많은 행성이 있고 그것들 중 생명에 적합한 어느 한 행성에 우리가 사는 것처럼, 파동함수 속에도 수많은 가능성이 내재되어 있을 것이고 그중 하나에서 우리가 존재하게 된 것이다.

그러나 다세계 모형에는 심각한 문제가 있다. 스핀 +와 −를 관

찰할 확률이 각각 $|\alpha|^2$와 $|\beta|^2$이라는 양자론의 확률 예측은 정확한 사실이다. 하지만 다세계 모형에서 나는 실제로 **두 결과 다** 관찰한다. 한쪽 세계의 나는 +를 관찰하고 또 다른 세계의 나는 −를 관찰한다. 그렇다면 양자론의 확률 예측은 무슨 의미를 갖는가? 다세계 해석에서는 모든 것이 슈뢰딩거 방정식에 따라서만 진행되고, 다른 일은 아무것도 일어나지 않는다고 본다. 그렇다면 $|\alpha|^2$(일반적으로는 $|\psi|^2$)는 무엇에 대한 확률일까? 측정 문제를 해결하기 위해 이 모형은 측정이 발생하지 않는다는 다소 성급한 가정을 세웠고, 그 과정에서 양자론의 확률 규칙을 놓쳤다. 정말이지 '빈대 잡으려다 초가삼간 태운 격'이다. 이것이 일반적인 다세계 해석에 대한 결정적인 반대 논거가 될 수 있을 것 같다.

그렇다면 이에 대한 해결책이 있을까? 다세계 해석의 장점을 살리면서 이를 제대로 된 이론으로 만들 수 있을까? 나는 「에버렛 버전 양자론의 고유 세계The unique world of the Everett version of quantum theory」라는 논문에서 한 가지 가능성을 제시한 바 있다.[34,35] 에버렛이 말한 것처럼 이 세계가 슈뢰딩거 방정식에 의해서만 변화하는 파동함수라고 생각해 보자. 이때 나의 가정은 그에 더하여 **선택자selector**라는 것들이 있다는 것이다. 이 선택자들은 특정 관찰의 결과(특정 관측가능량의 고유값eigenvalue)를 선택할 수 있는 능력을 지니고 있다. 즉, 선택자는 수식 11.14의 파동함수로 기술된 세계 속에서 +와 − 상태 중 하나를 선택할 수 있다. 이 선택이 무작위라고 가정하면 무엇에 대하여 무작위적인지를 정의하는 가중치 함수로써 곧바로

사용할 수 있는 유일한 함수는 $|\psi|^2$이다. 그러므로 선택자의 선택은 자동으로 양자론의 확률 규칙을 따를 것이다. 이는 우리의 경험과도 잘 들어맞는다. 즉, 우리의 의식이 무슨 결과를 '볼' 것인지 알려주는 것이 이 선택자라고 말할 수 있다.

선택자는 정통 해석에서의 고전적 측정 장치와 중요한 차이점이 있다. 선택자는 파동함수를 환원하기는커녕 그 어떤 식으로도 바꾸지 않는다. 따라서 물리 세계에 전혀 영향을 주지 않는다.

이 모형에 대한 내가 들어본 최고의 비유는 아만다 자파우스키 Amanda Zapowski라는 학부생이 런던에서 열린 슈뢰딩거 100주년 콘퍼런스에서 발표한 것이었다. 프로그램을 선택하는 수많은 버튼이 달린 TV를 상상해 보자. 1번 채널에는 P_1개의 버튼이, 2번 채널에는 P_2개의 버튼이, i번 채널에는 P_i개의 버튼이 할당되어 있다고 가정해 보자. 이 비유에서 선택자는 버튼을 눌러 채널을 트는 시청자에 해당한다. 깜깜한 어둠 속에서 버튼을 누른다면 i번 채널이 켜질 확률은 P_i에 비례할 것이다. 물리 세계는 매체를 타고 전송되어 TV에 표시되는 채널에 해당한다. 다세계 모형과 마찬가지로 채널의 방송 내용은 선택자의 행동에 의해 바뀌지 않는다.

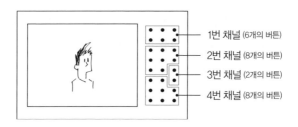

그림 11.2 TV 프로그램을 무작위로 고른다면 특정 채널이 선택될 확률은 채널에 할당된 버튼의 수에 비례한다. 그림에서 1번 채널이 선택될 확률은 25%이다.

선택자라는 새로운 개념을 추가하여 우리가 얻은 것은 무엇일까? 나는 이것이 다세계 아이디어의 장점을 간직하면서 그 개념이 말이 되게 만드는 유일한 방법이라고 생각한다. 물리학 외부의 설명되지 않은 무언가를 추가함으로 인한 대가가 너무 크게 다가올 수도 있다. 그러나 12장에서 더 자세히 살펴보겠지만, 이 선택자는 의식이거나 적어도 의식과 밀접하게 연관되어 있을 개연성이 높다. 그렇게 놓고 보면 선택자는 완전히 새로운 것이 아니라 기존에 존재하던 것인 셈이다. 하지만 차차 살펴보겠지만 이 관점 또한 새로운 문제를 발생시킨다.

마지막으로 양자 확률의 의미에 관한 또 다른 견해도 살펴보자. 측정 시에 세계가 실제로 여러 개로 '갈라지며' 양자 확률은 갈라진 세계들의 개수비를 나타낸다는 것이다. 가령 수식 11.4에서 세계는 총 N_α개의 + 스핀 세계와 N_β개의 − 스핀 세계로 갈라진다. 이때 N_α와 N_β는 다음 식을 만족하는 정수이다.

$$\frac{N_\alpha}{N_\beta} = \frac{|\alpha|^2}{|\beta|^2} \qquad \text{수식 11.16}$$

만약 $|\alpha|^2$가 $|\beta|^2$보다 크다면 스핀이 +인 세계가 스핀이 −인 세계보다 더 많은 것이다.

이러한 모형은 세계의 갈라짐이 언제, 무엇에 의해 일어나는가 등등 다세계 개념이 해결한 것 같았던 모든 문제를 다시 불러들인다. 세계가 갈라진다는 것이 무엇을 의미하는지, 어떠한 '공간' 속에서 그것이 분리되는지, 수식 11.16의 우변이 유리수가 아닌 무리수여서 두 정수의 비로 나타낼 수 없다면 어떻게 되는지 제대로 설명하지 못하는 등 자체적으로도 문제도 많다. 따라서 이 견해는 진지한 논의 대상으로 보기 어렵다.

지식과 양자론

11장 6절 「다세계 해석」의 내용은 매우 흥미로운 역설을 담고 있다. 수식 11.14의 상황을 다시 생각해 보자. 만약 '당신'이 나에게 측정 결과에 관해 물으면, 수식 11.15의 상황이 된다. 이것까지는 어느 정도 납득할 만하다. 하지만 당신이 나에게 "측정 결과를 알고 있느냐"고만 물었다면 어떨까?(이 아이디어는 데이비드 앨버트David Albert가 알려 준 것이다) 양자론의 선형 법칙에 의해 나는 "그렇다"라고 답할 것이다(파동함수의 두 부분 중 어느 경우에도 이것이 내가 할 수 있는 정확한 답변이기 때문이다). 이 파동함수를 간단히 표현하자면 다음과 같다.

$$|\psi> = [\alpha|+, Me^+> + \beta|-, Me^->] \times |나는\ 결과를\ 알고\ 있음>$$

수식 11.17

그렇다면 나는 두 상태가 섞여 있으면서도 하나의 상태에 있다는 거짓말을 한 셈이다!

이 논증은 물리학의 바깥에는 아무것도 없으며 물리학이 양자론의 선형 방정식을 따른다는 것을 전제로 한다. 하지만 물리학은 거짓말을 할 수 없다. 물질 세계는 결코 자기 자신과 모순될 수 없다. 무엇이 잘못된 것일까?

적어도 미시적 계에서는 위 식들은 의심의 여지 없이 정확하다. '나'를 미시적 대상으로 치환한다면 아무도 수식 11.17이 올바른 파동함수임을 의심하지 않을 것이다. 실제로 이를 증명한 실험 결과도 있다.

이 역설이 발생한 이유는 물리학에 '앎'이라는 개념을 집어넣었기 때문이다. 다시 말해 계기판 눈금에 의미를 부여하려 했기 때문이다. 이것이 물리계는 아무것도 '알 수' 없으며, 물리계 자체에는 아무 의미도 담겨 있지 않음(3장 3절 「기계가 의식을 가질 수 있는가?」, 9장 4절 「괴델의 정리」 참조)을 보여 주는 또 다른 증거일까? '앎'과 같은 개념이 물리학에 속한 것이 아니라면 이것을 물리학 방정식에 넣었을 때 역설이 발생하는 것은 어쩌면 당연한 일이다. 양자론의 선형성은 의식적 경험과 부합할 수 없다. 측정이 일어나려면 필요한 듯한 이 비선형성이 의식과 연관이 있는지, 그렇다면 그것을 어떻게 증명할 수 있을지는 (아직) 우리 능력 바깥의 문제다.

이 장에서 우리는 양자 세계 이면의 실재에 관한 몇몇 유력한 견해들을 빠르게 훑어보았다. 모든 견해가 다소 궁색해 보이는 것은 이 문제가 그만큼 어렵다는 증거다. 우리는 매우 이상한 세계에 살고 있다. 양자론을 공부하다 보면, 인간과 같은 경이로운 거시적 대상이 있다는 사실만큼이나, 전자電子의 존재도 같은 크기의 놀라움으로 다가온다!

12장
의식과 양자물리학

이제부터는 양자론에 대한 지식을 토대로 의식 문제를 다시 한 번 살펴볼 것이다. 그 과정에서는 다소 과격한 추측이나 견해도 제시될 것이다. 우리에게 주어진 증거가 너무 빈약한 이상, 우리의 논의는 잘못된 방향으로 갈 가능성이 아주 높다. 하지만 그것은 우리의 사고가 과격해서보다는 우리의 상상력이 빈곤하여 실재에 대한 제대로 된 청사진을 그리지 못한 탓이 더 클 것이다. 이 장의 내용과 관련된 보충 설명은 위그너,[1] 드보러가드de Beauregard,[2] 워커 Walker,[3] 매턱Mattuck,[4] 마게나우Margenau,[5] 에클스,[6] 프룁리히Fröhlich,[7] 스콰이어스,[8,9] 스탭[10,11] 등을 참조하라.

왜 물리학에는 의식이 필요한가?

지난 11장에서는 물리학, 특히 양자물리학에 관해 다루었다. 그 과정에서 우리는 자연스럽게 의식 개념과 여러 차례 마주했다. 우리는 이 점에 주목하지 않을 수 없다. 고전물리학에서는 그런 일이 거의 일어나지 않기 때문이다. 그러므로 우리는 그 이유를 살펴볼 필요가 있다. 미시세계를 이해하는 데 왜 의식이라는 개념이 필요한 것일까? 최대한 그럴듯한 답을 제시하려 노력하겠지만, 나 역시 정확한 답은 모른다는 사실을 밝혀 둔다.

5장 2절 「유심론」에서 지적하였듯 우리의 모든 지식은 의식에서 나온다. 실험으로 이론을 검증하고 비교하는 과정 역시 의식적 경험 속에서 일어난다. 그러한 점에서 의식은 사실 고전물리학에도 꼭 필요하다. 하지만 고전물리학은 의식이 (간접적으로) 경험하는 사물들에 관한 것이다. 우리가 인지하는 것은 입자의 존재와 그 위치이며, 그 값을 뉴턴의 법칙을 비롯한 여러 법칙에 집어넣는다. 그렇기에 고전적 이론을 사용할 때는 관찰의 수단, 즉 의식을 고려하지 않아도 무방하다. 이 상황을 나타낸 것이 그림 12.1(a)이다.

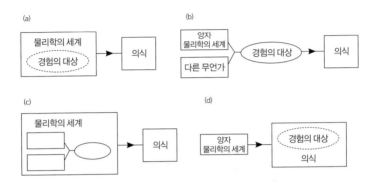

그림 12.1 의식적 정신과 물질 세계의 경험 간의 관계를 설명하는 여러 방식.

반면 양자물리학에 나타나는 존재들은 우리가 의식적으로 경험하는 것들이 아니다. 양자론은 파동함수에 관한 이론인데, 숨은 변수 해석에서 드러났듯 파동함수는 측정 가능한 물리량들과는 놀라우리만치 관련이 없다. 좀 더 일반적인 상황에서 보자면, 매끄러운 (불연속성 없이 미분 가능한 – 옮긴이) 파동함수는 사실상 모든 곳에서 0이 아닌 값을 가지므로 입자가 아무 위치에나 있을 수 있다는 결론이 난다. 이는 파동함수와 물리량이 서로 무관함을 보여 주는 또 다른 예다. 양자론은 파동함수에 관한 매우 우수한 (결정론적) 이론이지만, 우리의 경험에 관해서는 아무것도 알려 주지 않는다. 파동함수는 어느 관찰가능량에 대하여 우리가 특정값을 경험할 확률을 알려 주지만, 실제로 그 값을 생성하기 위해서는 '또 다른 무언가'가 더 필요하다. 또한 양자론 자체는 우리가 어느 물리량을 관찰하게 될지도 말해 주지 않는다.[12] 이것을 나타낸 것이 그림 12.1(b)이다. 고전물리학이 우리 눈에 보이는 세계 그 자체를 설명한 반면에 양자론은 우리가 세계를 관찰하면 무슨 일이 일어날지만을 알려 준다.

그림 12.1(a)와 (b)를 똑같은 형태로 만드는 것은 어렵지 않다. 12.1(b)에 '상자'를 하나 더 추가하면 된다. 그 결과가 그림 12.1(c)인데 11장 3절 「양자 측정의 주체는 무엇인가?」의 GRW 모형 등이 여기에 속한다. 이 그림에서는 비국소성, 무작위 입력 등 물리학의 일부가 아닐 것 같은 불편한 특징까지도 물리학의 범주 안에 포함되어 있다. 이때 12.1(b)의 '양자물리학' 상자에 무언가가 추가된다면 그것들은 이미 참으로 판명 나 있는 양자론의 통계적 예측을 건드리지 말아야 한다. 다시 말해 12.1(b)의 '물리학'은 우리가 경험하는 물리량을 포함하고 있지 않지만, 올바른 예측을 할 수는 있다. 이 예측은 의식적 정신의 단계에 도달하기 전에 이미 끝날 수도 있다. 그렇다면 우리는 그 예측의 발생 시점을 가능한 최대로 '늦추어서' 의식적 정신 자체가 원인이 되도록 가정할 수 있다. 즉 의식이 실제로 스스로 경험하는 사물들을 생성한다는 것이다. 그렇게 되면 그림은 12.1(d)와 같이 바뀐다. 이 그림에서 경험의 대상은 의식의 일부이며 의식 없이는 존재하지 않는다. 고전물리학적 상황에서는

이러한 발상이 전혀 말이 되지 않는다. 만약 우리가 뉴턴의 법칙을 바꾸어서 경험된 결과를 얻지 못했다면 새로운 법칙이 입자의 위치를 정확히 기술했다고 결론 내는 게 아니라 입자의 위치를 착각했다고 보아야 할 것이다.

이 문단의 설명은 너무 모호한 감이 있다. 질문에 대한 더 나은 답도 분명 있을 것이다. 그러나 확실한 것은 양자론의 측정 문제를 논의할 때 거론되는 것들, 가령 '거시적 계가 측정의 주체인가', '측정은 계의 복잡도와 관련이 있는가, 아니면 새로운 무언가가 필요한가', '그 새로운 무언가가 물리학의 일부인가', '인간이 아닌 동물이 측정을 할 수 있는가'와 같은 논제들이 어떤 이유에서인지 몰라도 의식에 관한 논제들과 매우 흡사하다는 점이다. 의식의 물리적 메커니즘을 가정하면 일종의 '범심론'에 도달하게 된다는 5장 8절 「범심론」의 논증은 물리계를 양자 관찰의 주체로 만드는 물리적 메커니즘을 찾으려는 시도에도 똑같이 적용된다. 가령 11장 3절 「양자 측정의 주체는 무엇인가?」에서처럼 슈뢰딩거 방정식 속에 거시적 장치에서 급속한 파동함수 환원을 일으키는 항이 있다면 그 항은 미시적 계에도 미약하게나마 효과를 줄 수 있다. 의식의 경우와는 달리 이 효과는 이론상 관찰 가능하다. 화이트헤드가 말한 정신성의 '산발적 섬광'(5장 9절 「과정 철학」 참조)은 어쩌면 관찰 가능할지도 모른다.

'의식'과 '관찰의 주체'라는 두 요소 모두 아직 우리가 이해하지 못했고 현재의 물리학 속에 포함되어 있지 않은 것들임은 분명한 사실이다. 따라서 우리는 이 둘이 연관되어 있을 가능성을 검토해 볼 가치가 있다.

지금부터는 의식을 양자물리학 속에 등장시킬 수 있는 한 가지 가능성에 대해 자세히 살펴볼 것이다. 의식이 다세계 해석에서 도입된 '선택자'라는 것이다(11장 6절 「다세계 해석」 참조). 의식이 실제로 파동함수를 환원한다고 주장한 위그너(11장 4절 「의식과 파동함수 붕괴」 참조), 그리고 의식적 경험이 뇌 파동함수의 붕괴와 관련되어 있다는 스탭[11]의 견해도 이 선택자 개념과 연관성이 있다. 하지만 우리는 환원이 일어나지 않는 다세계 상황을 전제로 논의를 전개할 것이다.

의식적 정신의 고유한 세계

두 가지 상태를 가질 수 있는 계의 파동함수(스핀 측정 결과, 수식 11.14)를 다시 검토해 보자. 이 식에서 측정 장비의 상태를 빼서 좀 더 간단히 나타내면 다음과 같다.

$$|\psi> = \alpha|+,Me^+>+\beta|-,Me^->$$ 수식 12.1

이 파동함수는 양자 세계에 대한 완전한 기술이다. 그러나 하나가 아닌 두 가지 결과를 포함하고 있으므로 우리의 경험을 제대로 기술하지는 못한다.

이를 설명하기 위해 양자 세계에 더하여 나의 의식이 존재한다고 가정하자. 이때 나의 의식은 두 실험 결과 중 하나를 선택한다 (내가 정의하는 측정 장치란 뇌에 신호를 보내 수식 12.1처럼 측정 물리량의 고유상태와 뇌의 상태가 상관되게 만드는 장치이다. 그러면 내가 측정 결과를

선택할 수 있다). 보통 나의 의식은 $|\alpha|^2$과 $|\beta|^2$의 확률 가중치 중에서 무작위로 결과를 선택한다.

결과가 선택되면 파동함수의 일부가 나머지 부분보다 '더욱 진짜'가 되는 것이다. 내가 인식하는 것은 오직 이 부분이다. 이 가정은 내가 두 명의 '나'가 되어 서로 다른 결과를 자각한다는 해석을 반박하기 위해 필요하다. 그 해석은 양자론의 확률적 예측을 담아낼 수 없기 때문이다. 이 아이디어는 심미적 측면에서도 더 낫다. 내가 하나의 결과만을 인식한다고 해서 물리학이 바뀌지는 않는다. 내 의식이 '물리학' 바깥에 있다고 이미 정의했기 때문이다.

다세계 모형에 의거하여 이 과정을 설명하자면 세계가 두 개의 가지로 분리된다고 말할 수 있다. 다세계 모형의 원래 버전에서는 두 개의 가지에 '나'의 의식이 모두 들어간다고 보지만, 나의 모형에서는 내가 두 개의 가지 중 하나로만 들어가며 내가 들어갈 가지는 파동함수 성분의 상대적 진폭에 따라 확률적으로 선택된다고 본다.

이 모형은 숨은 변수 이론과도 명백한 유사성이 있다. 숨은 변수 이론에서도 하나의 가지를 나머지 가지보다 더 특별하게 취급한다. 입자가 실제로 그 가지에 있기 때문이다. 그러나 내 모형은 좀 더 관념론적(5장 2절 「유심론」 참조)이다. 나의 모형에서는 외부 세계에는 입자의 궤적은커녕 입자 자체도 존재하지 않는다. 입자와 입자의 궤적은 자유의지나 빨간 느낌처럼 전적으로 의식이 만들어 낸 것이다. 입자는 '경험'이다.

하지만 이 모형에도 커다란 문제점이 있다. 내가 어떤 물리량을 관찰한 이후에 당신이 같은 것을 측정하면 어떻게 될까? 일반적으로는 똑같은 결과가 나와야 한다. 실험 기법이 잘못됐거나 데이터를 오독했을 경우를 제외하고 두 사람이 똑같은 결과를 얻는 것을 이 이론으로 어떻게 설명할 수 있을까?

당신이 그 물리량을 측정하는 가장 간단한 방법은 나에게 결과를 물어보는 것이다. 그 경우에는 이론상 아무 문제가 없다. 하지만 당신이 나에게서 멀리 떨어져서 측정할 수도 있다. 가령 그림 12.2에서처럼 입자가 슈테른-게를라흐 자기장을 통과한 후 위쪽 경로와 아래쪽 경로를 따라 서로 엄청나게 멀어졌다고 상상해 보자. 내가 위쪽 검출기에서 입자를 보았다면(위쪽 경로를 인식했다면, 수식 12.1 파동함수의 첫 번째 항), 아래쪽 검출기에 위치한 당신은 입자를 보지 못해야 한다. 당신이 입자를 볼 확률은 양자론의 일반적 규칙에서 계산된 $|\beta|^2$가 아니라 0이어야 한다.

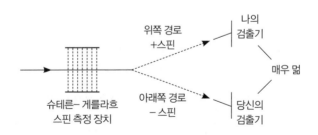

그림 12.2 두 명의 관찰자가 같은 과정을 관찰하는 모습. 두 관찰자는 떨어진 거리와 상관없이 반드시 같은 결과를 얻어야 한다.

그렇다면 당신의 검출기 쪽에 입자가 없다는 것을 파동함수가 어떻게 알려 줄 수 있을까? 혹은 파동함수가 아닌 무엇이 그 역할을 맡을 수 있을까? 이는 어려운 질문이지만 새로운 문제는 아니며, 또한 우리 모형만의 문제도 아니다. 다른 모형들도 썩 신통한 해결책을 내놓지 못했다. 파동함수 환원 문제, EPR 실험 문제도 사실은 이 문제를 다르게 표현한 것뿐이다.

위 문단의 첫 번째 질문은, 나의 관찰로 인해 물리학(파동함수)이 바뀌지 않는다는 가정하에서는 해결이 불가능하다. 우리가 아는 물리학은 '국소적'(슈뢰딩거 방정식은 전형적인 고전 방정식이다)이지만, 실제 이 세상에는 비국소적인 무언가가 분명 존재한다. 나는 이 비국소성이 의식의 '보편성universal nature'과 관련되어 있다는 견해를 아주 조심스레 제기하고자 한다. 당신이 물리학자라면 이대로 이 책을 덮어버리고 싶어질 것임을 잘 안다. 하지만 당신이 물리학자가 아닌 일반인이라면 이러한 개념의 도입은 환영할 만한 일일 것이다.

나의 제언을 풀어서 쓰자면 이렇다. 내가 관찰한다는 것은 **의식**이 자신의 진로를 결정한다는 것이다. 의식이란 단어를 밑줄로 연거푸 강조한 것은 이 의식이 일반적인 개개인의 의식이 아니라 모든 의식을 전부 포함한 무언가이기 때문이다. 이 세계의 특성인 비국소성은 물리학이 아닌 보편의식universal consciousness으로 인한 것이다. 보편의식의 존재를 받아들이면(추가 논의는 12장 5절 「보편의식과 투시」 참조), 비국소성의 필요성을 설명하기가 좀 더 자연스러워진다. 보편의식과 같은 독특한 존재라면, 실험물리학의 다른 사물들처럼 시공간상으로 제한될 이유가 없기 때문이다.

11장 6절 「다세계 해석」의 TV 비유(그림 11.2)를 다시 가져와 보자. 이번에는 '튜너(수신할 신호를 선택하는 동조기 – 옮긴이)'가 하나밖에 없다고 가정하자(그림 12.3). 첫 번째 사람이 '스위치를 켜면(관찰을 하면)' 채널 하나가 선택된다. 그다음에 다른 관찰자가 스위치를 켜도 채널을 바꿀 수는 없다(실제 가정집에서도 이러한 선착순 방식을 쓰면 가족 간의 갈등을 막을 수 있을까? 아닐 것 같다). 모든 사람이 일반적으로 같은 세계를 경험하는 것은 전 인류에게 주어진 TV가 하나뿐이기 때문이다.

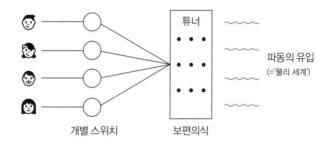

개별 스위치　　보편의식

그림 12.3 각 관찰자는 스위치를 켜고 끌지를 결정할 수 있지만, 튜너가 하나뿐이므로 모두 동일한 프로그램을 본다.

이 가설은 물리학자들이 일반적으로 세상을 지각하는 방식과 딱 맞지는 않는다. 또한 문제를 해결한 것이 아니라 더 큰 문제를 만들어 그 속에 집어넣어 버렸다. 하지만 이것 외에 다세계 개념의 장점을 살릴 수 있는 다른 합리적인 대안이 떠오르지 않는다. 이 가설 대신에, 만약 첫 번째 관찰로 인해 파동함수에 '표식tag'이 달려서 미래의 관찰자들이 어떠한 파동함수 부분을 선택할지 알려 준다고 가정한다면 이는 관찰이 파동함수를 완전히 환원시키는 11장 4절 「의식과 파동함수 붕괴」의 모형과 사실상 다를 바가 없다.

논의를 더 이어나가기에 앞서 11장 4절 「의식과 파동함수 붕괴」에서도 잠깐 언급된 바 있는 내 이론과 비슷한 형태의 이론들에 대한 한 가지 반대 논리를 짚고 넘어가자. 내 이론이 맞다면 의식이 세상에 생겨나기 전에는 입자도 없었고, 아무 원자핵도 붕괴하지 않았으며, 진공 상태가 고정되지 않아서 우주의 각종 변수도 정해지지 않았고, 은하, 태양, 달, 수소, 헬륨, 우주선線(우주를 날아다니는 고에너지 입자 및 방사선 – 옮긴이), 배경복사 등 우리가 아는 '우주'는 전혀 존재하지 않았을 거라는 주장이 가능하다. 어떤 '신성한' 의식적 관찰자의 존재를 상정하지 않는다면 이것이 인간(또는 동물?)이 생겨나기 전의 상태였을 것이다. 이는 전혀 직관에 맞지 않는 것처럼 들리지만, 위의 것들이 존재하지 않은 이유가 그보다 훨씬 '더 큰' 세계 속에 묻혀 있었기 때문이라고 설명하면 조금 수긍이 가기도 한다. '나의 바깥'에 존재하는 실재는 내 의식이 절대로 경험할 수 없는 풍부함을 지닌 파동함수다. 내 의식이 입자 따위를 '생성' 하는 것은 시야의 폭이 그만큼 좁기 때문이다. 모종의 이유로 인해 의식은 위치의 (근사)고유상태 등에 해당하는 파동함수의 아주 작은 부분을 선택해야만 한다.

그렇다고 해서 우리 우주의 지난 역사를 정의할 수 없는 것은 아니다. 인간이 관찰하기 이전의 파동함수는 많은 부분(전체 상태의 집합을 전개한 것 중 일부 항)으로 이루어져 있었다. 당시에는 이들 중 무엇도 다른 부분보다 특별하지 않았다. 하지만 그 부분들 중 일부는 의식적 정신이 경험하는 세계가 형성되는 데 기여했다. 우리 우주의 역사는 이들에 의해 규정된다. 매우 축약된 예시가 그림 12.4에 제시되어 있다.

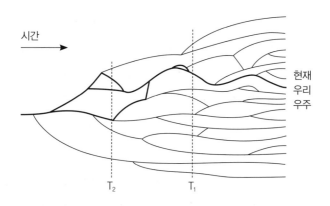

그림 12.4 우리 우주의 구체적인 역사가 정해지는 원리. 각 가지는 전체 상태 집합을 전개한 것 가운데 여러 항을 나타낸다. 굵은 선으로 표시된 가지들만이 우리 우주의 형성에 기여했으며 이것들이 우리 우주의 역사를 규정한다. 현재부터 시점 T_1까지의 역사는 하나밖에 없다. 시점 T_2의 경우 세 가지 가능성이 존재한다. 가령 T_2에서 전자가 세 가지 경로를 따르다가 이후에 합쳐져 간섭을 일으킨다.

이제부터 총 세 절에 걸쳐 이 모형에서 자연스럽게 발생하는 (매우 사변적인) 시사점을 절마다 하나씩 설명할 것이다. 또한 이 모형의 여러 함의는 마지막 13장에서 소개할 것이다.

자유의지와 양자물리학

7장에서 나는 자유의지가 결정론과 절대로 양립할 수 없음을 논증하였다. 또한 7장 5절 「자유의지의 기원」에서는 자유의지 경험이 사람의 한 '부분'이 다른 한 부분에 제어권을 행사할 때 발생할 수도 있다고 제안하였다. 물론 이 제안은 보통의 경우 사실이 아니다. 우리 몸에서는 각종 분비샘이 물질들을 분비하여 다른 신체 과정들을 제어하지만 우리는 이를 전혀 자각하지 못한다. 이러한 내분비 과정은 우리의 의식적 정신을 경유하지 않기 때문에 우리는 이에 대해 자유의지를 행사했다고 경험하지 않는다. 그렇다면 인간의 한 부분이 다른 한 부분을 제어하는 것이 자유의지 경험을 일으키게 하는 자연적인 경계선(그림 12.5)이 존재할까?

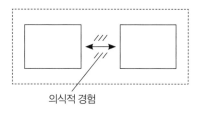

의식적 경험

그림 12.5 인간의 한 부분이 다른 한 부분을 제어할 때 자유의지 경험이 일어나는 자연적 경계가 존재할까?

12장 2절 「의식적 정신의 고유한 세계」의 내용으로 비추어 볼 때 인간을 이루는 것 가운데 양자물리학으로 기술 가능한 것들, 그리고 관찰자이자 11장 6절 「다세계 해석」의 선택자에 해당하는 의식적 정신 이렇게 두 부분으로 나누는 것이 가능할 것 같다. 이 둘의 구분으로 자유의지 감각의 기원을 설명할 수 있을까? 언뜻 보면 아닐 것 같다. 선택자는 단순히 양자론의 확률 규칙에 따라 파동함수의 가지 중 하나를 경험적 세계로 만들 뿐 어떠한 제어권도 행사하지 않기 때문이다. 하지만 이 모든 것은 선택자의 선택이 무작위라는 전제하의 얘기다. 혹시 일부 상황에서는 무작위가 아닌 의도적 선택이 가능하지 않을까? 11장 6절 「다세계 해석」의 TV 비유에서는 어둠 속에서 버튼을 누르기 때문에 여기서는 무작위 선택이 일어난다. 그러나 조명을 켜고 TV와 프로그램에 대한 정보를 눈으로 확인한다면 우리가 무엇을 볼지 선택할 수도 있을 것이다.

우리의 모형은 자유의지 경험을 다음과 같이 설명한다. 결정이 필요한 행동이 있을 때 가능한 선택지가 있음을 알아차리고 각각의 장단점을 비교하는 과정에서 뇌에는 양자 상태가 조성된다. 이 상태는 파동함수로 기술 가능하다. 상태의 파동함수를 수식 12.1처럼 전개했을 때 어느 항이 경험적 실재로 선택되느냐에 따라 어떤 행동이 일어날지가 달라진다. 만약 이 선택이 통계적으로 일어나면 의식적 선택이 이루어지지 않은 것이다. 다시 말해 의식적 선택은 선택자가 우연에 맡기지 않고 실제로 결괏값을 결정하는 것을 의미한다. 우리가 인식하는 세계에서 특정 행동이 일어나는 까닭은 그 행동에 해당하는 뇌의 양자 상태를 '관찰'했기 때문이다. 여기서 자유의지는 무작위성, 즉 결정성의 부재를 뜻하는 것이 아니라 일반적인 양자론적 비결정성을 의도적 선택으로 대체하는 것에 해당한다.

이후의 논의를 위해 이 개념을 좀 더 수학적으로 표현해 보자. 뇌의 파동함수를 그리스 문자 Φ^{파이}로 표기하면 다음과 같이 쓸 수 있다.

$$|\Phi> = |\phi_1> + |\phi_2> + |\phi_3> + \cdots \qquad \text{수식 12.2}$$

우변을 보면 뇌가 $|\phi_1>$ 상태이면 행위 1이 발생하고, $|\phi_2>$ 상태이면 행위 2가 발생한다. 그 사람의 의식이 특정 상태 $|\phi_i>$를 관찰할 때, 그가 관찰한 세계에서는 그 상태에 해당하는 행위 i가 발생할 것이다.

사실 이 모형은 다세계 해석뿐만 아니라 11장 4절 「의식과 파동함수 붕괴」처럼 파동함수 붕괴가 의식과 관련되어 있다고 보는 해석에서도 똑같이 잘 작동한다. 이 아이디어 자체는 다른 여러 방식으로 수정될 수 있다. 예컨대 에클스[6]는 정신적 의도mental intention 가 특정 선택을 강제하는 것이 아니라 시냅스에서 신경전달물질이 방출될 확률을 바꾸는 식으로 작용한다고 추측했다. 그는 "정신적 의도의 효력reliability은 그 뉴런의 수많은 시냅스전前 소낭(신경전달물질이 담겨 있는 뉴런 속 작은 주머니. 세포막과 융합하여 내용물을 방출할 수 있다 - 옮긴이)에서 발생하는 우연의 총합에서 유래한다."고 말했다.

이 절에서 설명한 아이디어는 실험적으로 명확하게 시사하는 바가 없기 때문에 검증할 방법이 없다(단, 10장 7절 「시간과 양자역학」을 보라). 다만 이 모형은 우리의 경험과 잘 부합한다. 우리는 '완전한 의식적 선택'과 '그냥 내버려 두기'라는 두 극단만 겪는 것이 아니라 그 사이의 회색지대도 경험한다. 시간축을 따라 움직이는 문제(8장 5절 「시간축에 따른 이동」의 끝부분)와 관련지어 생각해 보면 이것은 독자가 줄거리를 어느 정도 정할 수 있는 선택지가 있는 책게임북을 읽는 경험과 비슷하다! 뇌에서 유의미한 양자 효과가 일어날 수 있는지, 아니면 여느 거시적 물리계처럼 뇌도 고전물리학적으로 행동할 수밖에 없는지에 관해서는 12장 6절 「두뇌 사건은 미시적인가?」에서 다시다룬다. 우선은 이 절의 아이디어를 뇌 외부에서 발생하는 일들에까지 확장해 보자.

염력과 양자물리학

12장 3절 「자유의지와 양자물리학」에서 '관찰'은 단지 뇌의 여러 상태 가운데 하나를 관찰하는 것을 뜻했다. 이때 뇌의 상태들은 뇌 바깥에 있는 물리계들의 상태와는 상관관계가 없었다. 따라서 관찰은 12장 2절 「의식적 정신의 고유한 세계」에서 논의한 것과 달리 외부 세계에 관해서 아무것도 결정하지 않았다. 이 차이는 수식 12.1과 12.2의 비교에서도 확연히 드러난다. 수식 12.2에 외부 세계의 상태를 나타내는 파동함수 $|\psi>$를 추가하려면 다음과 같이 '공통 인수common factor'로 집어넣어야 한다.

$$|\Phi,\psi> = \{|\phi_1> + |\phi_2> + |\phi_3>+\cdots\} |\psi> \qquad \text{수식 12.3}$$

수식 12.1과 달리 여기서는 뇌의 상태와 외부 세계의 상태 간에 상관관계가 없다. 따라서 의식적 선택은 그 사람의 신체적 행위에 의해서만 외부 세계에 영향을 줄 수 있으며 그 신체적 행위는 어디까지나 보통의 물리 법칙을 따른다.

하지만 우리는 12장 3절 「자유의지와 양자물리학」의 아이디어를 확장하여 인간의 의식이 수식 12.1과 같이 상관된 파동함수의 경우에서도 의도적 선택을 일으킬 가능성을 생각해 볼 수 있다. 만약 이것이 사실이라면 그 파급효과는 엄청나다! 내가 입자의 스핀을 관찰할 때 무슨 결괏값을 볼지 선택할 수 있음을 의미하기 때문이다(12장 2절 「의식적 정신의 고유한 세계」에서 관찰을 통해 뇌의 상태가 결정된 것처럼). 입자의 실제 스핀을 결정할 수 있다는 것이다. 그렇다면 이는 일종의 (양자) 염력이다.

이것이 흥미로우며 검증 가능한 생각이기는 하다. 하지만 이러한 사고의 확장이 과연 정당한 것일까? 선택 과정의 '메커니즘'에 대한 이해 없이는 이 질문에 답하기 어렵다. 12장 3절 「자유의지와 양자물리학」에서는 행위 결정 과정에서 의식이 관찰하는 뇌 상태들이 단지 미시적 수준에서만 다르다고 가정했다. 그러나 일반적으로 측정 실험에서 일어나는 상태들은 거시적 수준에서 서로 다르다. 설령 측정 대상이 입자 하나의 스핀이라도 그렇다. 사진판을 가지고 입자의 스핀을 측정한다면 두 가지 측정 결과는 서로 다른 궤적을 그릴 것이고, 결국 망막에서는 거시적으로 서로 다른 두 지점에 상像이 맺힐 것이다. 그렇다면 의식이 의도적 선택을 내리는 것이 뇌의 상태에 대해서는 가능하지만, 외부 측정 결과에 대해서는 불가능하다고 결론 지을 수 있다.

하지만 의식은 다른 '물리적' 대상과 달리 공간적 제약을 받지 않으므로[비국소적이므로], 실제 양자 사건의 수준에서 의도적 선택이 가능하지 않겠느냐고 추정해 볼 수도 있다. 즉 실제 정보가 뇌에 도달하기 전에, 또는 그 정보와 상관없이 입자의 파동함수를 의도적으로 선택할 수도 있지 않겠느냐는 것이다. 그렇다면 양자 염력 역시 가능할 것이다. 하지만 그런 일이 일어나기는 불가능에 가깝다. 국소성을 포기한 이상 우리가 어느 전자에 영향력을 가할지 특정할 방법이 없기 때문이다. 측정 장치의 전자가 아니라, 심지어 달 표면의 전자에 영향이 가해질 수도 있다(6장 6절 「정신 사건이 뇌에 미치는 영향」참조)! 뇌의 상태를 선택하는 것과 외부 세계의 상태를 선택하는 것은 메커니즘과 무관한 또 하나의 중요한 차이점이 있다. 그것은 바로 진화적 이점이다. 자신의 행동을 선택하는 능력은 생존에 매우 유리한 기능일 것이다(어쩌면 아닐 수도 있다. 3장 4절 「의식의 기능은 무엇인가?」참조). 하지만 외부 세계에 양자 영향력을 발휘하는 것은 (그 종이 양자론을 이해할 만큼 똑똑하지 않다면) 진화적 이득이 전혀 없어 보인다. 설령 양자 염력이 이론상 가능하더라도 우리가 그 방법을 모를 가능성이 크다.

하지만 어쩌면 우리에게 잠재력이 숨어 있을 수도 있다. 그렇다면 그 가능성은 검토해 볼 가치가 있다. 이와 관련된 현재까지의 실험 증거는 6장 7절 「의식이 외부 세계에 미치는 영향」을 참조하라.

보편의식과 투시

12장 2절 「의식적 정신의 고유한 세계」에서 우리는 다세계 해석이 맞다면 나의 의식에 도달하는 정보가 소위 '보편의식'을 거쳐 당신의 의식에도 반드시 전달되어야 한다는 께름칙한 결론에 도달했다. 물리학에서는 이 아이디어를 용납할 수 없겠지만, 물리학을 제외한 다른 곳에서는 두 손 들고 환영할 것이다(그렇다고 타당성이 올라가는 것은 아니다!). 이 아이디어를 극단까지 끌고 가면 모든 의식이 하나라는 결론에 도달한다. 이 책에서 수없이 언급한 물리학자 슈뢰딩거 역시 다음과 같이 말했다.

감각하고 느끼고 사유하는 우리의 자아가 과학적 세계상 그 어디에서도 발견되지 않는 이유는 다음 네 단어로 요약 가능하다. '자아 자체가 그 세계상이니까.' 자아는 전체와 동일하므로 부분으로써 전체 속에 포함될 수 없다. 그러나 여기서 우리는 산술적인 역설에 부닥친다. 세계는 하나뿐인데 이 의식적 자아는 엄청나게 많다는 점이다 … [해결책은] 단 하나뿐이다 … 이른바 정신들, 또는 의식들의 통일이다. 이들의 다수성^{多數性}은 그저 현상일 뿐 실제로는 단 하나의 마음만이 존재한다.[13]

그의 말을 반박한다는 게 내키는 일은 아니지만, 나로서는 이 주장만큼은 받아들이기 다소 어렵다. 의식의 다수성이 겉보기 현상일 뿐이라고 주장하는 것은 오히려 역효과를 일으킨다. 슈뢰딩거는 매우 유심론적인 토대(의식이 세계상 그 자체임)에서 논리를 전개하고 있다. 유심론에서는 현상이 곧 실재라고 말한다. 그런데 나의 마음이 타인의 마음과 다르다는 것보다 확연한 현상은 없다. 3장 1절「의식이란 무엇인가?」에서 보았듯 사적 성질^{privacy}은 의식의 핵심 특징이며 의식을 물리학에 포함시키기가 이렇게나 힘든 것도 이 사적 성질 때문이다.

어찌 보면 유심론 철학에서는 마음이 하나라고 말할 수밖에 없을 것 같기도 하다. 그러지 않고서는 여러 사람이 동일한 외부 세계를 경험하는 것을 설명할 길이 없을 테니 말이다. 어쨌거나 외부 세계나 마음, 둘 중 어느 하나는 통합되어 있어야 한다. 한 그루의 나무에 대한 수많은 경험이 실제로는 단 하나의 경험이었다면 그것을 설명하기 위해 구태여 실제 나무의 존재를 상정할 필요가 없다. 하지만 이 주장은 심각한 모순을 불러온다. 다른 모든 경험을 압도하는 단 하나의 경험, 나 자신의 의식적 경험이 존재한다는 것이다.

아무리 공감 능력이 강하고 도덕적인 인간도 타인의 상처나 고통을 자신의 것처럼 느끼지 않으며 그럴 수도 없다(이에 관해서는 후술한다). 생일 파티에 참석한 한 소녀가 누군가 넘어져 다치는 것을 보고 유일하게 비웃지 않았다는 이유로 어머니에게 칭찬을 들었는데 사실 넘어진 사람이 소녀 자신이었다면 그건 칭찬받을 일이 아니다! 타인의 고통을 내 것처럼 느낄 수 없다는 것은 불행한 일일지도 모른다. 혹자는 이것을 인간 본유의 윤리적 결함이라 여기기도 한다. 하지만 어쨌거나 우리가 사는 이 세계에서는 이것이 사실이다.

슈뢰딩거[13]는 우리가 여러 개의 의식을 경험하지 않는다는 것을 마음의 단일성에 대한 증거로 제시한다. 그는 "의식이 절대 여러 개로 경험되지 않으며 오직 하나로만 경험된다는 실증적 사실이 동일성 원리doctrine of identity를 뒷받침한다"고 말했다. 물론 나의 의식이 한 개라는 사실 자체는 정확하다. 3장 4절 「의식의 기능은 무엇인가?」에서 본 것처럼. 그래야 내가 나로서 존재하며 세상을 연속적으로 경험할 수 있다. 내 의식이 하나인 것은 뇌의 놀라운 정보 통합 능력과 관련이 있을 수도 있다. 하지만 이것들은 어쨌거나 내 의식에 관한 것이다. 타인의 의식에 관해서는 아무것도 말해 주지 않는다. 이 증거를 오히려 반대로 적용하면 내가 오직 하나의 의식만을 경험할 수 있다는 사실이 나의 의식이 얼마나 고립되어 있고 사적인 것인지를 보여 준다고 말할 수도 있다. 하나의 의식을 경험하는 것은 나의 의식과 타인의 의식이 동일함을 뜻하지 않는다.

그렇다면 보편의식이란 도대체 무엇을 의미할까? 의식의 세계가 통일되어 있다는 느낌, 슈뢰딩거[13]가 말한 "서로의 존재를 모른 채 수백 수천 년간 지구 반대편에 떨어져 지내온 인종과 종교가 서로 다른 인간들 사이의 기적적인 일치"감은 무엇으로 인한 것일까?

한 가지 방법은 의식을 개개인들이 움직일 수 있는 하나의 2차원 공간으로 취급하는 것이다. 이 공간에는 위치마다 '의식 수준'이 존재한다. 이것을 하나의 숫자로 나타낸다면 2차원 평면 위의 '높이'로 볼 수도 있을 것이다. 이 공간을 실제로 돌아다니는 '것들'이 무엇인지는 확실치 않다. 이것들은 물리적 대상도 아니고 개개인의 의식들일 수도 없다. 이들은 존재하지 않는 것으로 가정하고 있기 때문이다. 마찬가지로 이 공간 속 나의 위치가 단순히 내 마음 상태를 가리킨다면 '내 마음'이라는 개념, 적어도 내 것인 무언가가 존재해야 한다.

더 나은 방법은 내 의식을 보편의식의 일부분으로 간주하는 것이다. 그렇다면 많은 부분이 모여 하나의 의식을 이루는 것인지, 아니면 개개인의 의식이 합쳐져 보편의식을 이루는 것인지는 단지 의식이란 단어의 정의와 관련된 질문에 불과하다. 이러한 관점에서는 다음 질문도 던질 수 있다. (의식적) 뇌가 형성될 때마다 새로운 의식이 생성되는가, 아니면 각각의 새로운 뇌가 의식의 작은 조각을 '포획'하는 것인가?

한 가지 분명한 사실은 나와 타인의 의식 간의 직접적인 소통은 아예 불가능하거나, 최소한 그 방법이 우리가 알 수 없게 숨겨져 있다는 것이다. 의식 간의 직접적인 소통이 물질 세계의 매체를 통한 간접적인 소통보다 어려운 것은 확실하다. 12장 2절 「의식적 정신의 고유한 세계」의 내용은 이러한 맥락 아래에서 이해되어야 한다.

이제 우리 모형의 요구 조건을 좀 더 자세히 들여다보자. 그림 12.3에서 보편의식은 개개인의 의식과 (양자물리학적) 외부 세계 '사이에' 존재한다. 우리는 모두 같은 '튜너'를 사용하므로 똑같은 채널을 시청해야 하며, 따라서 똑같은 외부 실재를 경험한다. 하지만 그림 12.6처럼 나타내더라도 동일한 결과를 얻을 수 있다. 여기서는 보편의식이 '외부 세계'와 멀리 떨어져 있고 그 사이에 개개인의 의식이 있다(이 그림들의 정확한 의미는 나도 모른다. 각 도식의 공간상 분포는 아무 의미도 없다). 이 두 번째 그림이 좀 더 자연스러운 것은 맞다. 이 그림은 실재를 물질 세계, 개개인의 의식적 정신, 보편의식, 이렇게 총 세 '단계'로 나눌 수 있음을 시사한다.

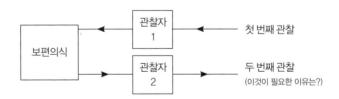

그림 12.6 보편의식과 개개인의 정신 사이의 관계도. 하지만 보편의식을 통한 직접적인 소통은 일어나지 않는 것으로 보이는 이유는?

하지만 이 그림에 의하면 내가 특정 실험 결과를 얻으면 당신은 별도의 실험 없이 보편의식으로부터 그 결과를 직접 받을 수도 있다. 의식이 실험 결과를 알려 준다면 왜 그냥 답을 알려 주지 않는 것일까? 만약 이 현상이 실제로 일어난다면 이는 양자 투시에 해당할 것이다. 또한 기존에 알려진 물리적 통로를 거치지 않고 개개인의 정신 간에 정보가 전달될 가능성을 인정한다면, (염력과는 달리) 이것이 미시적 사건에 관한 정보에만 한정될 이유가 없다. 투시는 존재하지 않는다는 것이 합당한 '1차 추정'이지만, 이것이 작은 규모에서 통제 불가능한 방식으로 일어날 수도 있다는 상당히 모호한 통계적 근거가 있다. 이러한 근거만으로 실제 효과가 있다고 단정 짓기는 어려우나, 추가 연구의 필요성을 시사한다.

보편의식 개념이 시사하는 바는 또 있다. 앞서 지적했듯 우리는 타인의 고통보다 나 자신의 고통을 더 크게 느낀다. 인간이 기본적으로 '이기적인' 것도 이것 때문이다. 우리는 타인에게 일어나는 일보다 자신에게 일어나는 일을 더 중요시한다. 그러나 우리는 타인의 고통에도 어느 정도는 신경을 쓴다. 연민과 공감은 실제로 존재하며 이들 역시 우리 삶의 일부다. 이러한 느낌이 우리가 다른 사람의 신체적 고통을 약하게나마 실제로 느끼기 때문에 생겨난다는 주장도 있다. 오직 하나의 보편의식만이 존재한다면 이는 예상 가능한 결과다. 하지만 대부분 사람들이 연민 등을 경험하는 방식은 그런 식은 아닌 것으로 보인다. 우리는 보통의 물리적 경로를 통해 타인의 고통을 알아채며 그 고통이 나의 것인 양 반응하려 해야 한다는 '도덕적 압력'을 느낀다. 설령 타인의 고통에 대한 지식이 보편의식을 경유하는 (비물리적?) 연결로를 통해 전달된다고 해도 그 고통이 내 것이 아님은 분명하다.

1956년 미국의 유명 시인 칼 샌드버그Carl Sandburg는 뉴욕 근대미술관에서 열린 「인간가족The Family of Man」 사진전의 소개문에 다음과 같이 썼다.

세상에는 오직 한 명의 남자만이 있다. 그의 이름은 모든 남자All Men다. 세상에는 오직 한 명의 여자만이 있다. 그녀의 이름은 모든 여자All Women다. 세상에는 오직 한 명의 자식만이 있다. 그 이름은 모든 자식All Children이다.

이러한 문장에 공감하는 것 역시 인간 본성의 일부일지도 모른다. 하지만 우리가 여기에 공감하는 것은 이 문장이 참이어서가 아니라 우리의 의식적 정신이 개개인성의 한계를 초월하도록 노력해야 한다는 도덕적 요청으로 해석되기 때문이다. 이는 개개인성을 부정하는 게 아니라 오히려 적절히 그 기능을 수행하라는 요구다. 만약 양자론이 이 도덕적 요청에 대한 이론적 근거를 제공하여 이윽고 한 사람의 문제가 모든 이의 문제임을 인식할 수 있게 된다면 참으로 멋질 것이다(스탭의 논문 「양자물리학과 인간의 가치Quantum Physics and Human Values」[14]을 참조하라).

두뇌 사건은 미시적인가?

12장 3절 「자유의지와 양자물리학」에서 나는 자유의지가 '무작위로 결정될 수 있었던 사건에 대하여 의식적 정신이 의도적 선택을 내리는 것'과 관련 있을 수 있다고 제시했다. 실제로 우리는 (하나의 사건이 아닌) 수많은 사건에 대하여 의도적 선택을 내리고 있고, 이 사건들의 결과물로 인해 특정 물리적 행위가 결정되고 있다. 하지만 사건의 수가 많다고 해도 문제는 없다. 이 절에서 우리가 살펴볼 것은 뇌에서 실제로 벌어지는 핵심 과정들이 과연 '양자적'이라 말할 수 있는지, 아니면 '거시적'이어서 양자 효과가 무시할 만큼 작은지다.

양자론은 모든 과정에 적용되는 것 아니었던가? 다세계 해석에서는 그렇다. 이 경우 거시적 계에서도 양자 불확정성이 나타날 것이다. 예를 들어 거시적 입자가 장벽과 상호 작용하는 상황에서 고전물리학적으로는 입자가 절대로 통과하지 못하고 반사되더라도 입자의 파동함수 가운데는 장벽을 통과하는 것에 해당하는 부분이 미세하게나마 존재한다. 하지만 양자론의 확률 규칙에 따라 이 가능성은 무시 가능할 만큼 작을 것이다. 그래서 우리는 언제나 고전 물리학적 결과를 얻는다. 이것이 고전적 계에서는 일반적으로 양자 효과를 무시할 수 있는 이유다. 만약 의식이 파동함수의 크기와 무관하게 두뇌 과정의 결괏값을 선택할 수 있다면 입자가 통과하도록 선택하는 것이 항상 가능할 것이다. 의식적 선택의 정확한 메커니즘을 모르는 이상 이 가능성을 완전히 배제할 수는 없겠지만, 이 가능성은 매우 부자연스럽다. 우리가 예상하는 의식적 선택의 메커니즘에서는 양자 확률이 충분히 큰 결괏값은 쉽게 선택할 수 있지만, 확률이 아주 작은 결괏값은 사실상 선택이 불가능해야 한다(채널 X에 백만 개의 버튼이, 채널 Y에는 단 한 개의 버튼이 할당된다면 채널 Y를 보고 싶어도 거의 불가능할 것이다).

그렇다면 의식적 선택은 대략 같은 크기의 양자적 확률이 주어질 때 발생할 것으로 추정된다. 구체적인 모형을 세우기 위해 어떠한 행동의 선택이 특정 '입자'가 장벽을 통과하는지 아닌지에 따라 결정된다고 상상해 보자. 그렇다면 우리가 알고 싶은 것은 통과 확률이 약 50%인 상황이 있을 수 있느냐는 것이다. 그런데 거시적 계에서는 입자의 속도가 약간만 달라져도 통과 확률이 0에서 1로 확 바뀐다. 거시적 입자로 장벽 통과 실험을 했을 때 양자 효과를 곧바로 확인할 수 없는 이유가 여기에 있다. 거시 세계에서는 입자 속도의 오차 때문에 양자 무작위성이 가려진다. 그렇다면 두뇌 과정은 미시 과정과 거시 과정 중 어느 쪽에 더 가까울까?

간단한 계산을 해 보자. 질량 m인 입자가 두께 d인 장벽에 부딪히는 상황을 생각해 보자. 이때 장벽을 돌파하는 고전물리학적인 임계 속도가 v라면, 통과 확률과 반사 확률이 정확히 1/2이 되는 속도값도 있을 것이다. 그렇다면 두 확률 중 하나라도 λ/2 이하(λ는 0.1과 1 사이의 임의의 수)로 떨어지지 않게 하려면 속도의 오차가 얼마큼 허용될까? 간단히 계산해 보면 그 값은 아래와 같다.

$$\epsilon \approx \frac{1}{8} \cdot \left(\frac{\hbar \ln\left(\frac{\lambda}{2}\right)}{mvd} \right)^2 \qquad \text{수식 12.4}$$

이 식에서도 알 수 있듯, 어느 정도의 오차가 허용되려면 m, v, d가 작아져야 한다. 결국 계가 '미시적'이어야 한다는 것이다.

그렇다면 식의 실제 의미를 파악하기 위해 각 변수에 값을 직접 넣어보자. m에는 10^{-8}나노그램을 넣어 보자. 이는 일반 원자 약 10^5개의 질량으로, 신경계의 가장 작은 작동 단위인 시냅스 소포의 질량의 3분의 1 정도이다. d의 값으로는 일반 원자 지름의 약 10배인 10나노미터를 취하자. 사실상 이것보다 작은 장벽은 있기 어려울 것이다. v에는 초속 10^{-4}미터를 넣자. 이는 장벽을 0.1밀리초 만에 통과하는 속도다. 그렇다면 λ=0.1일 때 허용되는 오차는 다음과 같다.

$$\epsilon \approx 2.5 \times 10^{-4} \approx \frac{1}{40}\,\%$$

수식 12.5

이 개략적인 추정치로만 보면 이 값은 한계 상황이라 말할 수 있을 만큼 작다. 특정 메커니즘에 대한 구체적인 정보를 더 집어넣지 않으면 이것보다 더 정확한 값을 구할 수는 없겠지만, 최소한 양자 효과의 가능성이 완전히 말이 안 되지는 않는다고 말할 수는 있을 것 같다. 에클스[6]는 불확정성 원리에 기반하여 다른 방식으로 논리를 전개하였지만, 역시 비슷한 결론에 도달하였다. 어떤 '모형'을 쓰든 정성적으로는 같은 결과가 나올 것이다. 양자 효과는 항상 플랑크 상수 h에 비례한다. h가 계의 규모보다 '작으면' 양자 효과는 무시할 수준이 된다. h의 단위는 질량×길이×속도이므로 위에서처럼 적절한 질량, 길이, 속도를 곱하면 같은 단위의 물리량을 만들 수 있다. 따라서 유의미한 양자 효과가 발생할 조건은 다음과 같다. 'h가 계에서 나타나는 일반적인 질량, 속도, 거리의 곱보다 너무 작지 않을 것.' 이는 사실상 수식 12.4의 조건과도 같다.

양자 터널 효과가 생물학적 과정에서 나름의 역할을 수행한다는 증거는 『사이언티픽 아메리칸Scientific American』[15]에도 실린 바 있다.

매턱[4]은 정보이론에 기반하여 전혀 다른 조건들을 사용하여 의식이 물리 과정에 영향을 줄 가능성을 검증하였으며, 거시적 염력 효과의 존재 가능성까지도 다루었다.

13장
마치며

과학의 가치는
답이 아닌 질문에 있다.[1]

이 장의 각 절 제목은 모두 질문으로 되어 있다. 나는 이 질문들에 대한 여러 가지 답을 제시할 것이다. 하지만 그 답들은 또다시 더 많은 질문을 불러올 것이다. 지금까지 여정에서 우리가 알게 된 단 하나의 사실이 있다면, 겉으로는 간단해 보이는 그 어떤 것도 실제로는 그렇지 않다는 점이었다. 어떠한 질문에 확답을 내린다는 것은 그 질문을 진지하게 생각해 보지 않았다는 방증이다.

외부 세계는 있는가?

이 질문은 앞서 어느 정도 결론을 내린 몇 안 되는 주제 중 하나다. 5장 2절 「유심론」에서 유심론이 틀렸으며 실제 외부 세계가 존재한다고 말한 바 있다. 외부 세계의 존재는 의식의 관찰 여부에 의해 달라지지 않는다. 가장 설득력 있는 근거는 이 사실을 인정해야 외부 세계를 이해하기가 가능해지기 때문이라는 것이다. 그러나 외부 세계를 이해하는 과정에서 외부 실재가 단순히 우리가 관찰한 것들로만 이루어진 것이 아니라, 우리가 지각할 수 없는 특징들을 포함하고 있음을 발견하였다. 우리가 실재를 기술할 때 쓰는 용어들, 우리 눈에 곧바로 관찰되는 입자들, 심지어 우리를 둘러싼 시공간 연속체마저도 일정 부분 의식의 산물일 수 있다. 실재는 이와 전혀 다른데 의식이 이것들을 (강제로) 추출해 낸 것일 수 있다.

유심론에 대한 또 하나의 반론은 외부 실재가 존재하지 않는다면 나의 의식이 무엇하러 굳이 그것을 만들어 내며, 물질 세계라는 개념 자체가 왜 필요하냐는 것이다. 마찬가지 논리를 여기도 적용할 수 있다. 물리적 실재가 입자와 입자의 궤적 따위를 포함하고 있지 않다면 의식은 왜 군이 그러한 개념들로 사물들을 기술할까? 가령 우리에게 위치는 특별한 의미를 지닌 물리량처럼 보인다. 하지만 양자론에서는 그러할 하등의 이유가 없다. 위치는 운동량과 이른바 '켤레^{conjugate}' 변수 관계를 맺고 있으며 양자론에서 둘은 똑같은 방식으로 행동한다(그림 10.6의 캡션에서 보았듯, 파동함수는 위치의 함수로도, 운동량의 함수로도 표현될 수 있다). 하지만 앞서 11장 3절 「양자 측정의 주체는 무엇인가?」에서 우리는 우리의 경험을 제대로 기술하려면 파동함수가 특정 위치로 붕괴해야 한다는 논리를 사용했다. 그 이유는 무엇인가? 양자론에서 위치라는 물리량이 특별한 지위를 차지해야 할 이유가 있는가? 이것은 우주의 초기 상태, 아니면 현재 우리 우주의 특정 조건으로부터 말미암은 결과인가? 의식때문인가, 아니면 우리의 상상을 뛰어넘는 또 다른 원인 때문인가? (추가 논의는 스콰이어스[2] 참조)

이와 관련한 한 가지 단서는 의식 자체가 외부 세계의 관찰된 물체(두뇌 등)에 의해 만들어진다는 사실이다. 특히 유물론에서는 이물체들만으로 의식이 만들어질 수 있다고 주장한다. 어쨌거나 의식과 외부 세계의 상호 작용을 가능케 하는 물체가 필요한 것은 분명하다. 그렇다면 의식은 자신이 구성하는 대상이 있어야 존재할 수 있다. 다시 말해 의식은 의식 자체를 구성하는 것들이 포함된 특정 범주의 실재만을 지각한다. 아인슈타인은 외부 세계를 어느 정도 성공적으로 이해한다는 사실 자체가 경이롭다고 말했다. 하지만 사실 우리는 거의 아무것도 이해하지 못했을지도 모른다. 진정한 실재는 우리의 이해력 아득히 너머에 있고, 이해할 수 있는 것은 당장 눈앞에 보이는 실재의 일부분뿐일 수도 있다. 그 일부분이 우리를 구성하고 있기 때문이다.

외부 세계가 존재하느냐는 질문에 대한 우리의 답은 여전히 '그렇다'이다. 하지만 우리는 외부 세계의 실제 정체를 아주 어렴풋하게만 알고 있다. 확신할 수 있는 유일한 것은 우리가 아직 외부 세계를 이해하지 못했다는 점이다!

다른 무언가가 있는가?

　과연 물리학이 전부일까. 아니면 '다른 무언가'가 존재할까? 이는 심리철학의 핵심 쟁점이기도 하다. 5장에서 보았듯, 이 질문에 어떻게 답하느냐에 따라 유물론자와 비유물론자로 나뉜다. 그러나 질문에 답하기에 앞서 그 의미를 곱씹어 볼 필요가 있다. 앞서 여러 차례 보았듯 질문을 엄밀하게 만드는 과정에서 너무 당연한 답이 나오기도 한다. 그렇다면 그 문제는 사실은 가짜인 것이다. 이 쟁점의 기나긴 역사를 비추어 보면 이 가능성을 면밀히 검토해 볼 필요가 있다.

　우리는 엄격한 정의를 내리려는 것이 아니다. 엄밀히 말하자면 실제 세계와 관련해서는 그 무엇도 완전히 정의 내리기가 불가능할지도 모른다. 게다가 우리는 지금까지 줄곧 단어의 직관적인 의미만을 가지고 논의를 전개해 왔다(일부 독자들은 이러한 나의 엉성함을 비판할 수도 있다). 이러한 측면에서 볼 때 유물론 대 비유물론 논쟁을 명확하게 만들기는 쉽지 않다.

그렇다면 질문을 이렇게 한번 바꾸어 보자. 물리 법칙으로 과거, 현재, 미래의 모든 것들을 완전히 설명할 수 있는가? (5장 4절 「유물론」과 비교해 보라)

물리 법칙을 현재까지 밝혀진 것들에 한한다면 답은 '아니오'일 것이다. 4장 6절 「미해결 문제들」에서 소개하였듯 물리 세계에 속하지만, 아직 우리가 이해하지 못한 것들도 있기 때문이다. 하지만 이는 다소 성급한 결론이다. 초끈이론, 급팽창 등 현재의 개념을 조금 확장하면 그것들을 이해할 수 있을지도 모른다. 그리하여 남는 것은 시간과 관련된 약간의 난제들과 지난 몇 장 동안 살펴본 양자론의 '진짜 문제'들이다. 정통 양자론 및 관련 이론들만 가지고 생각한다면 질문에 대한 답은 여전히 '아니오'다. 관찰 과정이 무엇인지 설명하지 못하는 이상 양자론은 불완전하다.

그렇다면 우리가 해야 할 일은, 적어도 '명백히 물리적인' 효과들만큼은 전부 설명할 수 있도록 양자론을 완성하는 일이다. 11장 6절 「다세계 해석」에서 보았듯 여러 해석 가운데 다세계 해석을 택한다면 우리는 의식적 정신을 물리 이론 속에 추가해야 한다. 그 이론은 독실한 이원론자도 기꺼이 받아들일 수 있는 유물론의 한 형태가 될 것이다. 그러면 더 이상 '물리학'을 유물론으로 단정 짓기도 어려워진다. 의식이 물리학에 속하는가 하는 문제는 저절로 해결될 것이다. 우리가 일부러 의식을 물리학 속에 집어넣었기 때문이다. 의식은 여전히 물리학에서 유도되지 않겠지만, 물리학을 이루는 구성 요소이기는 할 것이다. 물론 '물리학'이라는 단어의 뜻을 양자물리학으로 국한할 수도 있다. 그렇다면 의식은 별개의 무언가이므로 우리의 모형은 이원론적 모형이 될 것이다. 반면에 물리학을 의식을 포함하는 것으로 정의한다면 우리는 유물론자가 될 것이다. 즉, 유물론과 이원론을 구분하는 것이 의미가 없어진다.

파동함수 환원의 메커니즘을 규명함으로써 양자론을 완성할 수도 있다. 이때도 마찬가지로 양자론 '바깥'에서 주어지는 무작위 입력이 필요하다. 이 필요성을 없애는 유일한 방법은 고전물리학에 괴상한 양자 영향력을 추가한 숨은 변수 이론을 받아들이는 것이다. 적어도 이론상으로는 이를 통해 (인간 뇌와 관련된 경우를 제외한) 모든 현상을 설명하는 물리 법칙들을 세우기가 가능해 보인다. 과연 이 법칙들이 인간 뇌까지도 설명할 수 있을까? 만약 그 답이 '그렇다'라면 이는 전통적인 유물론의 입장과 아주 가깝다. 그렇다면 물 분자나 자전거와 마찬가지로 의식, 자유의지, 색깔, 행복 등의 개념들도 이 이론 속 재료들로부터 구성된 것이어야 한다. 나는 이것이 불가능하다는 것을 증명하는 논증을 본 적이 없다. 물론 가능성은 엄청나게 희박해 보이지만, 느낌은 증명될 수 없다.

원활한 논의를 위해 다른 모든 것들을 설명하는 물리 법칙들로부터 의식을 만들어 낼 수 없다는 명제가 틀렸다고 가정해 보자. 우리가 의식을 유난히 '특별 대우'하고 싶어 한다는 사실만 제외하면 이 상황은 물리학 역사에서 새로운 일이 아니다. 간단한 예로 1974년 11월에 그 당시 알려진 세 가지 쿼크로는 만들어 낼 수 없는 이른바 '맵시' 입자가 발견되었다. 물리학자들의 반응은 명확했다. 새로운 쿼크를 만들어 냈다는 것이었다(정확히 말하면 그전에도 그럴듯한 이론적 근거들이 있었다. 하지만 1974년 당시에는 맵시 쿼크의 존재를 믿는 사람들이 거의 없었다). 기존의 물리학에 속하지 않았던 새로운 것을 발견하면 물리학자들은 그것 혹은 그것의 구성 요소들을 물리학 속에 새롭게 집어넣는다. 그러므로 정의상 물리학은 모든 것을 포함한다고 말할 수 있다. 이런 식의 확장을 허용한다면 유물론이라는 말은 아무것도 의미하지 않게 된다. 그것을 부정하기가 논리적으로 불가능해지기 때문이다. '모든 것을 포함하는 것'으로 물리학이 정의된 이상 당연히 모든 것이 물리학 속에 포함된다.

하지만 위 논증에서 틀린 점이 하나 있다. 물리 이론에 맵시 쿼크가 빠져 있다면 설령 맵시 쿼크가 관여하지 않는 물리 과정일지라도 우리는 그 과정을 완벽한 정확도로 기술할 수 없다. 양자론에서는 모든 것이 뒤섞여 있으므로 맵시 쿼크는 명시적으로 존재하지 않더라도 (이른바 '가상 상태(매우 짧은 시간 동안 지속되는 측정 불가능한 양자 상태 – 옮긴이)'를 통해) 실험 결과에 영향을 주기 때문이다. 다시 말해 맵시 쿼크가 실재한다면 그것이 빠진 물리학은 있을 수 없다. 만약 이것이 의식에 대해서도 참이라면 의식을 제외한 모든 것을 설명하는 이론은 불가능하다.

이번에는 반대로 모든 것을 설명하는 물리 법칙들이 의식도 설명한다고 가정해 보자. 이는 무의미한 명제일 수도 있지만, 해석하기에 따라서는 유물론의 주장에 해당할 수도 있다. 우리는 여기서

'설명'이라는 단어가 무엇을 의미하는지, 특히 존재 가능성what can be 을 설명하는 것과 실제 존재what is를 설명하는 것이 어떻게 다른지에 유의해야 한다(2장 3절 「물리학과 환원주의」의 논의 참조). 포퍼는 자신의 저술[3]에서 유물론에 강한 일격을 날리면서도 다음과 같이 말했다.

> 나는 ⋯ 진화가 인간 정신과 언어를 만들어 냈으며 ⋯ 인간 정신이 이야기, ⋯ 예술, 과학 업적을 만들어 냈다는 ⋯ 진화 가설을 인정한다는 점에서 ⋯ 유물론자들과 의견을 같이한다. 이 모든 것들의 진화는 물리 법칙을 위배하지 않은 듯 보인다. ⋯ 이처럼 물질이 마음, 목적, 인간 정신의 산물로 이루어진 세계를 만들어 내어 스스로 초월할 수 있다는 것을 우리는 그저 경탄할 따름이다.

그렇다. 이는 경탄할 일임이 틀림없다!

아마도 여기서 포퍼는 의식에 대한 명시적인 언급 없이 물리 법칙이란 말을 정의했을 것이다. 만약 이 법칙들이 결정론적이라면 포퍼의 주장은 엄격한 유물론의 주장 그 자체다. 하지만 이는 포퍼의 의도와 다르므로, 그는 물리 법칙이 비결정론적이라는 사실을 염두에 둔 것으로 보인다. 즉, 그는 숨은 변수 이론을 부정한 것이다. 그렇다면 이것이 시사하는 바는 '다른 무언가'가 의식 등이 진화하도록 유도했다는 것이다. 다시 말해 물리학이 의식의 출현을 허용했다는 것이다. 의식이 물리학을 필요로 했다면 이는 유물론적 모형이고, 아니라면 비유물론적 모형에 해당한다. 이것이 포퍼가 말하고자 했던 바와 같다. 하지만 이 문제가 그렇게 간단한지는 잘 모르겠다.

그림 13.1에는 현재 이 세계에 존재하는 인간 의식이 '창조'되기까지의 여러 시나리오가 제시되어 있다. 물론 이 도식들은 매우 간략화된 상징에 불과하며, 특히 시간의 방향이나 인과성 개념이 제대로 표현되어 있지 않음을 유의하라. (a)는 임의의 초기 조건에서 시작된 결정론적·물리적 우주다. 4장 6절「미해결 문제들」에서 보았듯 이러한 방식으로 생겨난 우주에서는 의식이 탄생할 가능성이 희박하다. 물론 충분히 많은 수의 우주가 생성되었다면 아무리 희박한 변수 조합도 결국엔 발생할 수 있을지도 모른다. (b)에서는 적합한 시작점에서 출발하도록 세밀하게 조정된 우주에서 의식이 출현하고 있다. 나머지 (c~g)는 모두 비결정론적 물리학에 해당한다. (c)에서는 파동함수가 무작위로 환원된다. (a)와 마찬가지로 이 모형도 무수히 반복되지 않는 한 어떻게 의식이 발생할 수 있는지 설명하기 어렵다. (d)는 '다세계' 시나리오에 해당한다. 이 시나리오에서는 각종 조건의 가짓수들이 엄청나게 뻗어나가기 때문에 파동함수 속의 어디선가는 뇌와 의식이 출현할 수밖에 없다. 지금까지 살펴본 시나리오들은 (b)에서 초기 조건 선택이 물리학 외부로부터의 입력으로 간주될 수 있다는 점을 빼고는 모두 유물론의 범주에 속한다. 이러한 외부적 입력이 한층 노골화된 것이 바로 (e)다. (e)에서는 '외부'로부터 온 의도적 행위에 의해 특정 경로가 '선택'

(파동함수 환원)된다. 양자 확률에서 특정한 선택이 도출되는 방식을 지휘하는 이 존재를 우리는 '신'이라는 개념으로 부를 수 있다. 또 다른 가능성인 (f)에서는 의식이 물질 세계로부터 창조되는 것이 아니라 모든 시간에 존재하고 있다. 의식은 선택을 결정하는 방식으로 물질 세계와 상호 작용할 수 있으며, 궁극적으로 (e)에서처럼 뇌의 탄생을 허용하고 이후에는 뇌와 매우 특수한 관계를 맺는다. (e)와 (f)는 서로 많은 면에서 유사하므로 (f)에서 '의식'이라 명명된 회색 상자가 신이라고, 혹은 신을 포함한다고 해석할 수 있다. 그렇다면 (f)는 유물론과 정반대인 이원론적 모형으로 보이기도 한다. 그러나 (g)처럼 전체 그림을 둘러싼 커다란 상자를 하나 더 추가하면 문제는 다시 복잡해진다. 그러면 무슨 기준으로 전체 상자를 두 부분흰색과 회색으로 구분할 것이냐는 문제가 다시금 발생한다. 두 부분은 서로 무엇이 다르길래 그렇게 구분될 수밖에 없는 것일까? 사실 (g)는 (a)와 놀라우리만치 비슷하다. 그렇게 되면 정신의 탄생을 가능케 하는 희박한 조건이 왜 실제로 일어났는가 하는 문제로 다시 돌아오게 된다. 나는 그 회색 상자 안에 '목적'이 담겨 있다고 말하고 싶다. 하지만 이것이 초기 조건이 세밀하게 조정되었음을 의미하는지, 아니면 최종 조건에 의해 사건이 결정된다는 뜻인지 확실치 않다. 7장 6절 「목적과 설계」에서 보았듯 목적이라는 개념은 최종 상태가 사건을 결정함을 의미한다. 시간이 역전된 인과 관계인 셈이다.

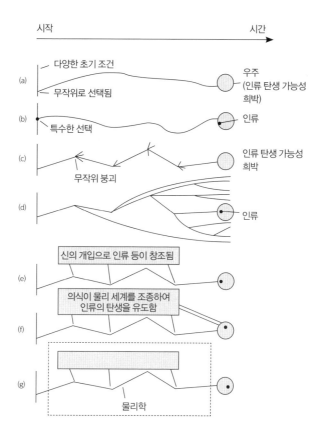

다양한 초기 조건

(a) 무작위로 선택됨

우주
(인류 탄생 가능성
희박)

(b) 특수한 선택

인류

(c) 무작위 붕괴

인류 탄생 가능성
희박

(d)

인류

신의 개입으로 인류 등이 창조됨

(e)

의식이 물리 세계를 조종하여
인류의 탄생을 유도함

(f)

(g)

물리학

시작 ──────────→ 시간

그림 13.1 (a) 임의의 초기 상태에서 출발하여 결정론적 경로를 따르는 우주. 인류가 탄생할 확률이 희박하다. (b) 인류가 탄생할 수 있도록 초기 상태가 세밀히 선택된 우주. (c) 무작위로 붕괴하는 비결정론적 양자 우주. 여기서도 인류가 탄생할 확률이 희박하다. (d) 다세계 시나리오. (c)와 달리 모든 가짓수가 존재하며, 그중 일부에서 인류가 탄생할 수 있다. 인류는 자신을 탄생시킨 우주만을 관찰할 수 있다. (e) (b)의 양자 버전. 무작위가 아닌 의도적 선택이 일어나며, 인간이 설계를 통해 창조된다. (f) 의식이 항상 존재하고 세계와 반응하는 우주. 이 경우에도 적절한 선택이 이루어진다면 인류가 탄생할 수 있다. (g) (f)에서 물리학과 의식을 둘러싼 상자를 추가한 버전. (a)와의 차이점을 알기 어렵다.

그렇다면 다른 무언가가 존재하는 것일까? 나도 그 답은 모르겠다. 우리는 의식적 경험을 통해 외부 세계를 학습하는데, 우리가 학습하는 것들 중 대부분은 물리학에 기초하여 이해할 수 있다. 따라서 우리가 세계를 관찰하는 메커니즘인 의식까지도 물리학으로 설명할 수 있으리라는 것은 자연스러운 사고의 흐름이다. 어쩌면 그러한 시도가 결국 실패로 끝날지도 모른다. 우리 자신을 설명할 만큼 물리학이 발전하는 것을 외부 세계가 절대 허용치 않을지도 모른다. 물리학이 지금까지 우리가 (얼추) 이해한 간단한 것들만을 가리킨다면 '다른 무언가'가 더 필요하다는 것은 의심의 여지가 없다. 하지만 그 '무언가'가 무엇이든 간에 장차 물리학의 일부가 될 가능성을 배제할 확실한 이유도 없다. 사실 이 질문에 대한 최고의 '답'은 다른 질문을 던지는 것이다. 그 질문은 다음 절의 제목이다.

이게 왜 그렇게도 중요한 문제인가?

어느새 우리는 이상한 역설에 맞닥뜨렸다. 항상 우리의 논의에 핵심에 있었던 그 질문이, 수많은 사람의 갑론을박이 오가던 그 질문이 이제는 거의 다 녹아 없어진 듯하다. 질문에 대한 답은 그 질문이 정확히 무엇을 뜻하느냐에 따라 엄청나게 달라질 수 있었다. 그렇다면 의식 문제는 우리에게 왜 이토록 중요해 보이는 것일까?

그 이유는 2장 2절 「물리학과 경험의 위기」에서 이미 다룬 바 있다. 유물론에 의하면 '인간은 기계'다. 이러한 주장은 나의 인간성을 송두리째 부정하는 것처럼 느껴진다. 하지만 기계가 무엇인지 정의하지 않으면 위 문장은 아무것도 뜻하지 않는다. 기계는 속성의 집합으로 정의될 수도 있고 사례의 집합으로 정의될 수도 있다. 예를 들어 기계를 '의식이 없는 것'으로 정의한다면 인간이 기계라는 명제는 당연히 거짓이다. 하지만 이는 유물론의 타당성에 관해서는 아무것도 말해 주지 않는다. 이와 비슷하게 인간은 고통을 느낄 수 있으므로 기계가 아니라는 포퍼의 논증[3]은 기계를 '고통을 느낄 수 없는 것'으로 정의하였으므로 논점을 비껴간 것이다. 만약 기계의 정의를 인간을 포함하도록 확장한다면(그러지 말란 법이 어딨 나?) 포퍼의 논증은 거짓이 될 것이다. '기계'는 어디까지나 한낱 단어일 뿐이다!

이 논의에서 우리의 생각에 강한 영향력을 미치는 한 가지 요소는 우리가 자꾸만 자동차, 자전거, 컴퓨터 등 다른 기계들과 인간이 다른 존재라고 여기고 싶어 한다는 사실이다. 물론 우리는 그것들과 다르다. 하지만 그 정도 표현으로는 충분치 않다. 그냥 다른 게 아니라 **아예 다르다**는 것이다. 이러한 주장에 대해 나는 나와 타인도 **아예 다르지** 않냐고 되묻고 싶다. 물론 많은 점에서 놀라우리만치 닮긴 했지만, 나와 타인은 서로 총체적으로 다르다. 나와 타인을 헷갈린다는 것은 상상조차 불가능하다! 인간과 기계의 차이는 신경 쓸 필요가 없다. 인간이란 종은 유일무이하기 때문이다. 이는 고양이도 마찬가지다. '유일무이함uniqueness'에도 수준이란 게 있을까? 나는 잘 모르겠다.

우리 자신을 유물론적으로 바라보고 싶지 않아 하는 경향은 의식의 중요성을 경시하는 태도에서도 엿볼 수 있다. 7장에서 보았듯 사람들은 자유의지가 단지 여러 경험 중 하나가 아니기를, 경험 너머에 무언가 더 있기를 희망한다. 단지 의식 속에 있다는 이유만으로 많은 중요한 것들의 존재를 좀처럼 인정하지 않는다. 이를 잘 보여 주는 것이 앳킨스의 논문 「목적 없는 사람들Purposeless People」[4]

이다. 이 논문은 우주 만물을 완전히 유물론적으로 바라보는 관점을 열렬히 옹호하고 있다. 하지만 내가 보기에 이 논문은 (그 관점의 옳고 그름을 떠나) 목표를 달성하는 데 실패했다. 논문의 제목부터가 사실은 근거 없는 믿음이다. '목적 없는 사람'이란 이 세상에 존재하지 않는다. 우리는 종종 바보처럼, 우울하게, 사악하게, 질투하며, 이기적으로 살아가곤 하지만, 목적 없이 사는 경우는 극히 드물다. 목적을 단지 희망 사항이나 환각으로 치부한다면 그것은 이 세계를 잘못 이해한 것이다. 앳킨스는 문제를 해결했다고 자신하면서 "의식은 … 신경세포들의 물리 상태의 비선형적 총합"이라고 결론짓는다. 하지만 그는 문제를 해결한 것이 아니라 무시한 것이다. 물론 그 이후에 그는 사람들이 소위 국소적 목적감각을 지니고 있다고 인정하기는 했다. 하지만 수억 년이 지나면 그 영향이 모두 사라질 것이기 때문에 목적감각이 쓸모없다고 주장한다. 나는 그의 주장에 반대한다. 훨씬 짧은 시간이지만, 목적의 영향력은 실제로 지속될 수 있다!

세상이 의미 있는 것은 물리적으로 기술할 수 없어서가 아니라 (이는 물리학을 어떻게 정의하느냐의 문제일 뿐이다) 내가 의미를 부여하기 때문이다. 아름다움이 존재하는 것은 내가 아름다움을 인식하기 때문이다. 자유의지나 목적과 마찬가지로 의미, 진리, 아름다움, 희망, 사랑, 색깔 등 수많은 것들이 의식이 만들어 낸 경이의 일부다. 물리학의 범주를 어떻게 정의하든, 강인공지능이 가능하든 불가능하든 이 경이로움은 변치 않을 것이다.

이 글을 쓰기 하루 전 나는 불치병에 걸린 한 일곱 살 스위스 소녀의 일화를 읽었다. 소녀는 삶이 얼마 남지 않았다는 걸 알고 커다란 소원을 하나 빌었다고 한다. 다음 크리스마스가 올 때까지 살고 싶다는 것이었다. 날이 갈수록 소원이 이뤄질 가능성은 점점 희박해졌지만, 마을 사람들은 쉽게 단념하지 않았다. 소녀를 살릴 수는 없어도 크리스마스를 옮길 수는 있었기 때문이다. 그래서 그들은 실제로 그렇게 했다! 마을 사람들은 어느 하루를 크리스마스로 정해서 캐럴을 부르고 선물상자를 뜯고 크리스마스 음식을 먹었다고 한다. 이 모든 것들은 물리적 현상, 즉 원자의 움직임이다. 이 일들이 발생했던 것은 원자들이 특정한 물리 법칙들을 완벽히 따랐기 때문이다. 그렇다면 관련된 우주 속 모든 입자의 수백 년 전 위치 정보를 충분히 알았다면 이 일의 발생을 계산할 수 있었을까? 그럴 수도 있고 아닐 수도 있다. 흥미로운 문제이지만 나로서는 답을 모르겠다. 내가 아는 건 두 가지다. 첫 번째는 소녀의 이야기를 읽은 순간 때로는 우울한 이 세상이 조금 더 나은 곳이 되었다는 것이고, 두 번째는 그 이야기가 이 책의 주제인 **인간**의, **의식적**, **정신**에 바치는 위대한 찬사라는 것이다.

내 행동은 나의 책임인가?

이 소녀의 이야기는 책의 맨 앞장에서 예고했던 '잔소리'를 여는 완벽한 서두가 될 듯싶다. 나는 자유 경험의 실재성을 여러 차례 강조하였다. 세상에는 내가 '나'라고 부르는 무언가가 존재하며, 나는 '내 것'으로 여겨지는 수많은 것들에 대하여 일정 정도의 통제권을 행사한다. 적어도 이러한 의미에서 우리는 우리가 사는 세상에 대한 책임이 있다. 양자론의 비국소적 특성이나 나의 의식이 내가 경험할 세계를 결정한다는 사실 따위가 어디까지 나의 책임을 확장할 것인가는 오직 추측의 영역이다. 그러나 나의 자유가 진짜인 것만은 의심의 여지가 없다. 나에게 비록 크리스마스의 날짜를 바꿀 힘은 없을지라도, 변화무쌍하고 거대한 우주라는 축제 속 어느 한 부분에는 나의 선택이 남긴 흔적이 영원히 새겨진다는 것이다. 축배를 들지 않을 수 없다!

하지만 불행하게도 자유의지와 책임에 관한 논의는 전혀 다른 방향으로 전개되고는 한다. 우리는 내가 진짜로 자유로운지가 아니라, 타인의 행위에 대해 나에게 그 사람의 책임을 물을 권리가 있는지를 궁금해한다. 또한 우리는 우리가 악행이라고 규정한 행위에 대하여 타인을 '처벌할' 권리를 결정론이 앗아가지 않을지 두려워한다. 오래전 나는 한 유명 신문에서 범죄 행위가 특정 염색체와 관련이 있다는 기사를 읽은 적이 있다. 기자는 그 연구 결과를 조롱 섞인 투로 소개하고 있었다. 사람들은 만약 범죄가 화학 작용에 의해 야기된다고 밝혀진다면 사회가 범죄자를 응징할 권리가 사라질 거라고 느낀다. 그리고 이것은 일부 사람들에게는 도저히 용납할 수 없는 일이다(그 신문의 노선도 그랬다). 이 문제는 심지어 『옥스퍼드 마음 안내서』에서 결정론과 자유의지를 소개할 때도 등장한다. 이처럼 사람들에게는 자유의지 개념에 기초하여 징벌을 정당화하고자 하는 절박한 바람이 있는 듯하다. 이 논증의 맨 아래에는 '나쁜 짓을 한 사람을 엄히 처벌하는 게 당연'하다는 믿음이 있다. 만약 우리의 형이상학(존재의 근본에 대한 이해 – 옮긴이)이 이 믿음에 어긋난다면, 윤리학이 아니라 형이상학을 수정해야 한다는 것이다. 혼더리치[5]는 실제로 이러한 목적에서 자유의지를 단순히 '구속되지 않은 행위'로 재정의하려는 일부 작가들의 시도를 지적하였다. 결정론자이자 유물론자인 스미스와 존스[6]조차 이른바 '심리학적 비결정론'이라는 개념을 만들어 "타인의 행위에 책임을 묻고 타인의 악행을 나무라는 우리의 습성"을 정당화하고자 했다. 하지만 내가 보기에 이러한 정당화는 모두 틀렸다.

내가 타인을 지칭할 때 나는 그 사람의 전체, 즉 그림 12.5의 점선 상자 속 모든 것을 가리킨다. 자유의지의 기원을 설명하기 위한 구분선(7장 5절 「자유의지의 기원」, 12장 3절 「자유의지와 양자물리학」 참조)은 이 논의와 전혀 무관하다. 타인의 한 부분, 가령 그 사람의 의식이 나머지 부분의 행동을 선택했을 수 있지만, 그의 의식은 스스로가 어떠한 유형의 의식인지까지 선택한 것은 아니다. 어떤 사람이 '도덕적으로 나약하다', 또는 흔한 표현으로 '악하다'고 말하는 것은 그 사람의 행동을 어느 정도까지는 설명할 수 있다. 하지만 그 사람 스스로 도덕적으로 나약한 사람(악한 사람)으로 만든 원인까지 선택하지는 않았다. 콩팥의 기능이 약한 사람을 비난할 수 없는 것처럼 '도덕적 심지'가 약한 사람도 비난할 수 없다. 도덕심은 의식을 통해 작동하고 콩팥은 그렇지 않다는 사실은 이 논의와 전혀 무관하다. 복수와 앙갚음에 대한 원시적 욕구의 거짓 핑계로 삼기 위해 자신의 자유의지 경험(이 세상에 우리가 만들어 갈 몫이 있다는 놀라운 진리)을 오용해서는 안 된다.

나의 주장은 새로운 이야기가 전혀 아니다. 이것은 세계의 주요 종교 가운데 최소 세 가지, 유대교, 기독교, 이슬람교의 기본 사상이기도 하다(하지만 애석하게도 이 종교들의 신자 중 대다수가 이 가르침을 잊은 채 살아가는 것 같다). 이 종교들은 창세기 설화를 빗대어 이 세계의 악의 근원을 설명한다. 창세기 두 번째 이야기(에덴동산과 선악과 이야기 – 옮긴이)의 요점은 인간이 '악한' 것은 어떠한 행동을 해서가 아니라 인간이란 존재 자체가 본디 그런 것이며, 따라서 인간의 책임이 아니라는 것이다. 이에 관한 추가 논의는 혼더리치[5,7]를 참조하라.

물론 유해한 사람이나 사물로부터 사회가 스스로를 보호하는 것은 합리적인 처사다. 그 과정에서 특정 행위에 벌칙을 부과하는 법률 체계가 생겨나는 것도 당연하다. 억제, 예방, 회복, 이 모두가 제 역할을 잘 수행해야 한다. 보복은 문제를 복잡하게 만들 뿐이며 범죄율 감소를 오히려 저해할 수도 있다. 우리는 이해를 통해 문제를 이해하듯 범죄자를 이해함으로써 범죄를 없앨 수 있다. 징벌 제도는 이미 부담을 진 사람들에게 또 다른 부담을 지운다는 점에서 불공정하고, '반사회적' 행동이라는 문제의 해결을 저해한다는 점에서 또한 비극적이다.

다시, 의식이란 무엇인가?

300여 년 전 데카르트를 괴롭혔던 딜레마는 아직도 그대로 남아 있다. 자신의 존재를 자각하고, 기쁨과 슬픔을 느끼고, 진리의 개념을 이해하고, 나와 보살핌을 주고받는 그러한 의식적인 기계를 어떻게 만들 수 있을지, 혹은 설계라도 할 수 있을지 나로서는 상상조차 할 수 없다. 마치 무언가가 액체임을 증명하듯이 어떤 대상이 의식적 속성을 지니고 있음을 명확히 제시하는 계산식을 세우는 게 가능할지도 상상이 안 간다. 그래서 나는 나와 다른 사람들, 소위 의식적 정신을 가진 존재가 내가 설계하고 제작할 수 있는 것들과는 본질적으로 다른 게 아닌가 생각하게 된다. 하지만 다른 한편으로 나는 나와 기계가 왜, 어떻게 다른지, 내 속의 어떤 요소가 기계화될 수 없는지 상상할 수 없다. 그래서 이 문제가 딜레마인 것이다. 이 딜레마를 좀 더 긍정적으로 표현하자면 이렇다. 기계가 의식을 갖거나 사랑이나 빨간 느낌 따위를 이해할 수는 없을 거라는 주장에는 쉽게 동의할 수 있다. 문제는 이 논리가 너무 강력하다는 것이다. 어째서 그 논리가 나에게는 적용되지 않는 것인가! 나에게 의식이 있다는 사실 때문에 어디선가 논리적 오류가 생긴 것이다.

데카르트를 따라서 소박한 이원론을 받아들이고, 의식을 포함할 수 없도록 물리학의 범주를 제한하자는 것은 분명 솔깃한 유혹이다. 소박한 이원론에서 의식은 그것이 포함하는 것들 그 자체이다. 목적과 자유의지, 진리와 사랑, 빨간색과 파란색, 기쁨, 그 외에 의식적 정신이 있어야만 존재할 수 있는 수많은 것들이 다 의식이다. 하지만 이러한 말들은 한낱 '시구詩句'일 뿐 과학적 사실과는 관련이 없다. 앞에서 말한 '수많은 것들'과 달리, 실제 우리 의식은 이세상의 일부로서 일정한 방식과 규칙을 따르고 있기 때문이다. 내가 경험하는 색깔들이 전자기파 파장과 밀접하게 연관된 것은 결코 우연이 아니다.

복잡성을 구실 삼아 문제를 회피하는 것도 한 가지 방법이다. 인간 뇌와 같은 복잡한 구조에서 수백만 년간 진화 과정이 작동하면서 생존 메커니즘을 강화하다 보니 어느새 그것이 소위 생존 욕구처럼 보이게 되었고, 그 욕구로부터 의식의 나머지 요소들이 발전했다는 것이다. 하지만 이 주장은 사실상 아무 의미도 없다. 탐구의 출발점에 서서 할 법한 말이지 결론은 아니다.

소박한 유물론은 더더욱 가망이 없다. 모든 것이 물질이라는 말은 물질을 정의하지 않는 이상 아무 뜻도 아니다. 입자, 즉 쿼크와 렙톤 등으로 물질을 정의한다 한들 정작 그것들은 무엇이란 말인가? 양자물리학의 대다수 버전에서는 입자는 그것을 관찰하는 정신 없이는 존재하지 않는다.

쿼크 모형이 널리 받아들여지기 이전인 1960년대 초 많은 물리학자가 '구두끈' 입자 모형을 믿었다.[8,9] 이 모형에서는 기본 입자가 존재하지 않았다. 만물은 다른 구속 상태의 구속 상태이며 고유하고 자기 무모순적인 협력을 통해 서로를 존속시킨다. 입자의 경우에는 이 아이디어가 사장되었다. 하지만 어쩌면 이와 비슷한 협력 관계를 통해 정신과 물질이 서로를 존속시키고 있을지도 모른다. 의식은 입자를 필요로 하고, 입자는 다시금 의식 때문에 존재할 수 있으니 말이다. 언젠가 제프리 츄Geoffrey Chew의 구두끈 이론, 알프레드 화이트헤드의 과정 철학, 지금보다 더욱 발전한 양자론이 하나로 합쳐진다면 의식과 물질 세계의 관계를 온전히 설명해 낼 수 있을 것이다.

하지만 지금 우리의 상상력만으로는 부족하다. 우리에게는 새로운 아이디어들이 필요하다. 우선 첫 번째로 해야 할 일은 의식 문제와 양자론 문제의 밀접한 연관성을 인식하는 것이다. 둘 중 하나를 먼저 이해하면 나머지 하나를 이해하는 데도 크나큰 도움이 될 것이다. 의식과 양자론에 대한 탐구는, 우리가 각 개인의 자아보다 훨씬 거대한 존재의 일부라는 도덕적 신념을 뒷받침하는 과학적 근거를 가져다줄 수도 있다.[10] 그때는 '어떠한 인간도 섬이 아니다no man is an island(혼자인 인간은 없다 – 옮긴이)'라는 옛 격언이 새롭게 들릴 것이다.

그날이 올 때까지 우리는 의식의 기원이 지닌 미스터리 때문에 실재를 이루는 구성 요소로서의 의식의 중요성을 망각해서는 안 된다. 또한 우리의 경험이 세상의 본질을 이해하는 도구일 뿐 아니라, 그 경험 자체가 세상의 일부라는 것도 잊지 말아야 한다. 의미와 목적은 내 안에 존재하며, 따라서 내가 사는 이 세상에도 반드시 존재한다. 아름다움의 경험이 진리의 본질에 관하여 얼마나 많은 것을 알려 줄지는 알 수 없지만, 존 키츠의 시에서 "아름다움이 곧 진리"라 말한 숲 속 역사가의 전언을 우리는 기억해야 한다.

참고문헌

1장

1. Gregory, R. L. (1981). *Mind in Science*. Penguin.

2. Feigl, H. (1967). *The "Mental" and the "Physical."* Univ. of Minnesota Press.

3. Smith, P., & Jones, O. R. (1986). *The Philosophy of Mind*. CUP.

4. Churchland, P. M. (1984). *Matter and Consciousness*. MIT Press.

5. Cartwright, N. (1983). *How the Laws of Physics Lie*. Oxford University Press.

6. Eccles, J. C. (1987). Brain and mind, two or one? In *Mindwaves: Thoughts on Intelligence, Identity, and Consciousness* (p.301). Blackwell.

7. Squires, E. J. (1986). *The Mystery of the Quantum World*. Adam Hilger.

8. Schrödinger, E. (1944). *What Is Life?*

2장

1. Pippard, A. B. (1988). The invincible ignorance of science. *Contemporary Physics, 29*(4), 393-405.

2. Hodgson, P. E. (1988). Unknown. Science and Religion Forum, 12.

3. Dirac, P. A. M., Kapitza, P., & Zichichi, A. (1982). Erice Statement. Ettore Majorana Centre for Scientific Culture.

4. Weinberg, S. (1977). *The First Three Minutes*. Deutsch.

5. Schlipp, P. A. (1941). *The Philosophy of Alfred North Whitehead*. Tudor.

6. Sudbery, A. (1986). *Quantum Mechanics and the Particles of Nature*. CUP.

7. Redondi, P. (1988). *Galileo, Heretic*. English translation by Rosenthal, R. Allen Lane.

8. Rose, S. (1987). *Molecules and Minds: Essays on Biology and the Social Order*. OUP.

9. Popper, K. R., & Eccles, J. C. (1977). *The Self and its Brain*. Springer.

10. Davies, P. C. W. (1983). *God and the New Physics* (p.62). Dent.

11. Stapp, H. P. (1989b). Quantum theory of consciousness. *University of California at Berkeley Preprint.*

12. Friday, J. (1988). Machine think: body and soul. *The Guardian, 21.*

13. Eccles, J. C. (1986). Do mental events cause neural events analogously to the probability fields of quantum mechanics? Proceedings of the Royal Society of London. Series B. *Biological Sciences, 227*(1249), 411-428.

14. Searle, J. (1984). *Minds, Brains and Science* (p.92). BBC.

3장

1. Gregory, R. L. (1987). *The Oxford Companion to the Mind.* OUP.

2. Honderich, T. (1988). *A Theory of Determinism.* OUP.

3. Boghossian, P. A., & Velleman, J. D. (1989). Colour as a secondary quality. *Mind, 98*(389), 81-103.

4. Jaynes, J. (1976). *The Origin of Consciousness in the Breakdown of the Bicameral Mind.* Penguin.

5. Searle, J. (1984). *Minds, Brains and Science.* BBC.

6. Searle, J. (1987). Minds and Brains Without Programs. *Mindwaves: Thoughts on Intelligence, Identity, and Consciousness, 209-233.*

7. Humphrey, N. (1986). *The Inner Eye.* Faber.

8. Weiskrantz, L. (1987). Neuropsychology and the Nature of Consciousness. In *Mindwaves: Thoughts on Intelligence, Identity, and Consciousness* (p.311). Blackwell.

9. Parfit, D. (1987). A. Peacocke & G. Gillett (Eds.), In *Persons and Personality* (pp.88-98). Blackwell.

10. Russell, B. (1921). *The Analysis of Mind* (p.38). Allen and Unwin.

11. Swinburne, R. (1987). The structure of the soul. A. Peacocke & G. Gillett (Eds.), In *Persons and Personality* (pp.33-55). Blackwell.

12. Josephson, B. D. (1984). Conscious experience and its place in physics. M. Cazenave (Ed.), In *Science and Consciousness: Two Views of the Universe* (pp.9-19). Pergamon.

4장

1. Squires, E. J. (1985). *To Acknowledge the Wonder*. Adam Hilger.

2. Close, F. (1983). *The Cosmic Onion*. Heinemann.

3. Pagels, H. R. (1983). *The Cosmic Code*. Joseph.

4. Barrow, J. D., & Silk, J. (1983). *The Left Hand of Creation*. Heinemann.

5. Hawking, S. W. (1988). *A Brief History of Time*. Bantam.

6. Weinberg, S. (1977). *The First Three Minutes*. Deutsch.

7. Polkinghorne, J. (1984). *The Quantum World* (pp.7-8). Longman.

8. Squires, E. J. (1986). *The Mystery of the Quantum World* (p.147). Adam Hilger.

9. Davies, P. C. W. (1982). *The Accidental Universe*. CUP.

10. Barrow, J. D., & Tipler, F. J. (1985). *The Anthropic Cosmological Principle*. OUP.

11. Bartholomew, D. J. (1988). Probability, statistics and theology. *Journal of the Royal Statistical Society: Series A (Statistics in Society), 151*(1), 137-159.

5장

1. Claridge, G. (1987). Schizophrenia and human individuality. C. Blakemore & S. Greenfield (Eds.), In *Mindwaves: Thoughts on Intelligence, Identity, and Consciousness* (pp. 29-41). Blackwell.

2. Jaynes, J. (1976). *The Origin of Consciousness in the Breakdown of the Bicameral Mind*. Penguin.

3. Gregory, R. L. (1987). *The Oxford Companion to the Mind*. OUP.

4. Parkinson, G. H. R. (1988). An encyclopedia of philosophy. In *An Encyclopedia of Philosophy*. Routledge.

5. Churchland, P. M. (1984). *Matter and Consciousness*. MIT Press.

6. Honderich, T. (1988). *A Theory of Determinism*. OUP.

7. Flew, A. (1984). *A Dictionary of Philosophy*. St Martin's Press.

8. Edwards, P. (1967). *The Encyclopedia of Philosophy*. Macmillan.

9. Nyhof, J. (1988). Philosophical objections to the kinetic theory. *The British Journal for the Philosophy of Science, 39*(1), 81-109.

10. Squires, E. J. (1986). *The Mystery of the Quantum World*. Adam Hilger.

11.　Fine, A. (1986). *The Shaky Game*. Univ. of Chicago Press.

12.　von Fraassen, B. C. (1980). *The Scientific Image*. OUP.

13.　d'Espagnat, B. (1983). *In Search of Reality*. Springer.

14.　Gardner, M. (1989). Guest comment: Is realism a dirty word? *American Journal of Physics, 57*(3), 203.

15.　Thagard, P. (1988). *Computational Philosophy of Science*. MIT Press.

16.　d'Espagnat, B. (1989). *Reality and the Physicist*. CUP.

17.　Atkins, P. (1987). Purposeless people. A. Peacocke & G. Gillett (Eds.), In *Persons and Personality* (pp.12-32). Blackwell.

18.　Polkinghorne, J. (1988). *Science and Creation* (p.71). SPCK.

19.　Popper, K. R., & Eccles, J. C. (1977). *The Self and Its Brain* (pp.3-4). Springer.

20.　Gregory, R. L. (1987). *The Oxford Companion to the Mind*. OUP.

21.　Honderich, T. (1987). Mind, brain, and self-conscious mind. In *Mindwaves: Thoughts on Intelligence, Identity, and Consciousness,* (pp.445-458). Blackwell.

22.　Gregory, R. L. (1981). *Mind in Science* (p.477). Penguin.

23.　Feigl, H. (1967). *The "Mental" and the "Physical."* Univ. of Minnesota Press.

24.　Romanes, G. J. (1896). *Mind and Motion and Monism*.

25.　Searle, J. (1984). *Minds, Brains and Science*. BBC.

26.　Pippard, A. B. (1988). The invincible ignorance of science. *Contemporary Physics, 29*(4), 393-405.

27.　Swinburne, R. (1987). The structure of the soul. A. Peacocke & G. Gillett (Eds.), In *Persons and Personality* (pp.33-55). Blackwell.

28.　Bakhurst, D., & Dancy, J. (1988). The cartesian straightjacket. *Times Higher Education Supplement, 22,* 18.

29.　Smith, P., & Jones, O. R. (1986). *The Philosophy of Mind*. CUP.

30.　Griffin, D. R. (1986). *Physics and the Ultimate Significance of Time*. State Univ. of New York Press.

31.　Whitehead, A. N. (1934). *Nature and Life*. CUP.

6장

1. Voltaire. (1760). *Candide.*

2. Squires, E. J. (1981). Do we live in the simplest possible interesting world? *European Journal of Physics, 2*(1), 55-57.

3. Beninger, R. J., Kendall, S. B., & Vanderwolf, C. H. (1974). The ability of rats to discriminate their own behaviours. *Canadian Journal of Psychology/Revue Canadienne de Psychologie, 28*(1), 79-91.

4. Weiskrantz, L. (1987). Neuropsychology and the nature of consciousness. In *Mindwaves: Thoughts on Intelligence, Identity, and Consciousness* (pp.307-320). Blackwell.

5. Humphrey, N. (1986). *The Inner Eye.* Faber.

6. Premack, D., & Woodruff, G. (1978). Does the chimpanzee have a theory of mind? *Behavioral and Brain Sciences, 1*(4), 515-526.

7. Weiskrantz, L., Warrington, E. K., Sanders, M. D., & Marshall, J. (1974). Visual capacity in the hemianopic field following a restricted occipital ablation. *Brain, 97*(1), 709-728.

8. MacKay, D. (1987). Divided brains-divided minds? In *Mindwaves: Thoughts on Intelligence, Identity, and Consciousness,* 5-18.

9. Swinburne, R. (1987). The structure of the soul. A. Peacocke & G. Gillett (Eds.), In *Persons and Personality* (pp.33-55). Blackwell.

10. Eccles, J. C. (1986). Do mental events cause neural events analogously to the probability fields of quantum mechanics? Proceedings of the Royal Society of London. Series B. *Biological Sciences, 227*(1249), 411-428.

11. Eccles, J. C. (1987). Brain and mind, two or one? In *Mindwaves: Thoughts on Intelligence, Identity, and Consciousness* (p.293). Blackwell.

12. Roland, P. E., & Friberg, L. (1985). Localization of cortical areas activated by thinking. *Journal of Neurophysiology, 53*(5), 1219-1243.

13. Libet, B., Gleason, C. A., Wright, E. W., & Pearl, D. K. (1983). Time of conscious intention to act in relation to onset of cerebral activity (readiness-potential). The unconscious initiation of a freely voluntary act. *Brain: A Journal of Neurology, 106*(Pt 3), 623-642.

14. Libet, B., Wright, E. W., Feinstein, B., & Pearl, D. K. (1979). Subjective referral of the timing for a conscious sensory experience: a functional role for the so-matosensory specific projection system in man. *Brain: A Journal of Neurology,* *102*(1), 193-224.

15. Honderich, T. (1987). Mind, brain, and self-conscious mind. In *Mindwaves:* *Thoughts on Intelligence, Identity, and Consciousness*(pp.445-458). Blackwell.

16. Popper, K. R., & Eccles, J. C. (1977). *The Self and its Brain* (p.362). Springer.

17. Gregory, R. L. (1981). *Mind in Science* (p.471). Penguin.

18. Eysenck, H. J. (1957). *Sense and Nonsense in Psychology.* Penguin.

19. Hansel, C. E. M. (1980). *ESP and Parapsychology – a Critical Reevaluation.* Prometheus.

20. Radin, D. I., & Nelson, R. D. (1989). Evidence for consciousness-related anomalies in random physical systems. *Foundations of Physics, 19*(12), 1499-1514.

21. Jahn, R. G., & Dunne, B. J. (1986). On the quantum mechanics of conscious-ness, with application to anomalous phenomena. *Foundations of Physics, 16*(8), 721-772.

22. Jahn, R. G., & Dunne, B. J. (1987). *The Role of Consciousness in the Physical* *World.* Harcourt, Brace Jovanovich.

7장

1. Golding, W. (1959). *Free Fall.* Faber.

2. Squires, E. J. (1985). *To Acknowledge the Wonder.* Adam Hilger.

3. Searle, J. (1984). *Minds, Brains and Science.* BBC.

4. Thorp, J. (1980). *Free Will* (p.7). Routledge and Kegan Paul.

5. Honderich, T. (1988). *A Theory of Determinism.* OUP.

6. Tipton, I. (1988). Freedom of the will. G. H. R. Parkinson (Ed.), In *An Encyclo-pedia of Philosophy.* Routledge.

7. Blakemore, C., & Greenfield, S. (1987). *Mindwaves: Thoughts on Intelligence,* *Identity and Consciousness (preface).* Blackwell.

8장

1.　Hawking, S. W. (1988). *A Brief History of Time*. Bantam.

9장

1.　Carr, B. (1988). Truth. G. H. R. Parkinson (Ed.), *An Encyclopedia of Philosophy* (pp.76-98). Routledge.

2.　Gödel, K. (1931). Über formal unentscheidbare Sätze der Principia Mathematica und verwandter Systeme I. *Monatshefte Für Mathematik Und Physik, 38*(1), 173-198.

3.　Whitehead, A. N., & Russell, B. (1910). *Principia Mathematica*.

4.　Nagel, E., & Newman, J. R. (1959). *Godel's Proof*. RKP.

5.　Hofstadter, D. R. (1979). *Godel, Escher, Bach: An Eternal Golden Braid*. Harvester.

6.　Rucker, R. (1987). *Mind Tools*. Houghton Mifflin.

7.　Penrose, R. (1989). *The Emperor's New Mind*. OUP.

8.　Cohen, D. E. (1987). *Computability and Logic*. Horwood.

9.　Lucas, J. R. (1961). Minds, Machines and Gödel. *Philosophy, 36*(137), 112-127.

10.　Lucas, J. R. (1968). Human and machine logic: A rejoinder. *The British Journal for the Philosophy of Science, 19*(2), 155-156.

11.　Whiteley, C. H. (1962). Minds, machines and godel : A reply to Mr. Lucas. *Philosophy, 37*(139), 61-62.

12.　Good, I. J. (1967). Human and machine logic. *The British Journal for the Philosophy of Science, 18*(2), 144-147.

13.　Good, I. J. (1969). Gödel's theorem is a red herring. *The British Journal for the Philosophy of Science, 19*(4), 357-358.

14.　Webb, J. (1968). Metamathematics and the philosophy of mind. *Philosophy of Science, 35*(2), 156-178.

15.　Tipler, F. (1989). Is it all in the mind? *Physics World, 2*(11), 45-47.

16.　Penrose, R. (1987). Minds, machines and mathematics. In *Mindwaves: Thoughts on Intelligence, Identity, and Consciousness* (pp.259-276). Blackwell.

17.　Swinburne, R. (1987). The structure of the soul. A. Peacocke & G. Gillett (Eds.),

In *Persons and Personality* (pp.33-55). Blackwell.

18. Popper, K. R., & Eccles, J. C. (1977). *The Self and Its Brain* (p.75). Springer.

19. Honderich, T. (1988). *A Theory of Determinism* (ch. 6). OUP.

20. Hawking, S. W. (1988). *A Brief History of Time* (p.12). Bantam.

10장

1. Squires, E. J. (1986). *The Mystery of the Quantum World.* Adam Hilger.

2. d'Espagnat, B. (1983). *In Search of Reality.* Springer.

3. Polkinghorne, J. (1984). *The Quantum World.* Longman.

4. Gribbin, J. (1984). *In Search of Schrodinger's Cat.* Wildwood.

5. Rae, A. (1986). *Quantum Theory - Illusion or Reality.* CUP.

6. Sudbery, A. (1986). *Quantum Mechanics and the Particles of Nature.* CUP.

7. Bell, J. S. (1987). *Speakable and Unspeakable in Quantum Mechanics.* CUP.

8. Rauch, H. (1984). Tests of quantum mechanics by neutron interferometry. G. Tarozzi & A. van der Merwe (Eds.), In *Open Questions in Quantum Physics* (pp.345-376). Reidel.

9. Aspect, A., & Grangier, P. (1987). Wave-particle duality for single photons. *Hyperfine Interactions, 37*(1-4), 1-17.

10. Pais, A. (1982). *Subtle Is the Lord* (p.399). OUP.

11. Honderich, T. (1988). *A Theory of Determinism.* OUP.

12. Bell, J. S. (1964). On the einstein podolsky rosen paradox. *Physics, 1*(3), 195.

13. Redhead, M. (1988). *Incompleteness, Nonlocality, and Realism.* CUP.

14. Hawking, S. W. (1984). The quantum state of the universe. *Nuclear Physics B, 239*(1), 257-276.

15. Hawking, S. W. (1988). *A Brief History of Time.* Bantam.

16. Englert, F. (1989). Quantum physics without time. *Physics Letters B, 228*(1), 111-114.

11장

1. Bell, J. S. (1987). *Speakable and Unspeakable in Quantum Mechanics.* CUP.

2. Sudbery, A. (1986). *Quantum Mechanics and the Particles of Nature.* CUP.

3. Gell-Mann, M. (1979). What are the building blocks of matter? D. Huff & O. Prewett (Eds.), *The Nature of the Physical Universe: 1976 Nobel Conference* (pp.180-192). Wiley.

4. Bohr, N. (1958). *Atomic physics and human knowledge* (p.6). Wiley.

5. Dirac, P. A. M. (1930). *The Principles of Quantum Mechanics.* Oxford University Press.

6. von Neumann, J. (1932). *Mathematische Grundlagen der Quantenmechanik.*

7. Squires, E. J. (1986). *The Mystery of the Quantum World.* Adam Hilger.

8. Stapp, H. P. (1972). The Copenhagen interpretation. *American Journal of Physics, 40*(8), 1098-1116.

9. Bell, J. S. (1987). Are there quantum jumps? C. W. Kilmister (Ed.), In *Schrödinger. Centenary Celebration of a Polymath* (p.201). Cambridge University Press.

10. Ghirardi, G. C., Rimini, A., & Weber, T. (1986). Unified dynamics for microscopic and macroscopic systems. *Physical Review D, 34*(2), 470-491.

11. Pearle, P. (1976). Reduction of the state vector by a nonlinear Schr dinger equation. *Phys. Rev. D, 13*(4), 857-868.

12. Ghirardi, G. C., Pearle, P., & Rimini, A. (1990). Markov processes in Hilbert space and continuous spontaneous localization of systems of identical particles. *Physical Review A, 42*(1), 78-89.

13. Pearle, P. (1990). Toward a relativistic theory of statevector reduction. In *Sixty-two Years of Uncertainty* (pp.193-214). Springer.

14. Diósi, L. (1989). Models for universal reduction of macroscopic quantum fluctuations. *Physical Review A, 40*(3), 1165-1174.

15. Ghirardi, G. C., Grassi, R., & Rimini, A. (1990). Continuous-spontaneous-reduction model involving gravity. *Physical Review A, 42*(3), 1057-1064.

16. Gisin, N. (1989). Stochastic quantum dynamics and relativity. *Helvetica Physica Acta, 62*(4), 363-371.

17. Kent, A. (1989). Do interactions cause state vector reduction? *Institute for*

Advanced Study at Princeton Preprint.

18. Percival, I. C. (1989). Diffusion of quantum states 2. Preprint *QMC DYN, 89*(4).

19. Stapp, H. P. (1989). Noise-induced reduction of wavepackets. *University of California at Berkeley Preprint.*

20. Bussey, P. J. (1984). When does the wavefunction collapse? *Physics Letters A, 106*(9), 407-409.

21. Bussey, P. J. (1986). Wavefunction collapse and the optical theorem. *Physics Letters A, 118*(8), 377-380.

22. Maxwell, N. (1988). Quantum propensiton theory: A testable resolution of the wave/particle dilemma. *The British Journal for the Philosophy of Science, 39*(1), 1-50.

23. Squires, E. J. (1989). A comment on Maxwell's resolution of the wave/particle dilemma. *The British Journal for the Philosophy of Science, 40*(3), 413-417.

24. Squires, E. J. (1989). Wavefunction collapse and lorentz invariance. *Durham Preprint.*

25. Chung, K. L., & Walsh, J. B. (1969). To reverse a Markov process. *Acta Mathematica, 123,* 225-251.

26. Williams, D. (1979). *Diffusions, Markov Processes, and Martingales.* Wiley.

27. Wigner, E. (1961). Remarks on the mind-body question. In *The Scientist Speculates* (pp.284-302). Heinemann.

28. Philippidis, C., Dewdney, C., & Hiley, B. J. (1979). Quantum interference and the quantum potential. *Il Nuovo Cimento B Series 11, 52*(1), 15-28.

29. Baumann, K. (1986). On Bohm's quantum electrodynamics. *Il Nuovo Cimento B Series 11, 96*(1), 21-25.

30. Bohm, D. J., & Hiley, B. J. (1982). The de Broglie pilot wave theory and the further development of new insights arising out of it. *Foundations of Physics, 12*(10), 1001-1016.

31. Everett, H. (1957). "Relative State" Formulation of Quantum Mechanics. *Reviews of Modern Physics, 29*(3), 454-462.

32. Albert, D. (1986). How to Take a Photograph of Another Everett World. *Annals of the New York Academy of Sciences, 480*(1 New Technique), 498-502.

33. Squires, E. J. (1987). Many views of one world-an interpretation of quantum theory. *European Journal of Physics, 8*(3), 171-173.

34. Squires, E. J. (1988). The unique world of the Everett version of quantum theory. *Foundations of Physics Letters, 1*(1), 13-20.

35. Squires, E. J. (1990a). An attempt to understand the many-worlds interpretation of quantum theory. M. Cini & J. Levy-Leblond (Eds.), In *Quantum Theory without Reduction* (pp.151-160). Adam Hilger.

12장

1. Wigner, E. (1961). Remarks on the mind-body question. In *The Scientist Speculates* (pp.284-302). Heinemann.

2. de Beauregard, O. C. (1976). Time symmetry and interpretation of quantum mechanics. *Foundations of Physics, 6*(5), 539-559.

3. Walker, E. H. (1979). The quantum theory of psi phenomena. *Psychoenergetic Systems, 3,* 259-299.

4. Mattuck, R. D. (1984). A quantum mechanical theory of the interaction between consciousness and matter. M. Cazenave (Ed.), In *Science and Consciousness: Two Views of the Universe* (pp.49-66). Elsevier.

5. Margenau, H. (1984). *The Miracle of Existence.* Oxbow.

6. Eccles, J. C. (1986). Do mental events cause neural events analogously to the probability fields of quantum mechanics? *Proceedings of the Royal Society of London. Series B. Biological Sciences, 227*(1249), 411-428.

7. Fröhlich, H. (1987). Can biology accommodate laws beyond physics? B. J. Hiley & F. D. Peat (Eds.), In *Quantum Implications - Essays in Honour of David Bohm* (pp.312-313). Routledge.

8. Squires, E. J. (1988). The unique world of the Everett version of quantum theory. *Foundations of Physics Letters, 1*(1), 13-20.

9. Squires, E. J. (1990). An attempt to understand the many-worlds interpretation of quantum theory. M. Cini & J. Levy-Leblond (Eds.), In *Quantum Theory without Reduction* (pp.151-160). Adam Hilger.

10.   Stapp, H. P. (1989). Noise-induced reduction of wavepackets. *University of California at Berkeley Preprint.*

11.   Stapp, H. P. (1989). Quantum theory of consciousness. *University of California at Berkeley Preprint.*

12.   Squires, E. J. (1990). Why is position special? *Foundations of Physics Letters, 3*(1), 87-93.

13.   Schrödinger, E. (1958). *Mind and Matter.*

14.   Stapp, H. P. (1989). Quantum physics and human values. *Symposium on Science and Culture for the 21st Century: Agenda for Survival, 10.*

15.   Kinoshita, J. (1989). Quantum biology. *Scientific Americans, May,* 31-32.

13장

1.   Pielmeier, J. (1982). *Agnes of God.* New American Library.

2.   Squires, E. J. (1990). Why is position special? *Foundations of Physics Letters, 3*(1), 87-93.

3.   Popper, K. R., & Eccles, J. C. (1977). *The Self and its Brain.* Springer.

4.   Atkins, P. (1987). Purposeless people. A. Peacocke & G. Gillett (Eds.), In *Persons and Personality* (pp.12-32). Blackwell.

5.   Honderich, T. (1969). *Punishment.* Hutchinson.

6.   Smith, P., & Jones, O. R. (1986). *The Philosophy of Mind.* CUP.

7.   Honderich, T. (1988). *A Theory of Determinism.* OUP.

8.   Capra, F. (1975). *The Tao of Physics.* Wildwood.

9.   Chew, G. F. (1966). *The Analytic S Matrix: A Basis for Nuclear Democracy.* Benjamin.

10.   Stapp, H. P. (1989c). Quantum physics and human values. *Symposium on Science and Culture for the 21st Century: Agenda for Survival, 10.*

뇌의식의 증명

2022년 3월 25일 1판 1쇄 펴냄

지은이 | 유안 스콰이어스
옮긴이 | 장현우
펴낸이 | 김철종

펴낸곳 | (주)한언
출판등록 | 1983년 9월 30일 제1-128호
주소 | 서울시 종로구 삼일대로 453(경운동) 2층
전화번호 | 02)701-6911 팩스번호 | 02)701-4449
전자우편 | haneon@haneon.com

ISBN 978-89-5596-925-2 (03400)

만든 사람들
기획·총괄 | 손성문
편집 | 김세민
디자인 | 박주란

한언의 사명선언문

Since 3rd day of January, 1998

Our Mission — 우리는 새로운 지식을 창출, 전파하여 전 인류가 이를 공유케 함으로써
인류 문화의 발전과 행복에 이바지한다.

— 우리는 끊임없이 학습하는 조직으로서 자신과 조직의 발전을 위해 쉼
없이 노력하며, 궁극적으로는 세계적 콘텐츠 그룹을 지향한다.

— 우리는 정신적·물질적으로 최고 수준의 복지를 실현하기 위해 노력하
며, 명실공히 초일류 사원들의 집합체로서 부끄럼 없이 행동한다.

Our Vision   한언은 콘텐츠 기업의 선도적 성공 모델이 된다.

저희 한언인들은 위와 같은 사명을 항상 가슴속에 간직하고
좋은 책을 만들기 위해 최선을 다하고 있습니다.
독자 여러분의 아낌없는 충고와 격려를 부탁드립니다.
· 한언 가족 ·

HanEon's Mission statement

Our Mission — We create and broadcast new knowledge for the advancement and
happiness of the whole human race.

— We do our best to improve ourselves and the organization, with the
ultimate goal of striving to be the best content group in the world.

— We try to realize the highest quality of welfare system in both
mental and physical ways and we behave in a manner that reflects
our mission as proud members of HanEon Community.

Our Vision   HanEon will be the leading Success Model of the content group.